普通高等教育"十三五"规划教材

土木工程材料实验

（第二版）

李美娟　主编

封金财　朱平华　副主编

中国石化出版社

内 容 提 要

本书由实验室基本知识、土木工程材料实验、土力学与地基工程实验和附录4个部分组成。其中土木工程材料实验包括了材料基本物理性质实验内容和水泥、集料、普通混凝土、砂浆、钢筋、沥青基本性能实验内容。土力学与地基工程实验包括了土的物理性质即密度、含水率、颗粒分析、击实、界限含水率实验内容和土的力学性质即固结、剪切、渗透及三轴实验内容。

本书内容翔实具体，具有很强的操作性，可作为土木工程专业本科生实验教材，也可供材料检测工作者参考。

图书在版编目(CIP)数据

土木工程材料实验/李美娟主编.—2版.—北京：中国石化出版社,2020.4(2022.1重印)
ISBN 978-7-5114-5733-2

Ⅰ.①土… Ⅱ.①李… Ⅲ.①土木工程-建筑材料-实验 Ⅳ.①TU502

中国版本图书馆CIP数据核字(2020)第048400号

中国石化出版社出版发行
地址:北京市东城区安定门外大街58号
邮编:100011 电话:(010)57512500
发行部电话:(010)57512575
http://www.sinopec-press.com
E-mail:press@sinopec.com
北京柏力行彩印有限公司印刷
全国各地新华书店经销
*
787×1092毫米 16开本 12.25印张 297千字
2020年4月第2版 2022年1月第2次印刷
定价:40.00元

第二版前言

《土木工程材料实验》(第二版)是在第一版的基础上修订而成的；基本思路是按照相关规范最新版进行了局部修订和完善，以保证教材内容及时更新。

土木工程材料是一门实践性很强的科学，实验教学在土木工程材料课程教学中居重要地位。为了配合土木工程材料和土力学与地基工程教学，编写了面向土木工程专业的《土木工程材料实验》教材。

本书仍延续第一版的特点和篇章布局。《土木工程材料实验》(第二版)由实验室基本知识、土木工程材料实验、土力学与地基工程实验、附录共4个部分组成。其中土木工程材料实包括常用材料的实验内容45个，土力学与地基工程实验包括土的物理性质和力学性质实验内容10个，附录中包括常规实验仪器使用操作54个。

土木工程材料实验部分，介绍了材料基本物理性质和水泥、集料、普通混凝土、砂浆、钢筋、沥青基本性能实验内容，共计45个，培养学生的实验能力又使学生加深对土木工程材料实验的理解。

土力学与地基工程实验部分，介绍了土的物理性质即密度、含水率、颗粒分析、比重、击实、界限含水率实验内容和土的力学性质即固结、剪切、渗透、三轴实验内容共计10个，使学生掌握常规的土的物理性质和力学性质实验，并对常规固结仪器、剪切仪器、渗透仪器及三轴实验仪器有了一定的了解。

附录部分对实验涉及的常用仪器的基本操作进行了介绍。

本教材编写过程中，力求使实验课教学逐渐摆脱过去完全对理论课的依附，相对独立。在每一实验中，在前言或实验目的中简要介绍实验相关背景知识，使学生即使未上理论课也可以顺利进行实验，其次注重培养学生分析问题和解决问题的能力，在教材中安排了三个层次的实验，即基本实验、综合性实验和设计性实验。基本实验是理论验证性实验，综合性实验是按照要求对实际样品进行检测，涉及多个知识点，设计性实验是学生在完成基本实验的基础上，在教师的指导下通过查阅文献资料，拟定实验方案，完成实验并写出实验报告。

在编写过程中，参考了夏雄老师编写的土力学实验讲义和书末参考文献中所列的资料，在此表示衷心的感谢。由于编者水平有限，其中缺点、错误在所难免，恳请读者批评指正。

目　　录

第一章　实验室基本知识

第二章　土木工程材料实验

附　录

第一章　实验室基本知识

1　学生实验守则及实验室安全要求

（1）学生必须按照教学计划规定时间到实验室上课，不得迟到、早退。无故迟到早退者扣除当次实验操作成绩，操作成绩是根据实验个数按百分制平均分配。

（2）实验前应认真预习，熟悉相关内容，明确实验目的、内容及步骤，对设计性实验要求预先拟定实验方案，并准备好接受指导教师的提问和检查，未经预习者，指导教师有权停止其实验。

（3）进入实验室必须遵守实验室的一切规章制度，注意环境卫生。禁止高声喧哗，禁止吸烟，禁止随地吐痰及乱扔纸屑杂物或坐在实验台上。

（4）学生应按规定的分组进行实验。准备工作就绪后，经指导老师同意方可进行正式实验，实验过程中如对设备有疑问，应及时向指导老师提出，不得自行拆卸。

（5）实验中要遵守实验操作规程，禁止动用与本实验无关的仪器设备和其他设施。要注意节约水、电和耗材，爱护实验器材。

（6）实验中要注意人身及设备安全，严格遵守实验室安全制度。实验中如出现事故（人身、设备、水电等）要保持镇静并及时采取措施（如切断电源、气）防止事故扩大并应立即向指导老师报告，停机检查原因并保护现场。

（7）实验中凡损坏仪器设备、工具器皿者，应主动说明原因，并在实验教学管理记录本上登记，由指导老师或实验室工作人员根据规定酌情处理并上报上级主管部门。

（8）使用电气设备时，应特别细心，切不可用湿手去开启电闸和电气开关。凡漏电的仪器禁止使用，以免触电。

（9）仪器在操作过程中人不得离开，在进行水泥或混凝土抗折抗压实验中，人与仪器应保持适当的距离，以免试块折断或压碎时飞溅伤人。进入实验室不得在混凝土振动台上站立或跳跃。

（10）实验过程中当遇到停水停电时应及时关闭各开关，严禁在停电时不关闭电源将手伸入搅拌锅中取物或清理仪器，以免恢复供电时发生事故。水、电、仪器使用完毕应立即关闭。离开实验室时应仔细检查水、电、仪器开关及门和窗户是否关闭妥当。

（11）实验室应保持整齐、干净。实验过程中及实验后废弃的水泥、砂子、石子应分别倒入规定的水桶中，不得混倒，做材料基本物理性质实验中磨细的粉料实验后需回收再用不得任意洒倒。碎纸、玻璃片、抹布、水泥、砂子、石子等不得倒入水池以免堵塞下水道。

（12）做实验时必须严格要求、实事求是，遵守操作规程，服从教师指导，认真观察实验现象并如实记录实验数据。

(13) 实验完毕，各实验小组应清点好领用的器具并将其清洗整理干净，交老师检查验收。各实验小组以组为单位在实验仪器使用记录登记本上登记，实验数据经指导老师审阅签字后方可离开实验室。打扫卫生实行全体轮换制，在该实验课程期间每人必须进行一次卫生清扫工作。打扫卫生的同学将公共使用仪器清洗整理干净，实验室卫生搞好经指导老师验收登记同意后方可离开实验室。

(14) 按规定时间和要求，认真分析、整理和处理实验结果，撰写实验报告，不得抄袭或臆造，按时交老师批阅。实验不合格者必须重做，实验报告不合格者必须重写。

(15) 对不遵守本规则的学生，指导老师和实验技术人员视情节轻重进行批评教育，直至责令其停止实验。

2 土木工程材料实验基本要求

土木工程材料是一门实践性较强的课程，土木工程材料实验是本课程的重要教学环节，其任务是验证基本理论、学习实验方法、培养严谨缜密的科学态度和科学研究技能。做实验时要严肃认真，一丝不苟。即使对一些操作简单的实验，也不应例外。学会合理选择实验条件及规范实验操作方法，正确使用仪器、处理实验数据和计算与分析实验结果，具有一定的观察、分析、解决问题的独立实验室工作能力。为学习后续课程和日后参加工作打下良好的基础。为了达到上述目的，要求做到认真预习、做好实验和写好实验报告。

2.1 认真预习

实验前要认真预习实验教材，并复习与实验有关的理论。通过预习，明确实验目的，领会实验原理，了解实验仪器和实验步骤及注意事项，做到心中有数。并预先写好实验报告的部分内容，画好表格，以便实验时进行及时、准确的记录。

对于一些较昂贵或占地较大的仪器，实验室不可能购置多套同类仪器，一般都采用循环方式组织教学。因此学生在实验前必须做好预习工作，仔细阅读实验教材，了解实验方法和仪器工作的基本原理、仪器主要功能部件、操作程序和应注意的事项。

2.2 做好实验

学会正确使用仪器。要在教师指导下熟悉和使用仪器，勤学好问，未经教师允许不得随意开动或关闭仪器，更不得随意旋转仪器旋扭、改变仪器工作参数等。详细了解仪器的性能，防止损坏仪器或发生安全事故。应始终保持实验室里整洁和安静。

在实验过程中，要认真学习实验方法及基本技术，遵守操作规程，不要为了“方便”、“省事”而不按规范进行操作。学会选择测定实验数据的条件，实验中不要匆忙赶进度，要善于思考。学习运用有关的理论解释实验中的问题，如有疑问，可与指导老师讨论或写入实验报告中。

要细心观察实验现象、仔细记录实验条件和测试的原始数据。实验原始数据应该记录在实验报告中原始数据记录部分，禁止将数据记录在实验指导书上、小纸片上或随意记在任何地方，实验原始数据应该是实验中的第一手数据，而不是抄写几次后的数据，因为抄写过程中可能出现错误。

记录实验数据时，应该使用深蓝色或黑色钢笔，不得使用圆珠笔或铅笔填写。记录的文字数据应正确、工整、清晰，不能潦草和模糊。实验数据记录必须采用规定的计量单位。

记录实验数据时，应注意其有效数据的位数应与技术要求和实验检测系统的准确度相适应。对实验中明显不合理的数据，需认真分析研究，找出原因，进行补充实验，以便对可疑数据进行取舍或改正。

实验中的每一个数据都是测试结果，所以重复测试时，即使数据完全相同，也应记录下来。要爱护实验仪器设备，实验中如发现仪器工作不正常，应及时报告老师处理。每次实验结束，清洗、整理好用过的器具并将其复原整齐放回到原来的位置。要保持实验桌和整个实验室的整洁，严格遵守实验室规则。

2.3 写好实验报告

实验报告要求整洁、条理清晰、简明扼要。实验报告分两个部分：预习报告和正式报告。预习报告进入实验室之前应写好。预习报告包括以下内容：

(1) 实验报告的封面页：课程名称、实验名称、实验类型、实验者姓名、学号(完整学号)、实验日期、实验指导老师(所有实验指导老师都需写上)、实验学期、实验编号。

(2) 实验报告第一页表头：实验名称、同实验者(包括自己)、实验日期、实验指导老师(所有实验指导老师)。

(3) 实验目的、实验原理、主要仪器名称及型号、主要实验操作步骤、原始记录表格。

(4) 对设计性实验在实验前要写出实验方案。

正式报告在实验完成后填写，应简明扼要，图表清晰。内容包括：

(1) 实验数据整理，包括原始数据记录表格、实验现象描述及记录、实验数据整理计算过程。

(2) 结果和讨论，包括实验数据结果，对不合理的实验数据要分析讨论其原因。

(3) 实验后有思考题的要写出思考题答案。

实验成绩的评定包括以下几种因素：预习报告、实验态度、实验基本操作、实验结果；实验报告数据整理及填写情况、实验结果的讨论、思考题答案。

3 实验器具领用须知

(1) 实验分小组进行，每组 3 ~ 4 人，设组长 1 人，负责组织协调、实验器具的领用等工作，保证按质按量完成实验任务。

(2) 每次实验前，学生应以小组为单位，由组长向实验室老师领用事先准备好的实验仪器设备及工具，当场清点并检查，如有问题当场提出予以补发或更换。

(3) 各组领用的仪器设备及工具，不得擅自与其他小组更换或转借。

(4) 做完实验后必须将自己组所用的设备及工具及时清洗干净放回原处，并由实验室老师对仪器设备及工具进行清点后无误方可离开。

4 实验基本流程

（1）进入实验室，指导老师检查实验的预习情况，没有预习的同学不得做实验。

（2）实验老师讲解实验(约 10min)。

（3）分发实验设备及器具。

（4）学生以组为单位做实验。

（5）实验结束，清洗并清点好自己组所用的设备和器具交指导老师检查无误后，在实验仪器使用记录登记本上签字登记。

（6）实验仪器使用记录登记格式：实验时间(年月日)，使用的实验仪器名称及编号(可在仪器右上角的仪器标签上查看)，实验者姓名(以小组为单位与上述项目登记在同一行)。

（7）在实验报告的“实验原始数据记录”页记录数据并交实验指导老师检查并批阅，不打扫卫生的同学离开实验室，打扫卫生的同学清理好公共使用设备仪器、实验室卫生，关好电源、窗户后离开实验室。

（8）填写并整理实验数据，在实验结束后一周内主动将所有实验报告交给班长，由班长将每个实验的实验报告按学号由小到大排序后在当周周五之前上交实验老师批改。

（9）每次实验课结束后，实验指导老师填写实验教学记录登记表。

第二章　土木工程材料实验

实验1　材料基本物理性质实验

1.1　密度实验

1.1.1　测定岩石的密度

1.1.1.1　实验目的

测定岩石材料在绝对密实状态下，单位体积的质量。岩石的密度（颗粒密度）是选择建筑材料、研究岩石风化、评价地基基础工程岩体稳定性及确定围岩压力等必须的计算指标。依据《公路工程岩石试验规程》（JTG E41—2018），用洁净水做试液时适用于不含水溶性矿物成分的岩石的密度测定，对含水溶性矿物成分的岩石应使用中性液体如煤油做试液。

1.1.1.2　实验主要仪器

100mL短颈密度瓶（图1－1）、DHG-9140电热恒温鼓风干燥箱（图1－2）、内装氯化钙或硅胶等干燥剂的干燥器（图1－3）、LP203A电子分析天平（精度为0.001g，图1－4）、筛子（孔径0.315mm或0.3mm）、量筒、漏斗、小勺、试样（岩石粉）、铝盒、锥形玻璃漏斗和瓷皿、滴管、中骨匙、sc404-2.4电热沙浴器（图1－5）、BHG型真空饱和装置（图1－6）、DK－S22电热恒温水浴锅（图1－7）等。

图1－1　100mL短颈密度瓶

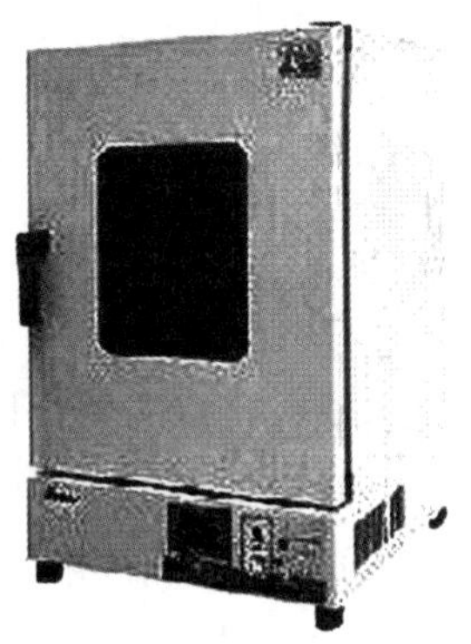

图1－2　DHG-9140电热恒温鼓风干燥箱

图1－3　干燥器

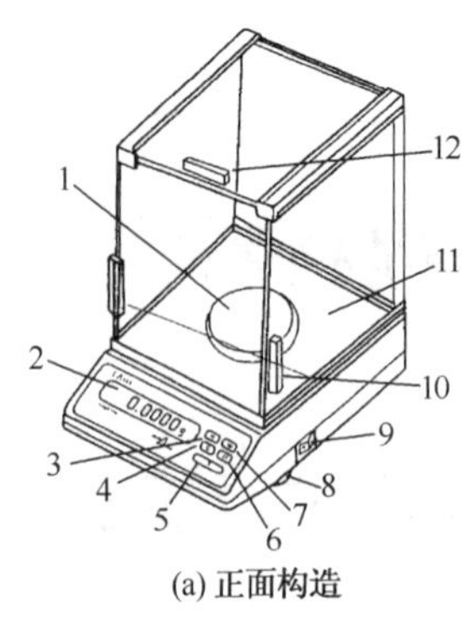

(a) 正面构造

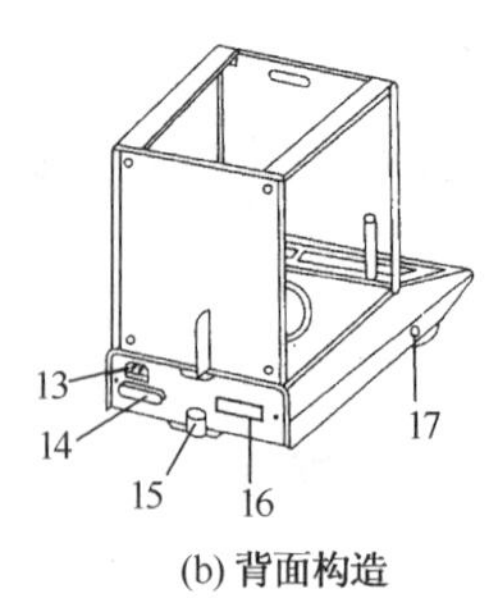

(b) 背面构造

图 1－4　LP203A 电子天平

1—秤盘组件；2—称重显示窗；3—计数键；4—校正键；5—去皮键；6—量值转换键；7—开机键；8—水平调正脚；9—电源开关；10—左右移门；11—面盖板；12—顶面移门；13—电源插座(带保险丝)；14—R232 接口；15—水准器；16—厂牌；17—程序调用开关

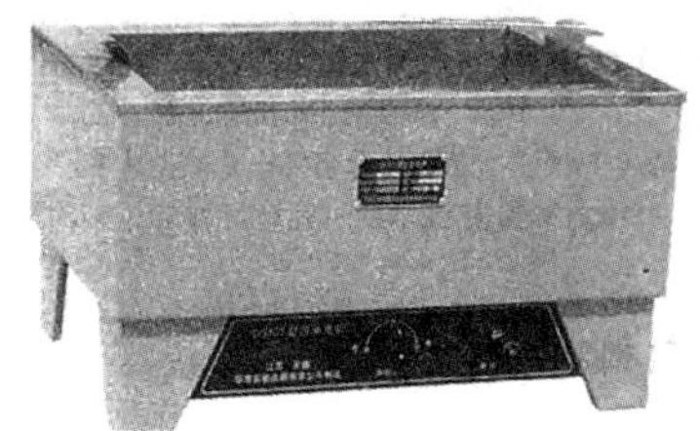

图 1－5　sc404－2.4 电热沙浴器

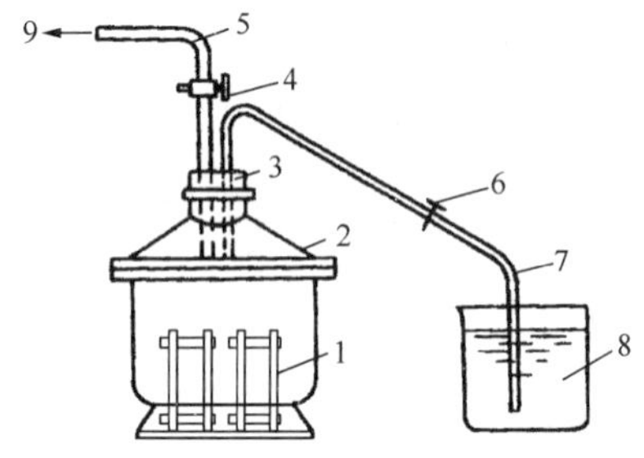

图 1－6　BHG 型真空饱和装置

1—装试样的饱和器；2—真空缸；3—橡皮塞；4—二通阀；5—排气管；6—管夹；7—引水管；8—水；9—接真空泵

图 1－7　DK－S22 电热恒温水浴锅

1.1.1.3　试样制备

(1) 将试样研磨，用 0.315mm(或 0.3mm)筛子筛分除去筛余物，试样质量不得少于实验质量的 2 倍，并放到 105～110℃的电热恒温鼓风干燥箱中，烘至恒量，准确至 0.001g，烘干时间一般为 6～12h。恒量是指在试样烘干时间间隔不小于 3h 的情况下，前后质量之差不得大于该项实验所要求的称量精度。

(2) 将烘干的岩石粉放入干燥器中冷却至室温(20℃ ±2℃)备用。

1.1.1.4　实验步骤

(1) 用四分法取两份岩石粉，每份试样从中称取 m_1 为 15g，精确至 0.001g，用漏斗灌入洗净烘干的密度瓶中，并注入试液至密度瓶的一半处，摇动密度瓶使岩石粉分散。

(2) 当使用洁净水做试液时，可采用沸煮法或真空抽气法排除气体。当使用煤油做试液时，应采用真空抽气法排除气体。采用沸煮法排除气体时，沸煮时间自悬液沸腾时算起不得少于1h，采用真空抽气法排除气体时，真空压力表读数宜为100kPa，抽气时间维持1～2h，直至无气泡逸出为止。

(3) 将经过排除气体的密度瓶取出擦干，冷却至室温，再向密度瓶中注入排除气体且同温条件的试液，使接近满瓶，然后置于DK-S22电热恒温水浴锅(20℃ ±2℃)内。待密度瓶内上部悬液澄清后，温度稳定，塞好瓶塞，使多余试液溢出。从DK-S22电热恒温水浴锅内取出密度瓶，擦干瓶外水分，立即称其质量m_3。

(4) 倾出悬液，洗净密度瓶，注入经排除气体并与实验同温度的试液至密度瓶，再置于DK-S22电热恒温水浴锅内。待瓶内试液的温度稳定后，塞好瓶塞，将逸出瓶外试液擦干，立即称其质量m_2。

1.1.1.5　结果计算及评定

按下式计算出密度ρ_t(精确至0.01g/cm³)：

$$\rho_t = \frac{m_1}{m_1 + m_2 - m_3} \times \rho_{wt} \tag{1-1}$$

式中　ρ_t——岩石密度，g/cm³；

m_1——岩石粉质量，g；

m_2——密度瓶与试液的总质量，g；

m_3——密度瓶、试液及岩石粉的总质量，g；

ρ_{wt}——与实验同温度试液的密度，不同温度下洁净水的密度由《公路工程岩石试验规程》(JTG E41—2018)查得或由附录查得，精确至0.001g/cm³，煤油的密度按下式计算：

$$\rho_{wt} = \frac{m_5 - m_4}{m_6 - m_4} \times \rho_w \tag{1-2}$$

式中　m_4——密度瓶质量，g；

m_5——密度瓶与煤油的总质量，g；

m_6——密度瓶与经排除气体的洁净水的总质量，g；

ρ_w——经排除气体的洁净水的密度，由附录5查得。

按规定，密度实验用两个试样平行进行，以其计算结果的算术平均值作为最后结果。但两次结果之差不应大于0.02g/cm³，否则重做。密度实验记录格式见表1-1。

表1-1　密度实验记录格式

实验编号	岩石粉质量 m_1/g	密度瓶与试液的总质量 m_2/g	密度瓶、试液、岩石粉总质量 m_3/g	密度瓶质量 m_4/g	密度瓶、煤油的总质量 m_5/g	密度瓶与排除气体的洁净水的总质量 m_6/g	洁净水密度 ρ_w/(g/cm³)	试液密度 ρ_{wt}/(g/cm³)	岩石密度 ρ_t/(g/cm³)
1									
2									

1.1.2 测定水泥密度

1.1.2.1 实验目的

水泥的密度是指水泥单位体积的质量，是表征水泥基本物理状态和进行混凝土及砂浆配合比设计时的基础性资料之一。水泥密度的大小，主要取决于水泥熟料矿物的组成情况，也与存储时间和存储条件等因素有关。硅酸盐水泥的密度一般为 3.05 ~ 3.20g/cm^3，在进行混凝土设计时通常取水泥的密度为 3.10g/cm^3。根据 GB/T 208—2014《水泥密度测定方法》测定水泥密度。测定水泥密度的原理是将水泥装入一定量液体介质的李氏瓶内，并使液体介质充分浸透水泥颗粒，根据阿基米德定律，水泥的体积等于它所排开的液体体积，从而算出水泥单位体积的质量即密度。为使被测的水泥不发生水化反应，液体介质常采用无水煤油。本方法除适用与硅酸盐水泥的密度测量外，也适用于其他水泥品种的密度测量。

1.1.2.2 主要实验仪器

李氏瓶(图 1 -8)，用优质玻璃制作，透明无条纹，应具有较强的抗化学侵蚀性，热滞后性要小，要有足够的厚度以确保良好的耐裂性，横截面为形状为圆形，最高刻度标记与磨口玻璃塞最低点之间的间距至少为 10mm，瓶颈刻度由 0 ~ 1mL 和 18 ~ 24mL 两段刻度组成，且在 0 ~ 1mL、18 ~ 24mL 范围以 0.1mL 为分度值，容量误差不大于 0.05mL。恒温水槽，有足够大的容积，水温可控制在 20℃ ±1℃，温度控制精度为 ±0.5℃。天平，称量 100 ~ 200g，精度为 0.001g。温度计，量程 0 ~ 50℃，分度值不大于 0.1℃。烘箱，温度可控制在 110℃ ±5℃。

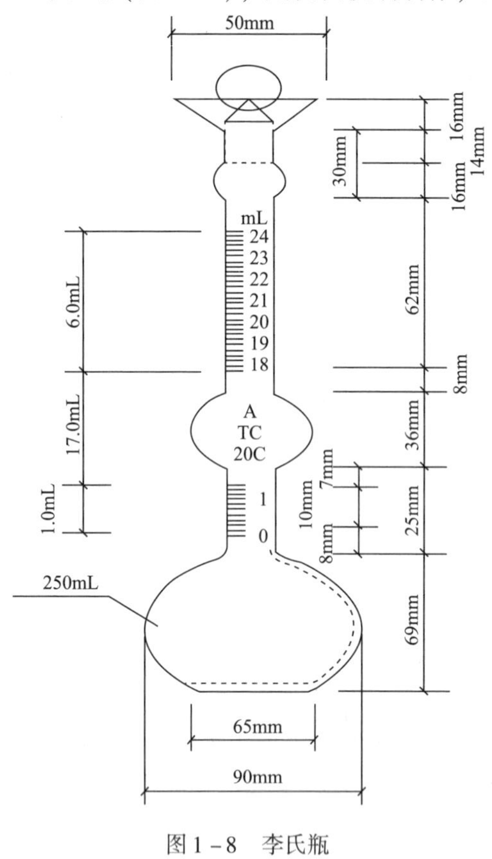

图 1 -8 李氏瓶

1.1.2.3 实验步骤

(1)将水泥过 0.9mm 的方孔筛，在 110℃ ±5℃ 温度下干燥 1h，取出后放在干燥器内冷却至室温，室温应控制在 20℃ ±1℃。

(2)将无水煤油注入李氏瓶内，到 0 ~ 1mL 之间刻度线后(以弯月面下部为准)，盖上瓶塞放入恒温水槽内，使刻度浸入水中，水温控制在 20℃ ±1℃，恒温 30min，记下无水煤油的初始(第一次)读数 V_1。

(3)从恒温水槽中取出李氏瓶，用滤纸将李氏瓶细长颈内没有煤油的部分擦干净。

(4)称取水泥试样 60g，精确至 0.1g。用牛角小匙通过漏斗将水泥样品缓慢装入李氏瓶中，切勿大量倾倒，以防堵塞李氏瓶咽喉部位，必要时可用细铁丝捅捣，但动作一定要轻，以免破坏李氏瓶。试样装入后应反复摇动，亦可用超声波震动，直至煤油气泡排出，因为水泥颗粒之间空气泡的排净程度对实验结果有很大影响。再次将李氏瓶静置于恒温水槽中，恒温 30min 后，记下第二次读数 V_2，在读出第一次读数和第二次读数时，恒温水槽的温度差不应大于 0.2℃。

1.1.2.4　实验结果计算与评定

水泥密度按下式计算：

$$\rho = \frac{m}{(V_2 - V_1)} \tag{1-3}$$

式中　ρ——水泥密度，g/cm³；

m——水泥质量，g；

V_1——李氏瓶第一次读数，mL；

V_2——李氏瓶第二次读数，mL。

取两次测定值的算术平均值作为实验结果，结果精确至0.01g/cm³，两次测定之差不超过0.02g/cm³，否则应重新做实验。

1.2　表观密度和孔隙率实验

1.2.1　实验目的

表观密度是计算材料孔隙率和确定材料体积及结构自重的必要数据。岩石的表观密度是一个间接反映岩石的致密程度、孔隙发育程度的参数，也是评价工程岩体稳定性及确定围岩压力的等必须的计算指标。对岩石材料来讲，表观密度即为毛体积密度(块体密度)，是指在规定条件下，烘干岩石包括孔隙在内的单位体积固体材料的质量。根据岩石含水状态，毛体积密度可分为干密度、饱和密度和天然密度。根据《公路工程岩石试验规程》(JTG E41—2018)对形状不规则材料的表观密度可采用量积法、水中称量法或封蜡法测定；对于规则几何形状的试件，可采用量积法测定其表观密度。量积法适用于能制备成各类规则试件的岩石；水中称量法适用于除遇水崩解、溶解和干缩湿胀外的其他各类岩石，封蜡法适用于不能用量积法或直接在水中称量进行实验的岩石。通过表观密度可以估计材料的某些性质，同时也是进行混凝土配合比设计的参考依据。本实验采用量积法测毛体积干密度。

1.2.2　主要仪器设备

LP502A电子天平(图1-9)，称量500g，感量0.01g；游标卡尺(图1-10)，量程150mm，分度值0.02mm；DHG-9140电热恒温鼓风干燥箱；直尺。

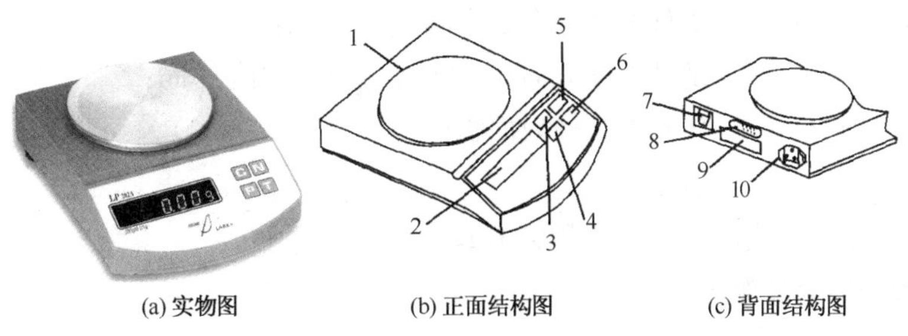

(a) 实物图　(b) 正面结构图　(c) 背面结构图

图1-9　LP502A电子天平

1—秤盘；2—显示窗；3—校准键(c)；4—打印键(P)；5—功能键(N)；6—去皮键；7—电源开关；8—数据输出插座；9—厂牌；10—电源插座

图 1-10 游标卡尺

1.2.3 试样制备

(1) 建筑地基的岩石实验，采用圆柱体作为标准试件，直径为 50mm ± 2mm，高径比 2:1，每组试件共 6 个。

(2) 桥梁工程用的石料实验，采用立方体试件，边长为 70mm ± 2mm，每组试件共 6 个。

(3) 路面工程用的石料实验，采用圆柱体或立方体试件，其直径或边长和高均为 50mm ± 2mm，每组试件共 6 个。

(4)有显著层理的岩石，分别沿平行和垂直层理方向各取试件 6 个，试件上、下端面应平行或磨平，试件端面的平面度公差应小于 0.05mm，端面对于试件轴线垂直度偏差不应超过 0.25°。

(5) 试件数量，同一含水状态，每组试件至少 3 个。

1.2.4 实验步骤

(1) 将试件放入电热恒温鼓风干燥箱内，以 105 ~ 110℃ 的温度烘 12 ~ 24h，然后取出放入干燥器中，冷却至室温备用。

(2) 用游标卡尺量出试件尺寸并计算试件体积。

当试件为长方体或平行六面体时，以长、宽(a、b)各方向量两端和中间三个断面上互相垂直的两个方向的直径或边长，精确至 0.01mm，按截面积取平均值。高(c)测量断面周边对称的 4 个点(圆柱体试件为互相垂直的直径与圆周交点处，立方体试件为边长的中点)和中心点的 5 个高度按下式计算体积：

$$V = \frac{(a_1 \times b_1) + (a_2 \times b_2) + (a_3 \times b_3)}{3} \times \frac{c_1 + c_2 + c_3 + c_4 + c_5}{5} \tag{1-4}$$

式中 V——试件的体积，cm^3；

a_1，a_2，a_3——试件长度方向 3 个测量值，cm；

b_1，b_2，b_3——试件宽度方向 3 个测量值，cm；

c_1，c_2，c_3，c_4，c_5，c——试件高度方向 5 个测量值及平均值，cm；

A_1，A_2，A_3，A——各测点试件截面积($a_1 \times b_1$)、($a_2 \times b_2$)、($a_3 \times b_3$)及截面积平均值，cm^2。

(3) 用天平称试件质量 m，精确至 0.01g。

1.2.5 实验结果及评定

按下式计算表观密度 ρ_d：

$$\rho_d = \frac{m}{V} \tag{1-5}$$

式中 ρ_d——试件的表观密度，g/cm^3；

m——试件的质量，g；

V——试件的体积，cm^3。

试块表观密度实验以 3 个试件实验结果的平均值作为最后结果，如果试件结构不均匀，以 5 个试件的算术平均值作为最后结果，并注明最大或最小值，各次结果的误差不得大于 $0.02g/cm^3$，计算结果精确至 $0.01g/cm^3$，长方体试件表观密度实验记录格式见表 1－2。

试样孔隙率按下式计算：

$$P = (1 - \frac{\rho_d}{\rho_t}) \times 100 \quad (1-6)$$

式中　P——孔隙率，%；

ρ_d——试样的表观密度，g/cm^3；

ρ_t——试样的密度，g/cm^3。

表 1－2　长方体试件表观密度实验记录格式

实验编号	试件质量 m/g	试件几何尺寸/cm																试件体积 V/cm^3	表观密度 $\rho_d/(g/cm^3)$
		长度			宽度			截面积				高度							
		a_1	a_2	a_3	b_1	b_2	b_3	A_1	A_2	A_3	A	c_1	c_2	c_3	c_4	c_5	c		
1																			
2																			
3																			
4																			
5																			

1.3　吸水性实验

1.3.1　实验目的

测定岩石材料的吸水性。作为评定材料质量的主要依据，根据《公路工程岩石试验规程》(JTG E41—2018)，岩石的吸水性用吸水率和饱和吸水率表示。岩石的吸水率和饱和吸水率能有效地反映岩石微裂隙的发育程度，可用来判断岩石的抗冻和抗风化等性能。岩石的吸水率采用自由吸水法测定，本实验适用于遇水不崩解、不溶解或不干缩湿胀的岩石。

1.3.2　实验主要仪器

LP502A 电子天平(图 1－9)，称量 500g，感量 0.01g；游标卡尺(量程 150mm，分度值 0.02mm)；DHG－9140 电热恒温鼓风干燥箱；盛水容器(金属盆或玻璃盆)；抽气设备；沸煮水槽。

1.3.3　试样制备

(1) 建筑地基的岩石实验，采用圆柱体作为标准试件，直径为 50mm ± 2mm，高径比 2∶1，每组试件共 6 个。

(2) 桥梁工程用的石料实验，采用立方体试件，边长为 70mm ± 2mm，每组试件共 6 个。

(3) 路面工程用的石料实验，采用圆柱体或立方体试件，其直径或边长和高均为 50mm ± 2mm，每个试件共 6 个。

(4) 有显著层理的岩石，分别沿平行和垂直层理方向各取试件 6 个，试件上、下端面应平行或磨平，试件端面的平面度应小于 0.05mm，端面对于试件轴线垂直度偏差不应超过 0.25°。

（5）不规则试件采用边长或直径为 40～50mm 的浑圆形岩块。每组试件至少 3 个，岩石组织不均匀者，每组试件不少于 5 个。

1.3.4 实验步骤

（1）将试件放入电热恒温鼓风干燥箱中，以 105～110℃的温度烘干至恒量，烘干时间一般为 12～24h，取出置于干燥器内冷却至室温(20℃ ±2℃)备用。

（2）用天平称其质量 m，精确至 0.01g。将试件放入玻璃盆或金属盆中，在盆底可放入些垫条，使试件底面与盆底不致紧贴，试件之间相隔 1～2cm，使水能够自由进入。

（3）加水至试件高的 1/4 处，静置，以后每隔 2h 分别注水至试件高度的 1/2 和 3/4 处，6h 后将水加至高出试件顶面 20mm，以利于试件内空气逸出。试件全部被水淹没后再自由吸水 48h。逐次加水的目的使试件孔隙中的空气逐渐逸出。

（4）取出浸水试件，用湿纱布擦去试件表面水分，立即称其质量 m_1。

（5）试件强制饱和方法。用真空饱和装置饱和试件，将称量后的试件置于真空干燥器中，注入洁净水，水面高出试件顶面 20mm，开动抽气机，抽气时真空压力需达 100kPa，保持此真空状态直至无气泡发生时为止(不少于 4h)。经真空抽气的试件应放置在原容器中，在大气压下静置 4h，取出试件，用湿纱布擦去表面水分，立即称其质量 m_2。

1.3.5 实验结果及评定

按下列公式计算吸水率 w_a：

$$w_a = \frac{m_1 - m}{m} \times 100 \tag{1-7}$$

$$w_{sat} = \frac{m_2 - m}{m} \times 100 \tag{1-8}$$

式中 w_a——岩石吸水率,%；

w_{sat}——岩石饱和吸水率,%；

m_1——吸水至恒量时试件的质量，g；

m——烘至恒量时试件的质量，g；

m_2——试样经强制饱和后的质量，g。

按规定，吸水率实验以三个平行试件吸水率的平均值作为最后结果，组织不均匀的，则取 5 个试件试验结果的平均值作为最后结果，精确至 0.01%。表 1－3 为吸水率实验记录格式。

表 1－3 吸水率实验记录格式

实验编号	试体材料	试样烘至恒量时质量 m/g	吸水至恒量时试件质量 m_1/g	经强制饱和后的质量 m_2/g	质量吸水率 w_a/%	饱和吸水率 w_{sat}/%	平均吸水率及饱和吸水率	
1								
2								
3								

1.4　实验思考题

(1) 进行岩石密度实验测定时，液体介质采用水还是无水煤油，为什么?

(2) 在进行密度实验测定过程中，密度瓶放入电热恒温水浴锅中多长时间后液面清澈可以读数?

(3) 在密度实验记录的过程中，实验数据记录精确到小数点后几位?

(4) 在密度实验中，试样的研碎程度对实验结果有何影响?

(5) 在密度实验中，为什么要轻轻摇动密度瓶?

实验2　水泥实验

水泥是土木工程中使用最广泛的水硬性胶凝材料，掌握水泥的实验方法，对深刻了解水泥的技术性能以及水泥混凝土、水泥砂浆等水泥制品的性能特点都具有重要意义。本实验重点介绍硅酸盐水泥的技术性能和实验方法，其他水泥的技术性能及实验方法也可参照。

本实验根据国家标准《水泥细度检验方法筛析法》(GB/T 1345—2005)、《水泥标准稠度用水量、凝结时间、安定性检验方法》(GB/T 1346—2011)及《水泥胶砂强度检验方法(ISO)法》(GB/T 17671—1999)对水泥的各性能指标进行检验。

水泥的主要性能指标包括水泥细度、标准稠度用水量、水泥凝结时间、体积安定性、强度。水泥细度是指水泥颗粒的总体粗细程度。水泥的凝结时间分为初凝和终凝。水泥的体积安定性用沸煮法检验必须合格，否则按废品处理。水泥的强度是水泥重要的技术指标。水泥的强度等级按规定龄期的抗压强度和抗折强度来划分。凡细度、终凝时间中的任何一项不符合国家标准规定或强度低于强度等级规定的指标时，该水泥为不合格品。凡是初凝时间、安定性不合格中的任一项不符合国家标准规定时，均为废品。

样品的制备。样品的缩分是获得可靠性实验结果的重要环节。过0.9mm方孔筛水泥试样样品可采用二分器缩分，一次或多次将样品缩分到标准要求的规定量。水泥试样分为实验样和封存样两种类型。存放样品的容器应加盖并标有编号、取样时间、取样地点和取样人的密封印。

水泥样品分为实验样和封存样贮存。样品取得后应存放在密封的金属容器中并加封条。容器应洁净、干燥、防潮、密闭、不易破损、不与水泥发生反应。封存样密封保存3个月。

2.1　水泥实验的一般规定

(1) 根据《通用硅酸盐水泥》(GB 175—2007)以同一水泥厂、同期到达、同品种、同强度等级的水泥为一个取样单位，散装水泥一批的总量不得超过500t，袋装水泥一批的总量不得超过200t，取样应具有代表性，可连续取，也可从20个以上不同部位等量取样，取得的混合样过0.9mm方孔筛后充分拌匀，总量至少12kg。取得的样品必须在一周内实验完毕。

(2) 实验用水必须是洁净的淡水。

(3) 实验室温度控制在20℃±2℃，相对湿度应不低于50%。水泥恒温恒湿标准养护箱温度为20℃±1℃，相对湿度应不低于90%。

（4）实验用的水泥、标准砂、拌合用水、试模及其他实验用品的温度应与实验室温度相同。

2.2 水泥细度实验

2.2.1 实验目的

水泥的物理力学性质(凝结时间、收缩、强度等)都与细度有关，因此，必须进行细度测定，以此作为评定水泥质量的依据之一。水泥的细度是指水泥颗粒的粗细程度，颗粒越细，越有利于水泥活性的发挥。水泥颗粒的粒径一般为 7～200μm(0.007～0.2mm)，水泥颗粒越细，比表面积(单位质量水泥颗粒的总表面积，mm^2/g)越大，水化速度越快且较为完全，形成水泥石的强度就越高。水泥细度检验方法按《水泥细度检验方法筛析法》(GB/T 1345—2005)规定，有负压筛析法、水筛法和手工筛析法，在没有负压筛析仪和水筛的情况下，允许用手工干筛法测定。硅酸盐水泥、普通硅酸盐水泥、矿渣硅酸盐水泥、火山灰质硅酸盐水泥、粉煤灰质硅酸盐水泥和复合硅酸盐水泥的细度规定 80μm 的筛余量不大于 10% 或 45μm 的筛余量不大于 30%。白色硅酸盐水泥根据《白色硅酸盐水泥》(GB/T 2015—2017)45μm 筛余量不大于 30%。

本实验采用负压筛析法。

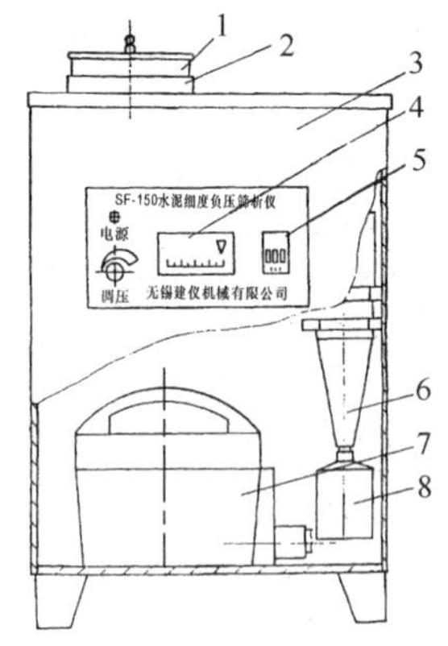

图 2－1 SF－150 水泥细度负压筛析仪

1—标准负压筛；2—筛座；3—框架；4—负压表；5—时间继电器；6—旋风筒；7—吸尘器；8—收尘瓶

2.2.2 主要仪器设备

（1）SF-150 水泥细度负压筛析仪，由筛座、负压筛、负压源及收尘器等组成，其中筛座由转速为 30r/min ± 2r/min 的喷气嘴、负压表、控制板、微电机及壳体等构成，见图 2－1。筛座及负压筛见图 2－2。

（2）实验筛，筛网符合 GB/T 6005 R20/3 80μm，GB/T 6005 R20/3 45μm 的要求，由圆形筛框和筛网组成，分负压筛、水筛和手工筛 3 种。负压筛应附有透明筛盖，筛盖与筛上口应有良好的密封性，筛网应紧绷在筛框上，筛网和筛框接触处，应用防水胶密封，防止水泥嵌入。

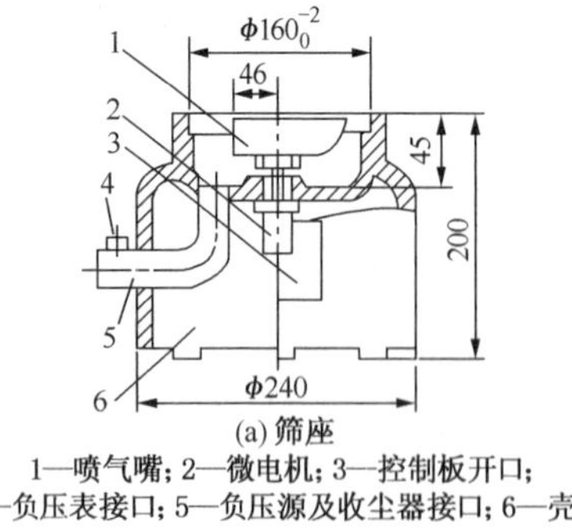

(a) 筛座

1—喷气嘴；2—微电机；3—控制板开口；4—负压表接口；5—负压源及收尘器接口；6—壳体

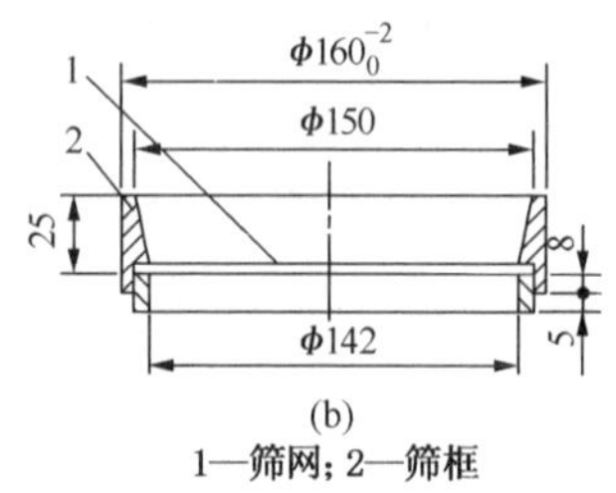

(b)

1—筛网；2—筛框

图 2－2 筛座及负压筛

(3) LP502A 电子天平，最大称量为 500g，感量 0.01g；

(4)小铝盒、小盘。

2.2.3　实验步骤

(1) 筛析实验前，应把负压筛放在筛座上，盖上筛盖，接通电源，检查控制系统，调节负压旋钮使负压至 4000 ~ 6000Pa 范围内。

(2) 称取试样 25g，精确至 0.01g，置于洁净的负压筛(80μm 筛析实验称 25g，45μm 筛析实验称 10g)中，盖上筛盖，放在筛座上，开动筛析仪连续筛析 2min，在此期间如有试样附着在筛盖上，可轻轻地敲击，使试样落下。筛毕，用天平称量。

(3) 称量筛余物。将负压筛上的水泥全部倒入小铝盒中称量，将负压筛放在筛座上。负压筛用过 10 次后需清洗，不可用弱酸浸泡。

2.2.4　实验结果评定

水泥试样筛余百分数按下式计算：

$$F = \frac{R_t}{W} \times 100 \tag{2-1}$$

式中　F——水泥试样的筛余百分数,%；

R_t——水泥筛余物质量，g；

W——水泥试样的质量，g。

按规定，计算结果数据精确至 0.1%，水泥细度实验以一次检验所得结果作为最后结果。实验记录格式见表 2-1。

表 2-1　水泥细度实验记录表

水泥试样质量 W/g	水泥筛余物质量 R_t/g	筛余百分数 F/%	实验方法

实验报告中“实验原始数据”部分要有水泥细度测定过程数据记录，“实验数据整理”部分要有水泥细度实验的水泥试样百分数的计算过程及结果。

2.3　水泥标准稠度用水量实验

2.3.1　实验目的

本实验的目的是测定水泥净浆达到标准稠度时的用水量。水泥净浆标准稠度是净浆对标准试杆的沉入具有一定阻力，通过试验不同含水量水泥净浆的穿透性，以确定标准稠度净浆中所需加入的水量。凝结时间是试杆沉入标准稠度净浆至一定深度所需的时间。水泥标准稠度用水量测定也是测定水泥的凝结时间和体积安定性的基础。因此掌握水泥净浆标准稠度用水量的实验方法有着重要的意义。

本实验方法适用于硅酸盐水泥、普通硅酸盐水泥、矿渣硅酸盐水泥、火山灰质硅酸盐水泥、复合硅酸盐水泥以及指定采用本方法的水泥。水泥标准稠度用水量实验方法分标准法和代用法(调整水量和不变水量两种方法，当试锥下沉深度小于 13mm 时采用调整水量法测)。如发生争议时，应以标准法为准。

本实验方法采用标准法。

2.3.2 实验主要仪器

（1）NJ-160A 水泥净浆搅拌机

NJ-160A 水泥净浆搅拌机由搅拌锅、搅拌叶片、传动机构和控制系统组成。搅拌叶片在搅拌锅内作旋转方向相反的公转和自转，并可在竖直方向调节。搅拌锅可以升降，传动结构保证搅拌叶片按规定的方向和速度运转，控制系统具有按程序自动控制与手动控制两种功能，如图2－3所示，符合 JC/T 729 的要求。

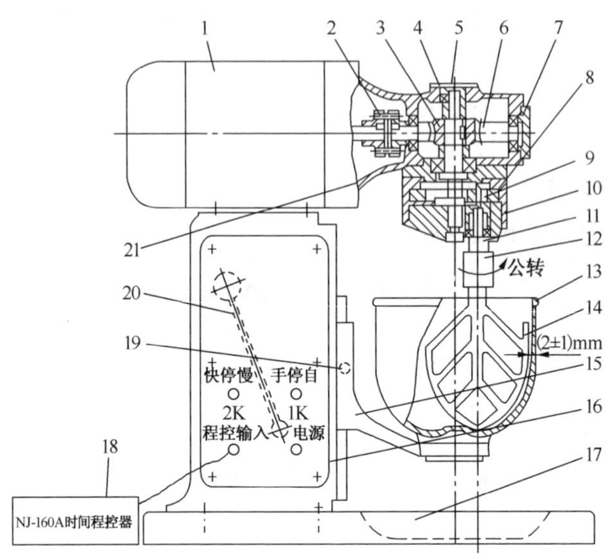

图 2－3　NJ-160A 水泥净浆搅拌机

1—双速电动机；2—连接法兰；3—蜗轮；4—轴承盖；5—蜗轮轴；6—蜗杆轴；7—轴承盖；8—内齿圈；9—行星齿轮；10—行星定位器；11—叶片轴；12—调节螺母；13—搅拌锅；14—搅拌叶片；15—滑板；16—立柱；17—底座；18—时间程控器；19—定位螺钉(背面)；20—手柄(背面)；21—减速箱

（2）水泥标准稠度及凝结时间维卡仪

水泥标准稠度及凝结时间维卡仪如图 2－4(a)所示，标准稠度维卡仪试杆如图2－4(b)所示。有效长度为 50mm ±1mm，由直径为 ϕ(10 ±0.05)mm 的圆柱形耐腐蚀金属制成。滑动部分的总质量为 300g ±1g。与试杆、试针连接的滑动杆表面应光滑，能靠重力自由下落，不得有紧涩和摇动现象。

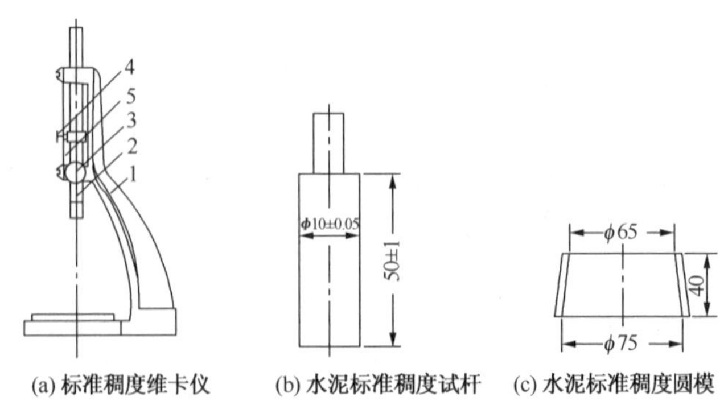

图 2－4　水泥标准稠度维卡仪

1—铁座；2—金属圆棒；3—松紧螺丝；4—指针；5—标尺

盛装水泥净浆的试模如图 2－4(c)所示，由耐腐蚀的、有足够硬度的金属制成。试模为深 40mm ±0. 2mm、顶内径 ϕ65mm ±0. 5mm、底内径 ϕ75mm ±0. 5mm 的截顶圆锥体。每只试模应配备一个边长或直径约 100mm、厚度 4～5mm 的平板玻璃板或金属板。

(3) 量水器(精度 ±0. 5mL)、DT10K 天平(能准确称量至 1g，图 2－5)、不锈钢碗、盛水桶。

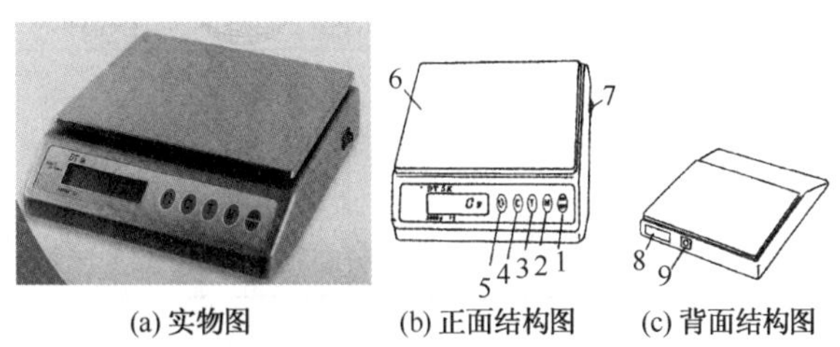

(a) 实物图　(b) 正面结构图　(c) 背面结构图

图 2－5　DT10K 电子天平

1—开机键；2—功能键 N；3—去皮键 T；4—校准键 C；
5—量值转换键↑↓；6—秤盘；7—电源开关；8—厂牌；9—电源插头

2. 3. 3　实验步骤

(1) 实验前检查。将仪器垂直放稳，水泥标准稠度及凝结时间维卡仪的滑动杆能自由滑动，试模和玻璃板用湿布擦拭，将试模放在底板上。调整至试杆接触玻璃板时指针对准零点。搅拌机正常运行。

(2) 水泥净浆的拌制。用 NJ-160A 水泥净浆搅拌机搅拌，搅拌锅和搅拌叶片先用湿布擦过，将拌合水(初次实验可选用 150mL 水或根据经验来定)倒入搅拌锅内，先将搅拌锅放在 NJ-160A 水泥净浆搅拌机的底座上，转动手柄将搅拌锅上升至搅拌位置，然后在 5～10s 时间内小心将称好的 500g 水泥加入水中，防止水和水泥溅出；拌合时，启动搅拌机，低速搅拌 120s，停 15s，同时将叶片和锅壁上的水泥浆刮入锅中间，接着高速搅拌 120s 停机。

(3)测定步骤。拌合结束后，立即取适量水泥净浆一次将其装入已置于玻璃底板上的试模中，浆体超过试模上端，用宽约 25mm 的直边刀轻轻拍打超出试模部分的浆体 5 次以排除浆体中的孔隙，然后在试模表面约 1/3 处，略倾斜于试模分别向外轻轻锯掉多余净浆，再从试模边沿轻抹顶部一次，使净浆表面光滑，在锯掉多余净浆和抹平的操作过程中，不要压实净浆，抹平后迅速将试模和底板移到水泥标准稠度维卡仪上，并将其中心定在试杆下，降低试杆直至与水泥净浆表面接触，拧紧螺丝1～2s后，突然放松，使试杆垂直自由地沉入水泥净浆中。在试杆停止沉入或释放试杆 30s 时记录试杆距底板之间的距离，升起试杆后，立即擦净；整个操作应在搅拌后 1. 5min 内完成。

(4) 实验后整理。每次测定完毕应将试模和玻璃板在盛水桶中清洗干净，仪器工作表面用抹布擦拭干净，并将试杆清理干净涂油防锈。

2. 3. 4　实验结果评定

以试杆沉入净浆并距板底 6mm ±1mm 的水泥净浆为标准稠度净浆，其拌合水量为该水泥的标准稠度用水量 P，按水泥质量的百分比计，即：

$$P = \frac{W}{500} \times 100 \tag{2-2}$$

式中　P——水泥标准稠度用水量,%；

W——拌合用水量，g；

500——水泥用量，g。

实验报告的“实验原始数据”部分要有以表格的形式记录实验过程中每次的用水量及试杆下沉至距底板深度及标准稠度用水量时的试杆下沉深度，见表2－2，“实验数据整理”部分要有标准稠度用水量的结果及计算过程。

表2－2 水泥标准稠度用水量实验记录表

实验编号	水泥用量/g	拌合用水量 W/g	下沉至距底距离/mm	水泥标准稠度用水量/%
1				
2				
3				
4				

2.4 水泥凝结时间实验

2.4.1 实验目的

测定水泥达到初凝和终凝所需的时间，以评定水泥是否符合《水泥标准稠度用水量、凝结时间、安定性检验方法》(GB/T 1346—2011)的规定。水泥的凝结时间分为初凝和终凝，初凝是指水泥加水拌合至标准稠度净浆开始失去可塑性所需的时间。终凝是指水泥加水拌合至标准稠度净浆完全失去可塑性并开始产生强度所需的时间。由于水泥初凝和终凝时间的长短对施工各环节具有较大的影响，因此规定硅酸盐水泥的初凝时间不小于45min，终凝时间不大于390min。普通硅酸盐水泥、矿渣硅酸盐水泥、火山灰质硅酸盐水泥、粉煤灰硅酸盐水泥和复合水泥的初凝时间不小于45min，终凝时间不大于600min。

2.4.2 主要仪器设备

新标准水泥标准稠度及凝结时间维卡仪(图2－6，与测定标准稠度用水量时的维卡仪相同，只是将试杆换成试针)；NJ-160水泥净浆搅拌机(图2－3)；HBY-40B水泥恒温恒湿标准养护箱(图2－7)。

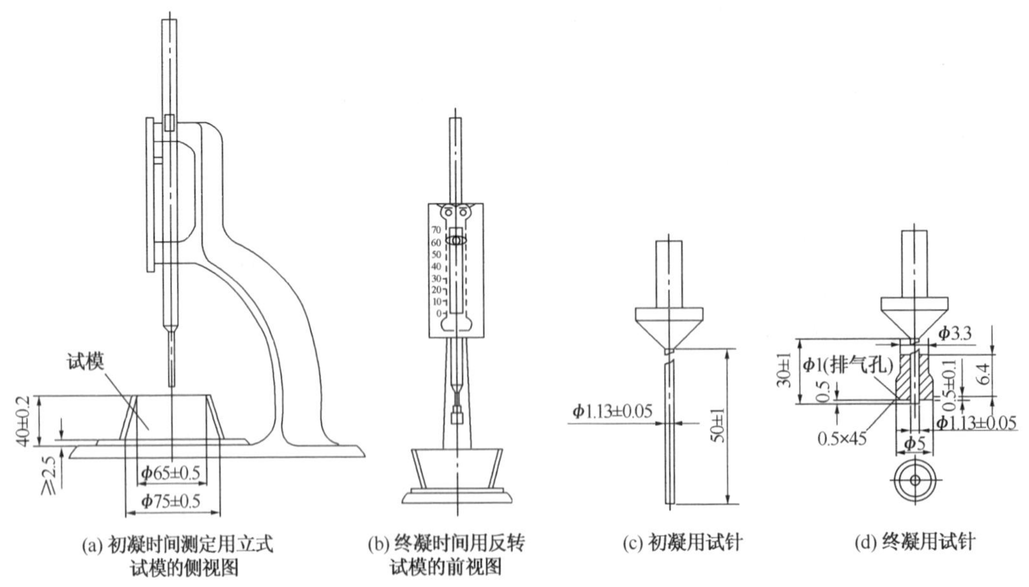

图2－6 水泥凝结时间维卡仪

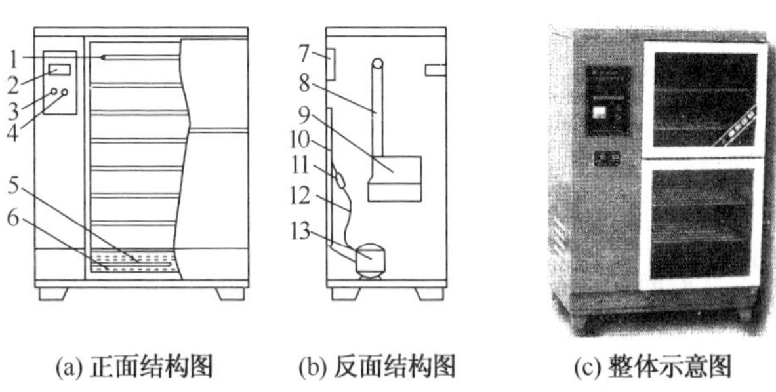

(a) 正面结构图 (b) 反面结构图 (c) 整体示意图

图 2－7 HBY-40B 水泥恒温恒湿标准养护箱

1—蒸发器(箱体内)；2—仪表；3—开关；4—指示灯；5—加热器；6—水箱；
7—风扇；8—加湿管；9—加湿器；10—冷凝器；11—储液管；12—毛细管；13—压缩机

2.4.3 实验步骤

(1) 测定前准备工作

将圆模[图 2－6(a)]放在玻璃板上，在圆模内侧涂上一薄层机油，调整凝结时间测定仪的试针接触玻璃板时指针对准零点。

(2) 试件的制备

称取水泥试样 500g，以标准稠度用水量加水，按测定标准稠度用水量时拌合净浆的方法制成标准稠度净浆，按照测定标准稠度净浆用水量的方法装模和刮平后，立即放入 HBY-40B水泥恒温恒湿标准养护箱(以下简称标准养护箱)中。记录水泥全部加入水中的时间作为凝结时间的起始时间。

(3) 初凝时间的测定

试件在标准养护箱中养护至加水后 30min 时进行第一次测定。测定时，从标准养护箱中取出试模放到试针下，降低试针使与水泥净浆表面接触，拧紧螺丝 1～2s 后，突然放松，试针垂直自由地沉入水泥净浆。观察试针停止下沉或释放试针 30s 时指针的读数。临近初凝时间时每隔 5min(或更短时间)测定一次，当试针沉至距底板 4mm ± 1mm 时，为水泥达到初凝状态；由水泥全部加入水中至初凝状态的时间为水泥的初凝时间，用 min 表示。

(4) 终凝时间的测定

为了准确观测试针沉入的状况，在终凝针上安装了一个环形附件，见图 2－6(d)。在完成初凝时间测定后，立即将试模及浆体以平移的方式从玻璃板取下，翻转 180°，直径大端向上，小端向下放在玻璃板上，再放入标准养护箱中继续养护，临近终凝时间时每隔 15min 测定一次，当试针沉入试体 0.5mm 即环形附件开始不能在试体上留下痕迹时，为水泥达到终凝状态，由水泥全部加入水中至终凝状态的时间为水泥的终凝时间，用 min 表示。

(5) 测定注意事项

在最初测定时应轻轻扶持金属柱，使其徐徐下降，以防试针撞弯，但结果以自由下落为准；在整个测试过程中试针沉入的位置至少要距试模内壁 10mm。临近初凝时，每隔 5min 测定一次，临近终凝时每隔 15min 测定一次，到达初凝时应立即重复测一次，当两次结论相同时才能定为达到初凝状态，到达终凝时，需要在试体另外两个不同点测试确认结论相同，才能确定达到终凝状态。每次测定不能让试针落入原针孔，每次测试完毕须将试针擦净并将试模放回标准养护箱内，整个测试过程要防止试模受振。如果使用凝结时间自动测定仪，则测定时不必翻转试体。

2.4.4 实验结果评定

根据测定的初凝和终凝时间，依据国家标准评定水泥凝结时间是否合格。实验记录见表2－3。

表2－3 水泥凝结时间实验记录表

实验编号	水泥标准稠度用水量/%	加水时刻（h : min）	初凝时刻（h : min）	终凝时刻（h : min）	初凝时间/min	终凝时间/min
1						
2						

实验报告中“实验原始数据”部分要写出实验凝结时间数据记录，“实验数据整理”部分有写出水泥凝结时间，并说明结果凝结时间是否合格。

2.5 水泥安定性实验

2.5.1 实验目的

检验水泥在硬化后体积变化的均匀性，以鉴定水泥安定性是否合格。水泥熟料中如含有过多游离的氧化钙和游离的氧化镁，均会造成水泥体积安定性不良。检验水泥的安定性应按照《水泥标准稠度用水量、凝结时间、安定性检验方法》（GB/T 1346—2011）规定进行。由氧化钙引起的可用沸煮法检测。沸煮实验方法可用雷氏法（标准法）和试饼法（代用法）两种方法进行，两者有争议时以雷氏法为准。雷氏法是通过测定水泥标准稠度净浆在雷氏夹中沸煮后试针的相对位移表征其体积膨胀的程度，试饼法是通过观测水泥标准稠度净浆试饼煮沸后的外形变化情况表征其体积安定性。沸煮法不合格的水泥按照废品处理。由氧化镁引起的安定性不良，需用压蒸法才能检测，由于不便于快速检测，因此按照国标规定，水泥中的氧化镁含量不得超过5%，当压蒸实验合格时可放宽到6%。

本实验采用试饼法测定。

2.5.2 主要仪器设备

（1）FZ－31A型沸煮箱（图2－8），符合JC/T 955要求。有效容积约为410mm×240mm×310mm，篦板的结构应不影响实验结果，篦板与加热器之间的距离大于50mm，能在30min±5min内将箱内的实验用水由室温升至沸腾状态并保持3h以上，整个实验过程中不需补充水量。

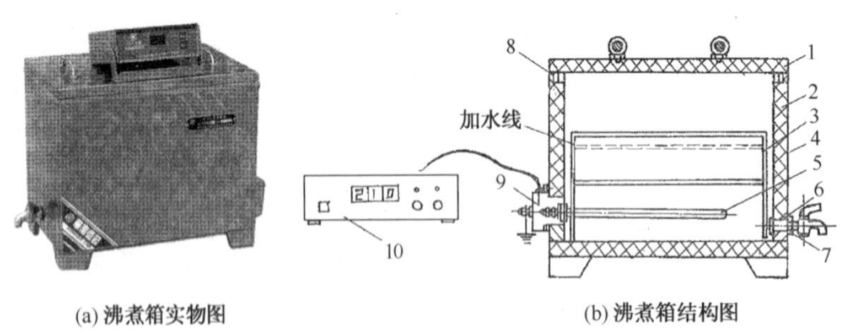

(a) 沸煮箱实物图　　(b) 沸煮箱结构图

图2－8 FZ－31A型沸煮箱

1—沸煮箱盖板；2—内外箱体；3—篦板；4—保温层；5—管状加热管；6—管接头；7—铜热水嘴；8—水封槽；9—罩壳；10—电气控制箱

（2）雷氏夹(图 2－9)，由铜质材料制成。当一根指针的根部先悬挂在一根金属丝或尼龙丝上，另一根指针的根部再挂上 300g 的砝码时，两根针的针尖距离应增加 17.5mm ± 2.5mm。去掉砝码后，针尖的距离能恢复至挂砝码前的状态，见图 2－10。每个雷氏夹和配备边长成直径约 80mm、厚度约(4～5)mm 的玻璃板两块。

（3）雷氏夹膨胀值测定仪，标尺最小刻度为 0.5mm，见图 2－11。

（4）其他仪器，NJ-160A 水泥净浆搅拌机、HBY-40B 水泥恒温恒湿标准养护箱、DT10K 电子天平、量水器、100mm × 100mm 玻璃板、润滑油等。

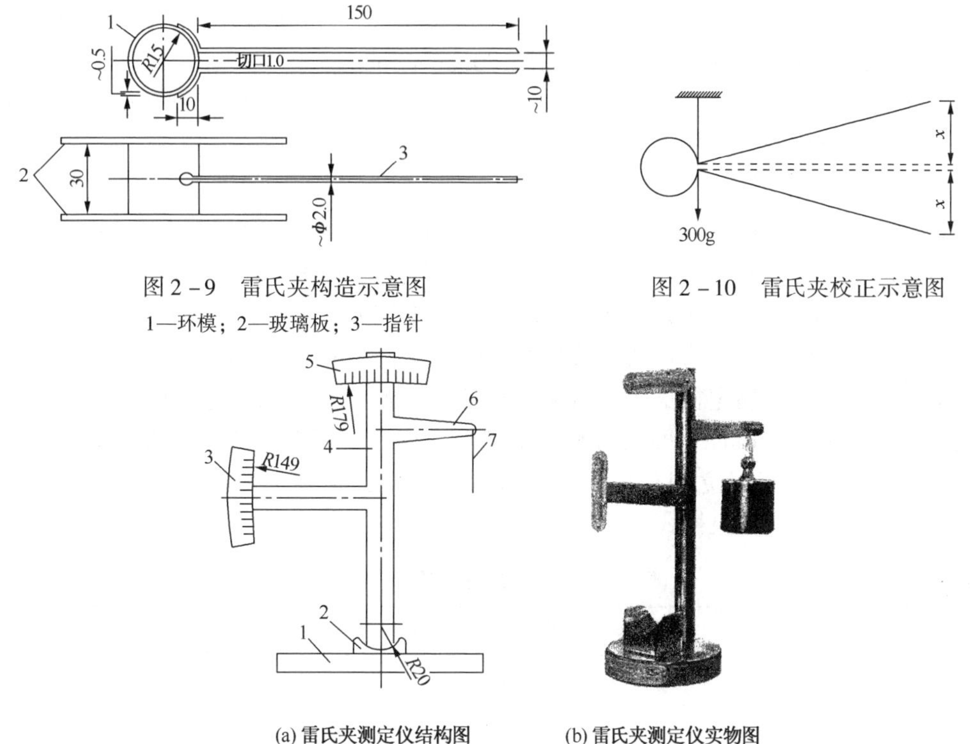

图 2－9　雷氏夹构造示意图

1—环模；2—玻璃板；3—指针

图 2－10　雷氏夹校正示意图

(a) 雷氏夹测定仪结构图　　(b) 雷氏夹测定仪实物图

图 2－11　雷氏夹膨胀值测定仪

1—底座；2—模子座；3—测弹性值标尺；4—立柱；5—测膨胀值标尺；6—悬臂；7—悬丝

2.5.3　实验步骤

（1）称取 500g 水泥，加入标准稠度用水量，用水泥净浆搅拌机搅拌成水泥标准稠度净浆。

（2）试饼制作。采用试饼法时，玻璃板应准备两块，并将玻璃板上与水泥接触的地方涂一薄层油，将拌制好的标准稠度净浆取出一部分(约 150g)分成两等份，使之成球形。将其放在预先准备好的玻璃板(玻璃板约 100mm × 100mm)上，轻轻振动玻璃板，并用湿布擦过的小刀由边缘至中央抹动，做成直径为 70～80mm，中心厚约为 10mm，边缘渐薄、表面光滑的试饼，接着将做好的试饼放入标准养护箱内养护 24h ± 2h。

（3）雷氏夹试件制作。将预先准备好的雷氏夹放在已涂一薄层油的玻璃板上，立即将制备好的标准稠度净浆一次装满雷氏夹，装浆时一只手轻扶持雷氏夹，另一手用宽约 25mm 的直边刀在浆体表面轻轻插捣 3 次，然后抹平，盖上稍涂油的玻璃板，接着立即将试件移至 HBY-40B 水泥恒温恒湿标准养护箱内的篦板上，指针朝上，试件之间不交叉，养护 24h ±

2h，HBY-40B 水泥恒温恒湿标准养护箱的温度为20℃ ±1℃，湿度不低于90%。

(4) 沸煮。调整好 FZ-31A 型沸煮箱内的水位至篦板顶面 18 ~20cm，使能保证在整个沸煮过程中都超过试件，不需中途添补实验用水，同时又能保证在30min ±5min 内升至沸腾。养护结束后先测量指针尖端间距离，精确至 0.5mm，接着将试件放入沸煮箱水中的试件架上，指针朝上，然后在 30min ±5min 内加热至沸腾并恒沸 180min ±5min。将试件从玻璃板上脱去尽可能保证试件完整。

采用试饼法时，先检查试饼是否完整(如已开裂翘曲要检查原因，确不是外因引起时，该试饼为不合格，不必沸煮)。在试饼无缺陷的情况下，将试饼放在沸煮箱水中的篦板上，然后在 30min ±5min 内加热至沸腾，并恒沸 180min ±5min。

(5) 实验后整理。煮沸结束后立即放掉 FZ-31A 型沸煮箱中的水，打开箱盖，冷却至室温，取出试件进行判别。

2.5.4 实验结果评定

根据《水泥标准稠度用水量、凝结时间、安定性检验方法》(GB/T 1346—2011)试饼试件判定：若目测试件有裂缝，则该水泥判定不合格；若目测试饼未发现裂缝，然后用钢直尺检查没有弯曲(使钢直尺和试饼底部紧靠，以两者间不透光、不弯曲)的试饼为安定性合格，反之为不合格。当两个试饼的判别结果有矛盾时，该水泥的安定性也判为不合格。

雷氏夹试件判定：测定雷氏夹指针尖端的距离，准确至 0.5mm，当两个试件煮后增加距离的平均值不大于 5.0mm，即认为水泥安定性合格；当两个试件煮后增加距离相差超过 5.0mm 时，应用同一样品立即重做一次实验，再如此，则判定水泥为安定性不合格。表 2 -4为水泥安定性实验记录格式。

表 2 -4 水泥安定性实验记录格式

实验编号	标准稠度用水量/%	安定性观察情况描述
1		
2		

2.5.5 实验注意事项

实验中的用水必须是洁净的水，有争议时用蒸馏水。

在本实验课中使用试饼法测定水泥安定性，有兴趣的同学可以使用雷氏法测定。

实验报告中“实验原始数据”部分要写出水泥安定性实验结果的现象描述见表 2 -4，“实验数据整理”部分要有水泥安定性结果现象描述及安定性结论。

2.6 水泥胶砂强度实验

2.6.1 实验目的

根据《水泥胶砂强度检验方法(ISO)法》(GB/ T 17671—1999)的规定方法来检验并确定水泥的强度等级。水泥胶砂强度是水泥重要的技术指标，抗压强度和抗折强度的大小是确定水泥强度等级的重要依据。水泥的强度主要取决于水泥矿物熟料的成分、相对含量和细度，同时还与水灰比、骨料状况、试件制备方法、养护条件、测试方法和龄期等因素有关，所以测定水泥强度的试件应按规定制作和养护，并测定其规定龄期的抗折强度和抗压强度。硅酸盐水泥、普通硅酸盐水泥、矿渣硅酸盐水泥、火山灰质硅酸盐水泥、粉煤灰硅酸盐水泥各龄期强度要求应符合《通用硅酸盐水泥》(GB/T 175—2007)的规定，见表2－5、表2－6。石灰石硅酸盐水泥各龄期的强度应符合《石灰石硅酸盐水泥》(JC/T 600—2010)的规定，见表2－7。

表2－5　硅酸盐水泥、普通硅酸盐水泥各龄期强度要求(GB/T 175—2007)

水泥品种	强度等级	抗压强度/MPa		抗折强度/MPa	
		3d	28d	3d	28d
硅酸盐水泥	42.5	≥17.0	≥42.5	≥3.5	≥6.5
	42.5R	≥22.0	≥42.5	≥4.0	≥6.5
	52.5	≥23.0	≥52.5	≥4.0	≥7.0
	52.5R	≥27.0	≥52.5	≥5.0	≥7.0
	62.5	≥28.0	≥62.5	≥5.0	≥8.0
	62.5R	≥32.0	≥62.5	≥5.5	≥8.0
普通硅酸盐水泥	42.5	≥17.0	≥42.5	≥3.5	≥6.5
	42.5R	≥22.0	≥42.5	≥4.0	≥6.5
	52.5	≥23.0	≥52.5	≥4.0	≥7.0
	52.5R	≥27.0	≥52.5	≥5.0	≥7.0

表2－6　火山灰质、粉煤灰、矿渣硅酸盐、复合硅酸盐水泥水泥各龄期强度要求(GB/T 175—2007)

强度等级	抗压强度/MPa		抗折强度/MPa	
	3d	28d	3d	28d
32.5	≥10.0	≥32.5	≥2.5	≥5.5
32.5R	≥15.0	≥32.5	≥3.5	≥5.5
42.5	≥15.0	≥42.5	≥3.5	≥6.5
42.5R	≥19.0	≥42.5	≥4.0	≥6.5
52.5	≥21.0	≥52.5	≥4.0	≥7.0
52.5R	≥23.0	≥52.5	≥4.5	≥7.0

备注：复合硅酸盐水泥去掉32.5强度等级数据。

表2－7　石灰石硅酸盐水泥各龄期强度要求(JC/T 600—2010)

标　　号	抗压强度/MPa		抗折强度/MPa	
	3d	28d	3d	28d
32.5	≥11.0	≥32.5	≥2.5	≥5.5
32.5R	≥16.0	≥32.5	≥3.5	≥5.5
42.5	≥16.0	≥42.5	≥3.5	≥6.5
42.5R	≥21.0	≥52.5	≥4.0	≥6.5

2.6.2　主要仪器设备

(1) JJ－5水泥胶砂搅拌机(图2－12)，符合JC/T 681要求，由砂斗、叶片、紧固螺母、升降柄、叶片、搅拌锅、锅座；机座、升降机构、自动手动切换开关、电机、程控器等组成。

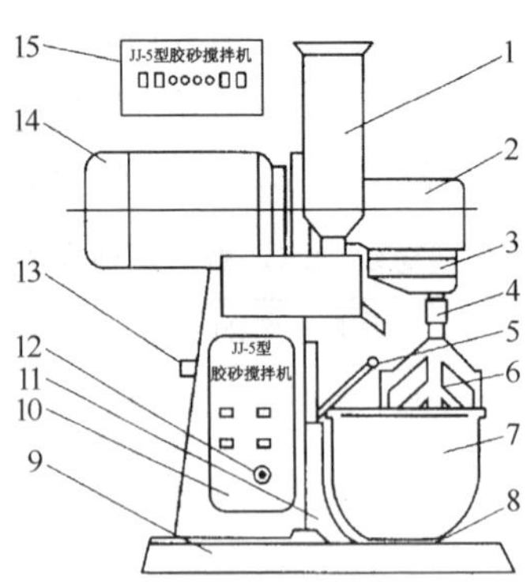

图 2－12 JJ－5 水泥胶砂搅拌机结构示意图

1—砂斗；2—减速箱；3—行星机构及叶片公转标志；4—叶片紧固螺母；
5—升降柄；6—叶片；7—锅；8—锅座；9—机座；10—立柱；11—升降机构；
12—自动手动切换开关；13—接口；14—立式双速电机；15—程控器

（2）ZS－15 型水泥胶砂振实台（图 2－13），符合 JC/T 682 要求。振实台的振幅为 15mm ±0.3mm，振动频率 60 次/（60s ±2s）。

（3）试模（图 2－14），由三个水平的模槽组成，可同时成型三条截面为 40mm ×40mm，长为 160mm 的棱柱体，其材质和制造应符合 JC/T 726 要求。

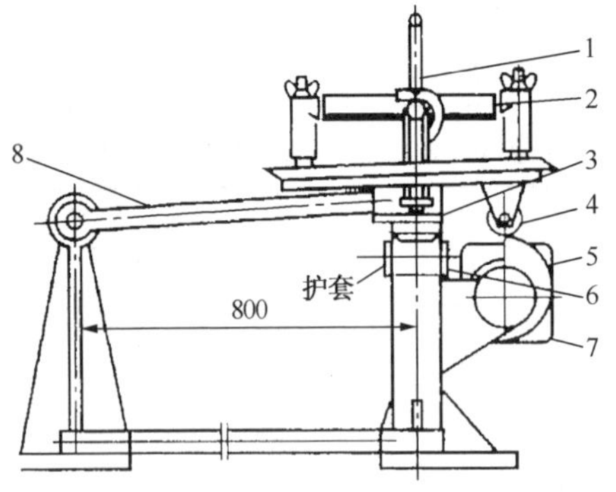

图 2－13 ZS－15 型水泥胶砂振实台

1—卡具；2—金属模套；3—突头；4—随动轮；
5—凸轮；6—止动器；7—同步电机；8—臂杆

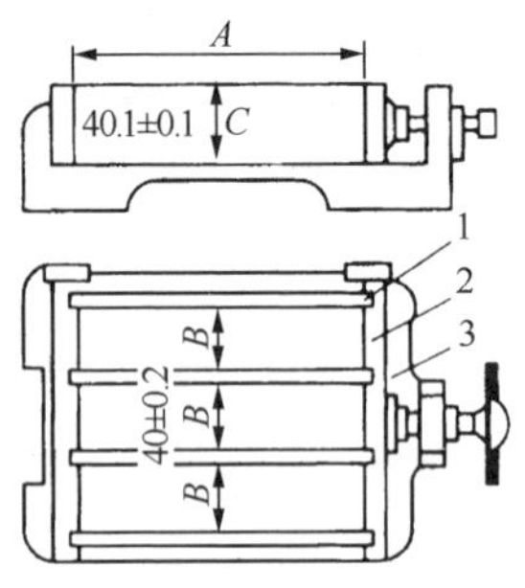

图 2－14 水泥胶砂试模

1—隔板；2—端板；3—底座

图 2－15 ACE－201（精巧型）全自动水泥强度试验机

（4）AEC－201（精巧型）全自动水泥强度试验机，符合 JC/T 724 要求（图 2－15），检验 40mm ×40mm ×160mm 的棱柱体抗折强度，抗折强度的最大荷载是 10kN，在进行抗折强度实验时，整个加荷中以 50N/s ±5N/s 的速率均匀地将载荷垂直加在棱柱体相对侧面上，直至折断。抗压实验的最大载荷是 200kN，测量分两挡，0 ~60 kN 30% 挡和0 ~ 200 kN 100% 挡示值荷载相对误差 ±1%，加荷速率为 2400N/s ±200N/s（16cm^{2}夹具），该机由微机控制油泵转速来实现加荷力值按等速率增加，直到判定破型，保留峰值并自动卸荷，显示上升－加荷－卸荷下降并保存峰值在显示器上。配用的抗压夹具符合 JC/T 683 的要求，受压面积

40mm×40mm。

（5）SBY－32B 型水泥恒温水养护箱（分池式）（图 2－16，以下简称水养护箱），符合《水泥胶砂强度检验方法（ISO）法》（GB/T 17671—1999），是一个封闭的箱体，试件放置于不锈钢水盘内，具有加热和制冷功能使养护池水盘内的水温度保持在设定的20℃ ±1℃。

（6）刮平尺、大拨料器、精度为 0.5mm 的直尺、100mL 的量筒、DT10K 电子天平及饮用水、墨汁、毛笔、脱模器、橡皮锤、±1mL 精度的滴管等。

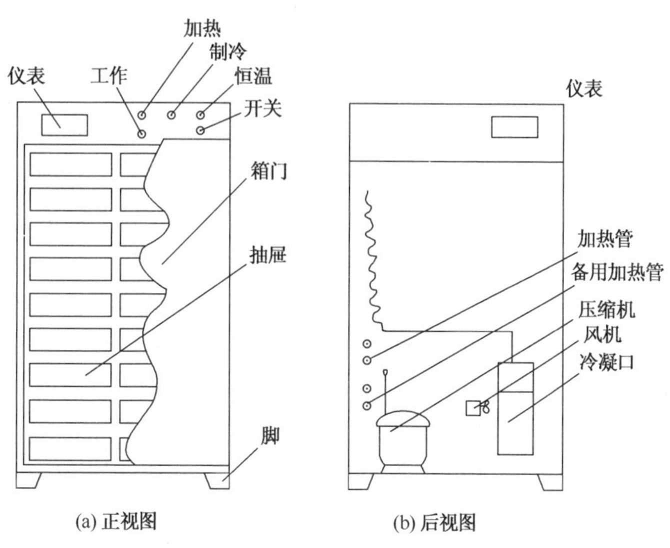

图 2－16 SBY－32B 型水泥恒温水养护箱（分池式）

2.6.3 实验步骤

（1）试件成型

① 实验室温度应保持在 20℃ ±2℃、相对湿度不应低于 50%。实验前应将搅拌锅、叶片、试模用湿抹布擦干净。试模的隔板与底座的接触面上应涂黄油，紧密装配，防止漏浆，内壁均匀刷一薄层机油。

② 水泥胶砂强度用砂应使用中国 ISO 标准砂，ISO 标准砂由 1～2mm 粗砂、0.5～1.0mm 中砂、0.08～0.5mm 细砂组成，各级砂颗粒分布与 ISO 基准砂相同，通常以 1350g±5g 混合小包装供应。水泥与标准砂质量比为 1∶3，水灰比为 0.5。

③ 每成型三条试件材料用量水泥为 450g±2g，ISO 标准砂为 1350g±5g，拌合水为（225±1）g。

④ 每锅胶砂用 JJ－5 水泥胶砂搅拌机（下简称胶砂搅拌机）进行机械搅拌。先使胶砂搅拌机处于待工作状态，然后按以下的程序进行操作：把锅放在固定架上，上升至固定位置，先把水加入锅里，再加入水泥，然后立即开动机器，低速搅拌 30s 后，在第二个 30s 开始的同时，均匀地将砂子加入，高速再拌 30s。停拌 90s，在停拌的第一个 15s 内用胶皮刮具将叶片和锅壁上的胶砂，刮入锅中间，再高速继续搅拌 60s。各个搅拌阶段，时间误差应在 ±1s 以内。

⑤ 胶砂制备后立即进行成型。将空水泥胶砂试模和模套固定在 ZS－15 型水泥胶砂振实台（下简称胶砂振实台）上，将搅拌锅里的胶砂分两层装入试模，装第一层时，每个槽里约

放300g胶砂，用大拨料器垂直架在模套顶部沿每个模槽来回一次将料层拨平，接着振实60次。再装入第二层胶砂，用小拨料器拨平，再振实60次。移走模套，从振实台上取下试模，用金属直尺以近似90°的角度架在试模模顶的一端，然后沿试模长度方向以横向锯割动作慢慢向另一端移动，一次将超过试模部分的胶砂刮去，并用同一直尺以近乎水平的情况下将试件表面抹平。接着在试模上作出标记或用字条标明试件编号。

（2）试件养护

根据《水泥胶砂强度检验方法（ISO法）》（GB/T 17671—1999）中规定，实验室温度为20℃±2℃，相对湿度≥50%，试体带模养护的标准养护箱温度20℃±1℃，相对湿度≥90%，试体养护池水温度20℃±1℃。

① 脱模前的处理和养护。将作好标记的试模立即放入标准养护箱的水平架子上养护，湿空气应能与试模各边接触，养护时不应将试模放在其他试模上。养护到规定的脱模时间时取出脱模。脱模前，用防水墨汁或颜料笔对试体进行编号和作其他标记。两个龄期以上的试体，在编号时应将同一试模中的三条试体分在两个以上龄期内。

② 小心地用橡皮锤或专用脱模器对试体脱模。对于24h龄期的，应在破型实验前20min内脱模。对于24h以上龄期的，应在成型后20～24h之间脱模。

③ 将作好标记的试件立即水平或竖直地放在20℃±1℃的水养护箱中养护，水养护箱就位24h后即可开机，将水盘内全部加好水，水盘水位应控制在50mm，放入试件后其水面能超过试件5～15mm，加入常温水10h后方可放入试件，加入20℃的恒温水开机工作8h后可放试件，试件水平放置时刮平面应朝上。试件在水中六个面都要与水接触，试件之间的间隔或试件上表面的水深不得小于5mm。每个养护水池只养护同类型的水泥试件。除24h龄期或延迟至48h脱模的试体外，任何龄期的试体应在实验（破型）前15min从水中取出。擦去试体表面沉积物，并用湿布覆盖至实验为止。

2.6.4 实验结果评定

强度实验的试件龄期是从水泥加水开始实验时算起，不同龄期的强度实验在下列时间内进行24h±15min、48h±30min、72h±45min、7d±2h、28d±8h。

（1）抗折强度评定

将ACE－201（精巧型）全自动水泥强度试验机（以下简称试验机）插上电源线，将电源键“1”键按下，试验机即进入抗折实验等待状态，按[▼][▲]键，根据屏幕上提示选择抗折测试，在抗折夹具中放入试件，试件侧面放在抗折机的支撑圆柱上，试件长轴垂直于支撑圆柱，见图2－17，按“运行”键，即可完成上升－加荷－破型－卸荷－下降－峰值保持全过程，以50N/s±10N/s的加荷速率将荷载垂直地加在棱柱体相对侧面上直至折断，可人工记录力值及强度。重复按“运行”键以每3块为1组的试样，完成3次抗折实验。

按[▼][▲]键选择抗压测试，可循环选择100%（200kN）抗压或30%（60kN）抗压测试。压成形时两个侧面，半截棱柱体中心与压力机板中心差应在±0.5mm内，棱柱体露在压板外的部分约有10mm。将试体侧面放在抗压夹具上，按“运行”键，以2400N/s±200N/s的加荷速率均匀地将荷载垂直地加在棱柱体的相对侧面上直至破坏，完成上升－加荷－破型－卸荷－峰值保持全过程，重复放试块操作“运行”键按每6块为1组，完成1组6次实验。按照上述步骤完成其他组试块的抗折抗压实验。

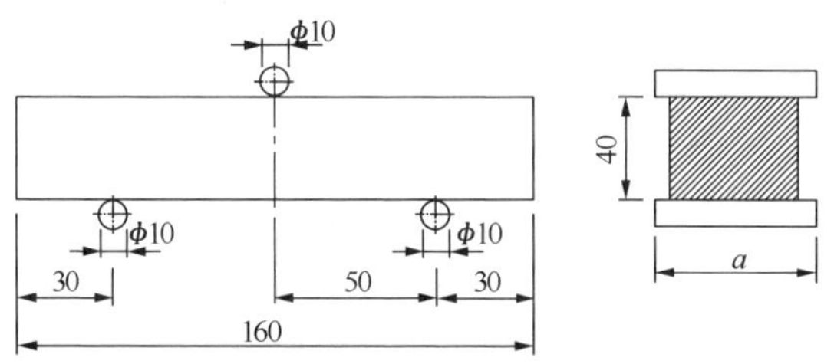

图 2－17 抗折强度测定示意图

实验结束后将电源键“o”键按下关机，然后电源线拔掉。将实验机上的水泥渣清理掉，桌面上清理干净。

R_f以 N/mm^2(MPa)为单位，按下式进行计算(精确至 0.1MPa)：

$$R_f = \frac{1.5F_fL}{b^3} \tag{2-3}$$

式中 R_f——水泥试件的抗折强度，MPa；

F_f——折断时施加在棱柱体中部的荷载，精确至 1N，N；

L——两支撑圆柱之间的距离，为 100mm；

b——棱柱体正方形截面的边长，为 40mm。

以一组三个棱柱体抗折结果的平均值作为测定结果。当三个强度值中有超出平均值 ±10% 时，应剔除后再取平均值作为抗折强度实验结果。

(2) 抗压强度评定

抗压强度 R_c以 N/mm^2(MPa)为单位，按下式进行计算：

$$R_c = \frac{F_c}{A} \tag{2-4}$$

式中 R_c——水泥试块抗压强度值，MPa；

F_c——试体破坏时的最大荷载，精确至 1N，N；

A——试体受压部分的面积(40mm × 40mm)，mm^2。

按 GB/T 17671—1999 要求精确至 0.1MPa，以一组三个棱柱体得到的 6 个抗压强度测定值的算术平均值作为实验结果。如 6 个测定值中有一个超出 6 个平均值的 ±10%，应剔除这个结果，而以剩下 5 个的平均值为结果。如果 5 个测定值中再有超过它们平均数 ±10% 的，则此组结果作废。实验结果精确至 0.1MPa，水泥胶砂强度实验记录格式见表2－8。

2.6.5 实验注意事项

(1) 在每放置一个试块前，必须将试块夹具上的水泥渣清理干净，以免留在夹具上的水泥渣影响实验结果。

(2) 实验报告的“实验原始数据”中要有水泥胶砂强度的抗折抗压强度测定数据记录，实验报告的“实验数据整理”部分水泥胶砂强度测定要有抗折抗压强度的计算过程及结论。

表 2－8　水泥胶砂强度实验记录格式

<table>
<tr><td colspan="2">养护条件</td><td colspan="2">湿气养护箱温度/℃</td><td colspan="2"></td><td>相对湿度/%</td><td colspan="2"></td><td>养护水温度/℃</td><td colspan="2"></td></tr>
<tr><td rowspan="3">实验编号</td><td rowspan="3">试件龄期/(d±h)</td><td colspan="6">抗折实验</td><td colspan="4">抗压实验</td></tr>
<tr><td colspan="2">试件尺寸/mm</td><td rowspan="2">折断面与支点距离/mm</td><td rowspan="2">破坏荷载/N</td><td colspan="2">抗折强度/MPa</td><td rowspan="2">受压面积/mm²</td><td rowspan="2">破坏荷载/N</td><td colspan="2">抗压强度/MPa</td></tr>
<tr><td>宽</td><td>高</td><td>单个值</td><td>平均值</td><td>单个值</td><td>平均值</td></tr>
<tr><td rowspan="2">1</td><td rowspan="2"></td><td rowspan="2"></td><td rowspan="2"></td><td rowspan="2"></td><td rowspan="2"></td><td rowspan="2"></td><td rowspan="6"></td><td></td><td></td><td></td><td rowspan="6"></td></tr>
<tr><td></td><td></td><td></td></tr>
<tr><td rowspan="2">2</td><td rowspan="2"></td><td rowspan="2"></td><td rowspan="2"></td><td rowspan="2"></td><td rowspan="2"></td><td rowspan="2"></td><td></td><td></td><td></td></tr>
<tr><td></td><td></td><td></td></tr>
<tr><td rowspan="2">3</td><td rowspan="2"></td><td rowspan="2"></td><td rowspan="2"></td><td rowspan="2"></td><td rowspan="2"></td><td rowspan="2"></td><td></td><td></td><td></td></tr>
<tr><td></td><td></td><td></td></tr>
<tr><td colspan="4">水泥强度等级评定</td><td colspan="8"></td></tr>
</table>

2.7　水泥胶砂流动度实验

2.7.1　实验目的

测定按一定配比的水泥胶砂在规定振动状态下的扩展范围，来衡量其流动性。适用于掺有火山灰质混合材料的硅酸盐水泥、普通水泥、矿渣水泥、粉煤灰水泥以及指定采用本方法的其他水泥。水泥胶砂流动度是水泥胶砂可塑性的反映。水泥胶砂流动度是检验水泥需水性的一种方法。不同品种水泥配制的胶砂要达到相同的流动度，调拌所需的用水量不同。按照《水泥胶砂流动度测定方法》(GB/T 2419—2005)，水泥胶砂流动度用水泥胶砂流动度测定仪(简称跳桌)测定，以胶砂在跳桌上按规定进行跳动实验后，底部扩散直径的毫米数表示，只有流动度不小于180mm的水泥方可使用。流动度小于116mm的，须以0.01的整数倍递增的方法将水灰比调整至胶砂流动度达到不小于180mm方可使用。扩散直径越大，表示胶砂的流动性越好。当胶砂达到180mm时所需的水量较大时，认为水泥需水性较大；反之，需水性较小。

2.7.2　实验仪器

(1) JJ－5水泥胶砂搅拌机。

(2) NLD－3水泥胶砂流动度测定仪由底座、控制器、检规、截锥圆模、模套、捣棒、圆盘桌面、电动机等组成，见图2－18。

(3) 卡尺：量程为300mm，分度值不大于0.5mm。

(4) DT10K电子天平，称量10kg，精度1g；LP502A电子天平，称量500g，精度0.01g。

(5) 不锈钢碗、抹布、盛水泥废弃物的容器、刀口平直长度大于80mm的小刀。

2.7.3　实验步骤

(1) NLD－3水泥胶砂流动度测定仪在使用前先用检规检查落距，跳桌在实验前先进行空跳一个周期25次，以检查各部位是否运转正常。

(2) 首先将JJ－5水泥胶砂搅拌机的搅拌锅、叶片用湿抹布擦干净。

(3) 水泥胶砂强度用砂应使用中国ISO标准砂。水泥与标准砂质量比为1∶3，水灰比为

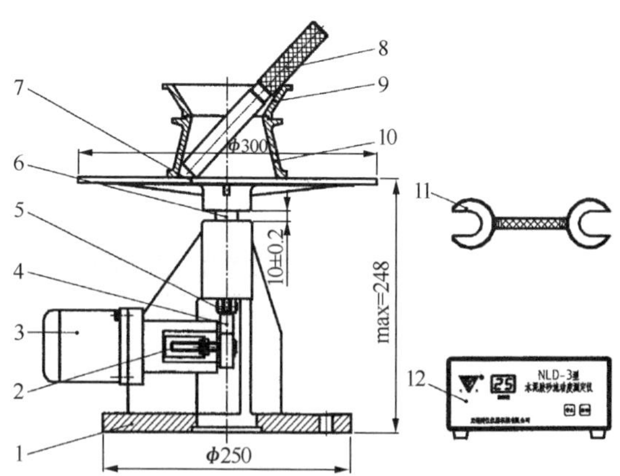

图 2－18　NLD－3 水泥胶砂流动度测定仪

1—机架；2—接近开关；3—电动机；4—凸轮；5—轴承；6—推杆；
7—圆盘桌面；8—捣棒；9—模套；10—截锥圆模；11—检规；12—控制器

0.5。水泥 450g ±2g，ISO 标准砂 1350g ±5g，拌合水 225g ±1g。

（4）每锅胶砂用 JJ－5 水泥胶砂搅拌机进行机械搅拌。先插上电源使搅拌机处于待工作状态，然后按以下的程序进行操作：把标准砂 1350g 倒入砂漏斗，把锅放在升降架上旋紧之后上升至固定位置，先把水加入锅里，再加入水泥，然后按"启动"开关立即开动机器，低速搅拌 30s 后，在第二个 30s 开始的同时，均匀地将砂子加入，高速再拌 30s。停拌 90s，在第一个 15s 内用一胶皮刮具将叶片和锅壁上的胶砂，刮入锅中间。在高速下继续搅拌 60s。各个搅拌阶段，时间误差应在 ±1s 以内。

（5）将搅拌好的水泥胶砂分两层迅速装入模内，第一层装至截锥圆模高约三分之二处，用小刀在相互垂直的两个方向各划 5 次，再用捣棒自边缘至中心均匀捣压 15 次，见图 2－19，随后装第二层胶砂，装至高出截锥圆模约 20mm，同样用小刀在相互垂直的两个方向各划 5 次，再用捣棒自边缘至中心均匀捣压 10 次，见图 2－20，捣压力量应恰好足以使胶砂充满截锥圆模。捣压深度，第一层捣至胶砂高度的二分之一，第二层捣实不超过已捣实的底层表面。装胶砂和捣压时，用手扶稳试模，不要使其移动，捣压完毕，取下套模，将小刀倾斜，从中间向边缘分两次以近水平的角度抹去高出截锥圆模的胶砂，并擦去落在桌面上的胶砂，将截锥圆模垂直向上轻轻提起移去。立即按计数器的"启动"按钮，开动跳桌，完成一个周期 25 次跳动。跳动完毕，用 300mm 量程的卡尺测量胶砂底面互相垂直的两个方向直径，计算平均值，取整数，用 mm 表示。该平均值即为水泥胶砂流动度。流动度实验，从胶砂加水开始到测量扩散直径结束，必须在 6min 内完成。

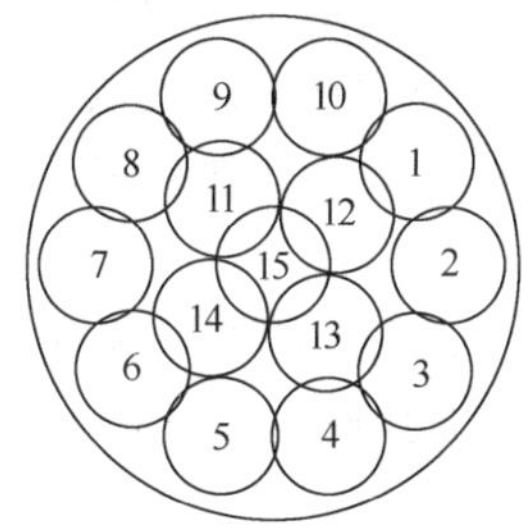

图 2－19　第一层捣压位置示意图

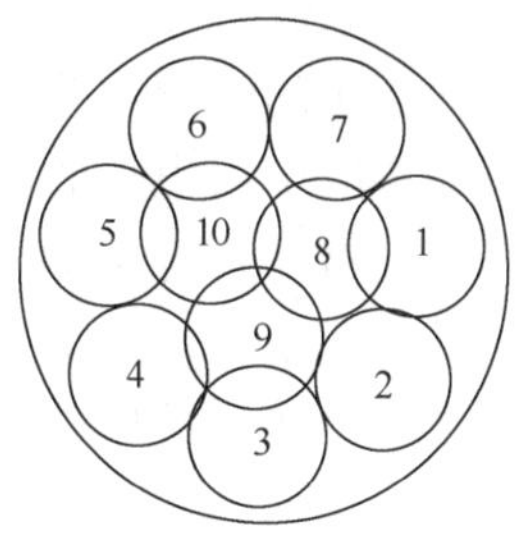

图 2－20　第二层捣压位置示意图

(6)实验结束后，擦净仪器，清除仪器周围残留胶砂，用油轻轻润滑推杆，桌面和凸轮表面也需清理干净，长期不用时仪器应防尘保护。水泥胶砂强度搅拌机叶片用刮具刮干净，搅拌锅清理干净，升降部分涂油保护。

2.7.4 实验结果评定及记录格式

实验应两次重复测定，取其平均值。水泥胶砂流动度实验记录格式见表2－9。

表2－9 水泥胶砂流动度实验记录格式

水泥用量/g		标准砂用量/g		用水量/g		水灰比	
实验编号		胶砂底面直径/mm		水泥胶砂流动度/mm		备注	
1							
2							

2.8 实验思考题

(1) 该水泥试样的各项指标是否符合国家标准要求?

(2) 测定水泥强度等级所用的标准试块的尺寸是多少，水泥试块的标准养护条件是什么?

(3) 进行强度测定时，若加荷速度过快，所测强度值会偏大还是偏小，加荷速度过慢，所测速度会偏大还是偏小?

(4) 影响水泥标准稠度用水量测定准确性的主要因素有哪些?

(5) 水泥凝结时间测定中，国家标准规定初凝时间不得少于多少，终凝时间不得长于多少，水泥初凝时间为什么不能过短，终凝时间为什么不能过长?

(6) 工程中如何处理体积安定性不良? 国家标准规定用什么方法测定水泥的体积安定性不良? 加水煮沸的作用是什么?

(7) 测定水泥胶砂强度时为什么要使用标准砂?

(8) 确定水泥等级时，对所测的强度数值应作如何处理?

(9) 水泥胶砂流动度是测定水泥达到标准流动度时所用的水量，国标规定最低标准流动度是多少? 水泥胶砂流动度不符合的情况下如何调整水灰比使其达到标准流动度?

实验3 集料实验

集料是混凝土和建筑砂浆的主要组成材料，在混凝土和砂浆中主要起骨架作用，可减少混凝土因水泥硬化而产生的体积收缩。其技术性能和相对含量在一定程度上决定混凝土的技术性和经济性，掌握混凝土用集料的基本知识和实验技能，对于合理配制、调控混凝土与建筑砂浆的技术经济性能有重要意义。

混凝土和建筑砂浆用集料包括细集料和粗集料两类。细集料是指粒径0.16～4.75mm的集料，主要是建设工程中的各种用砂。《建设用砂》(GB/T 14684—2011)规定：根据砂的产源不同可将细集料分为天然砂和机制砂。天然砂是自然生成的，经人工开采和筛分的粒径小于4.75mm的岩石颗粒，包括河砂、湖砂、山砂和淡化海砂，但不包括软质、风化的岩石颗粒。机制砂是经除土处理，由机械破碎、筛分制成的，粒径小于4.75mm的岩石、矿山尾矿或工业废渣颗粒，但不包括软质、风化的颗粒，俗称人工砂。粗集料是指粒径大于4.75mm的岩石颗粒，包括卵石和碎石。卵石是由自然风化、水流搬运和分选、堆积形成的，粒径大于4.75mm的岩石颗粒。碎石是由天然岩石、卵石或矿山废石经机械破碎、筛分制成的，粒径大于4.75mm的岩石颗粒。粗集料按粒径尺寸分为单粒粒级和连续粒级，工程中根据需要也可以采用不同单粒级的卵石、碎石混合成特殊粒级的粗集料。粗集料、细集料按照含泥量、泥块含量、坚固性及压碎指标等技术性能要求可分为Ⅰ、Ⅱ、Ⅲ类。Ⅰ类宜用于强度等级大于C60的混凝土，Ⅱ类宜用于强度等级为C30～C60及有抗冻、抗渗或其他要求的混凝土，Ⅲ类集料宜用于强度等级小于C30的混凝土和建筑砂浆。

细集料(即砂)的实验内容通常包括砂的颗粒级配、堆积密度及空隙率、表观密度、含水量、吸水率、砂的含泥量、泥块含量和砂的坚固性等。粗集料的实验内容包括筛分析、表观密度、堆积密度及空隙率、含水率、吸水率、含泥量及泥块含量、卵石或碎石中的针片状颗粒含量、压碎值指标及坚固性等。

3.1 集料取样方法及数量

3.1.1 细集料的取样方法及数量

细集料取样按照《建设用砂》(GB/T 14684—2011)的规定。随机在料堆上取样时，取样部位应均匀分布，取样时应先将取样部位表层铲除，然后从不同部位随机抽取大致等量的砂8份，组成一组样品。在皮带运输机上取样时，用与皮带等宽的接料器在皮带运输机头出料处全断面定时随机抽取大致等量的砂4份，组成一组样品；从火车、汽车、货船上取样时，从不同部位和深度随机抽取大致等量的砂8份，组成一组样品。进行各项实验的每组试样应不小于表3-1规定的单项实验取样数量。

表3-1 细集料单项实验取样数量(GB/T 14684—2011)

实验项目	取样数量/kg	实验项目	取样数量/kg	实验项目	取样数量/kg
颗粒级配	4.4	松散堆积密度与空隙率	5.0	含水率	1.0
表观密度	2.6	饱和面干吸水率	4.4	含泥量	4.4
泥块含量	20.0				

实验时应按四分法缩分至各项实验所需的数量，其步骤是将所取样品置于平板上，在潮湿状态下拌合均匀，并堆成厚度约20mm的圆饼，然后沿互相垂直的两直径把饼分成大致相等的4份，取其中对角线的2份重新拌匀，再堆成圆饼。重复上述过程，直至把样品缩分到实验所需的量为止。试样缩分也可用分料器法进行。

3.1.2 粗集料的取样方法及数量

粗集料取样按照《建设用卵石、碎石》(GB/T 14685—2011)的规定。在料堆上取样时取样部位应均匀分布。取样前先将取样部位表层铲除，然后从不同部位随机抽取大致等量的石子15份(在料堆顶部、中部和底部均匀分布的15个不同部位取得)组成一组样品；在皮带运输机上取样时，应用接料器在皮带的运输机机头的出料处用与皮带等宽的容器，全断面定时随机抽取大致等量的石子8份组成一组样品；从火车、汽车、货船上取样时，从不同部位和深度抽取大致等量的石子16份，组成一组样品。进行各项实验的每组取样量应不小于

表3－2规定的单项实验取样量。实验时用四分法缩分至各项实验所需的数量。

表3－2 粗集料单项实验取样数量(GB/T 14685—2011)

实验项目	最大粒径/mm							
	9.5	16.0	19.0	26.5	31.5	37.5	63.0	75.0
	最少取样数量/kg							
颗粒级配	9.5	16.0	19.0	25.0	31.5	37.5	63.0	80.0
含泥量	8.0	8.0	24.0	24.0	40.0	40.0	80.0	80.0
泥块含量	8.0	8.0	24.0	24.0	40.0	40.0	80.0	80.0
针片状颗粒含量	1.2	4.0	8.0	12.0	20.0	40.0	40.0	40.0
表观密度	8.0	8.0	8.0	8.0	12.0	16.0	24.0	24.0
堆积密度与空隙率	40.0	40.0	40.0	40.0	80.0	80.0	120.0	120.0
吸水率	2.0	4.0	8.0	12.0	20.0	40.0	40.0	40.0
含水率	按实验要求的粒级和数量取样							

3.2 砂颗粒级配实验

3.2.1 实验目的

测定细集料的颗粒级配、计算细度模数，以评定细集料的粗细程度。根据《建设用砂》(GB/T 14684—2011)，细集料是指粒径在0.15～4.75mm之间的集料，主要是建设工程中的各种用砂。按照砂的细度模数可将砂分为粗、中、细等不同规格。粗砂的细度模数为3.7～3.1，中砂的细度模数为3.0～2.3，细砂的细度模数为2.2～1.6。如果细度模数过大即砂过粗，所配制的混凝土或砂浆拌合物和易性就不易控制且内摩擦力较大，振捣成型时较困难；如果细度模数过小即砂过细，所配制的混凝土或砂浆的用水量就要增大，强度就会降低。砂的颗粒级配用级配区来表示，各级配区应符合《建设用砂》(GB/T 14684—2011)的规定，见表3－3。配制混凝土时应优先选用2区砂。砂的实际颗粒级配除4.75mm和600μm档外，可略有超出，但各级累计筛余超出值总和应不大于5%。

表3－3 砂的颗粒级配(GB/T 14684—2011)

砂的分类	天然砂			机制砂		
级配区	1区	2区	3区	1区	2区	3区
方筛孔	累计筛余/%					
4.75mm	10～0	10～0	10～0	10～0	10～0	10～0
2.36mm	35～5	25～0	15～0	35～5	25～0	15～0
1.18mm	65～35	50～10	25～0	65～35	50～10	25～0
600μm	85～71	70～41	40～16	85～71	70～41	40～16
300μm	95～80	92～70	85～55	95～80	92～70	85～55
150μm	100～90	100～90	100～90	97～85	94～80	94～75

3.2.2 实验仪器

(1) 方孔筛，规格为9.5mm、4.75mm、2.36mm、1.18mm、600μm、300μm、150μm的筛各1只，并附有筛底和筛盖。本实验用方孔筛，见图3－1。

(2) DTK10电子天平，称量10kg，感量1g。

(3) 振筛机，本实验采用震击式标准振筛机，型号为ZBSX－92A，见图3－2。

(4) DHG－9140 电热恒温鼓风干燥箱，控温 105℃ ±5℃。

(5) 浅盘和硬、软毛刷搪瓷盘等。

图 3－1　方孔筛

图 3－2　ZBSX－92A 震击式标准振筛机

3.2.3　实验步骤

按照取样方法取样，筛除大于 9.5mm 的颗粒(并算出其筛余百分率)，并将试样缩分直至约 1100g，在 105℃ ±5℃的电热恒温鼓风干燥箱中烘干至恒量，恒量是指在试样烘干 3h 以上的情况下，前后质量之差不大于该项实验所要求的称量精度。在干燥器中冷却至室温后分成两份备用。

(1)称取烘干冷却试样 500g(m_1)，准确至 1g。将标准筛按照筛盖、4.75mm、2.36mm、1.18mm、600μm、300μm、150μm、底盖的顺序从上到下放好，将试样置于标准筛的最上一只筛(4.75mm 筛)上，将套筛装入振筛机。装套筛时先将扭紧螺栓左旋松开筛盖固定顶杆，然后往上提到顶后右旋扭紧螺栓，将标准筛连同筛盖装入振筛机，然后将扭紧螺栓左旋并将筛盖固定顶杆往下压并右旋使之紧固，然后均匀缓慢地顺时针旋转“设定时间”按钮使指针指向 10min(若设定时间小于 10min，则先使指针缓慢转过 10min，再等指针自动转回所需定时位置)，然后按下绿色“开”键，启动振筛机开始震击，当时间指针指向 0min 时，此时听到“咄”的声音时震击停止，然后取出套筛，再按筛孔大小顺序，从最大的筛号开始，在清洁的浅盘上逐个进行手筛，筛时需使细集料在筛面上同时有水平方向及上下方向的不停顿的运动，使直径小于筛孔的通过，直到每分钟的通过量小于试样总量 0.1% 为止，将通过筛的颗粒并入下一号筛和下一号筛中的试样一起过筛，按这样顺序进行，直到各筛全部筛完为止。

(2) 称量各筛筛余试样的质量，精确至 1g。砂试样在各筛上的筛余量(单位 g)超过规定值[即筛孔面积(单位 mm^2)和筛孔尺寸(单位 mm)平方根的乘积除以 200]，则应将该粒级试样分成少于规定值计算的量，分别筛分，并以筛余量之和作为该号筛的筛余量。

(3) 实验完毕将标准筛按照筛孔大小顺序排列，筛孔大的在上小的在下，筛孔标牌从上到下对齐放好。对于孔径小于 1.18mm 的筛将砂清理干净，交老师检查后放回原来的位置。

3.2.4　结果计算及实验记录格式

(1) 计算级配参数分计筛余百分率

各号筛的分计筛余百分率为各号筛的筛余量与试样总量 M 之比，计算精确至 0.1%，分

别记为 a_1，a_2，a_3，a_4，a_5，a_6：

$$a_n = \frac{m_x}{M} \times 100 \tag{3-1}$$

式中 a_n——即 a_1，a_2，a_3，a_4，a_5，a_6 分别为筛孔 4.75mm、2.36mm、1.18mm、600μm、300μm、150μm 各号筛的分计筛余百分率,%；

m_x——各号筛的筛余量，g；

M——试样总量，g。

（2）计算级配参数累计筛余百分率

各号筛的累计筛余百分率为该号筛及大于该号筛的分计筛余百分率之和，精确至 0.1%，筛分后，如果每号筛的筛余量与筛底的剩余量之和同原试样质量之差超过 1% 时，应重新实验。分别记为 A_1，A_2，A_3，A_4，A_5，A_6：

$$\begin{aligned} A_1 &= a_1 \\ A_2 &= a_1 + a_2 \\ A_3 &= a_1 + a_2 + a_3 \\ A_4 &= a_1 + a_2 + a_3 + a_4 \\ A_5 &= a_1 + a_2 + a_3 + a_4 + a_5 \\ A_6 &= a_1 + a_2 + a_3 + a_4 + a_5 + a_6 \end{aligned} \tag{3-2}$$

式中 A_1、A_2、A_3、A_4、A_5、A_6——分别为 4.75mm、2.36mm、1.18mm、600μm、300μm、150μm 筛的累计筛余百分率,%。

a_1，a_2，a_3，a_4，a_5，a_6——分别为 4.75mm、2.36mm、1.18mm、600μm、300μm、150μm 筛的分计筛余百分率,%。

（3）根据各筛的累计筛余百分率，以筛孔尺寸为横坐标(从左向右筛孔尺寸从小到大)，以累计筛余为纵坐标(从下到上按 100% 到 0)绘制砂的筛分曲线，见图 3-3。

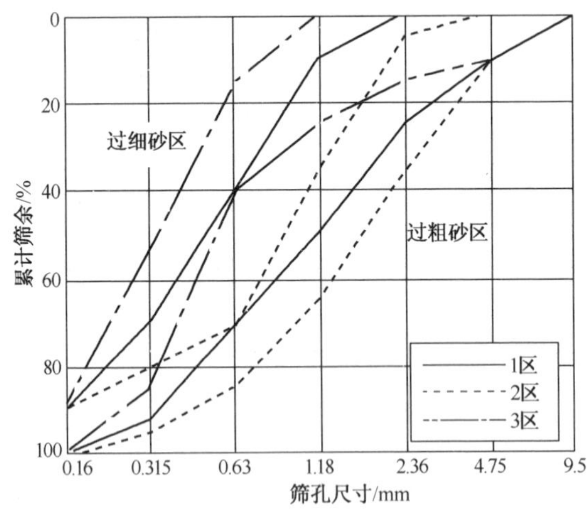

图 3-3 砂的筛分曲线

细度模数 M_x 按下式计算，准确至 0.01。

$$M_x = \frac{A_2 + A_3 + A_4 + A_5 + A_6 - 5A_1}{100 - A_1} \tag{3-3}$$

式中 M_x——细度模数，无单位；

A_1、A_2、A_3、A_4、A_5、A_6——分别为 4.75mm、2.36mm、1.18mm、600μm、300μm、150μm 筛的累计筛余百分率,%。

应进行两次平行实验，累计筛余百分率取两次实验结果的算术平均值，精确至1%。细度模数取两次实验结果的算术平均值，精确至 0.1；如两次实验所得的细度模数之差大于 0.20，应重新进行实验。根据细度模数的计算值判定被测试样属于粗、中、细三级中哪一级。在图 3－3 砂的筛分曲线中绘制该试样级配曲线或根据计算所得的数据与表 3－3 规定的砂的级配区进行比较，判定砂试样属于 1、2、3 级配区中哪一区。表 3－4 为砂颗粒级配实验记录格式。

表 3－4 砂颗粒级配实验记录格式

试样质量/g	筛孔直径	各筛余量/g		分计筛余/%		累计筛余/%			细度模数（无量纲）	
		试样 1	试样 2	试样 1	试样 2	试样 1	试样 2	平均	1	2
	4.75mm									
	2.36mm									
	1.18mm									
	600μm									
	300μm									
	150μm									
	底盘									
级配评定									细度评定	

3.2.5 实验报告填写要求

（1）实验报告中“实验数据整理”部分要填写“砂颗粒级配实验记录表”中的各筛余量、分计筛余和累计筛余，见表 3－4，并至少写出表中一类实验数据的计算过程中的一个，并根据计算结果绘制筛分曲线，评定颗粒级配。

（2）实验报告中“实验原始记录”部分要填写“砂颗粒级配实验记录格式”中各筛余量。

3.3 砂堆积密度和空隙率实验

集料的堆积密度是指集料在堆积状态下单位体积所具有的质量。由于集料在堆积状态下集料颗粒之间存在着空隙，空隙体积占集料体积的比率称为集料的空隙率，了解集料的堆积密度、空隙率及其实验方法，可为计算混凝土中的砂浆用量和计算砂浆中的水泥浆用量提供依据。

3.3.1 实验目的

测定细集料砂试样的堆积密度，为混凝土配合比设计提供依据。根据《建设用砂》（GB/T 14684—2011）规定松散堆积密度应不小于 1400kg/m^3，空隙率不大于 44%。

3.3.2 实验仪器

（1）DT10K 电子天平最大称量 10kg，感量 1g。

（2）标准漏斗，见图 3－4，由漏斗、筛子、管子、活动门、容量筒组成。容量筒为金属制圆柱形，内径108mm，径高109mm，筒壁厚2mm，容积1L，筒底厚约5mm。金属圆筒应先校正容积，以20℃ ±2℃的饮用水装满容量筒，用玻璃板沿洞口滑移，使其紧贴水面并擦干容量筒外壁水分，然后称量。用下式计算容积 V，精确至1mL：

$$V = m_2 - m_1 \tag{3-4}$$

式中 V——容量筒体积，mL；

m_1——筒和玻璃板总质量，g；

m_2——筒、玻璃板和水总质量，g。

（3）DHG－9140电热恒温鼓风干燥箱、4.75mm的方孔筛一只，漏斗或料勺、直尺、方盘（图3－5），直径10mm、长500mm的圆钢棒、干燥器等。

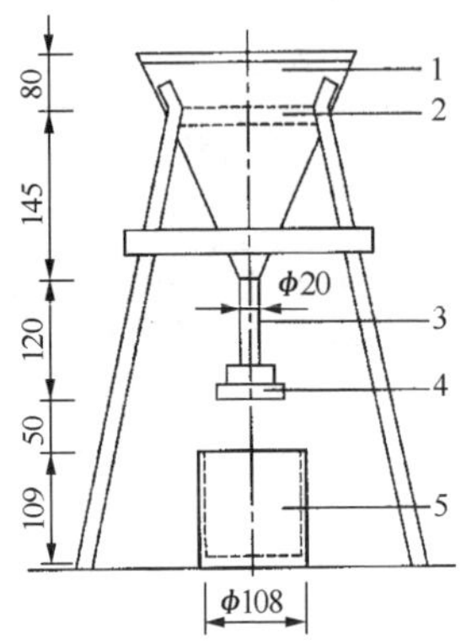

图3－4 标准漏斗

1—漏斗；2—筛；3—管子；4—活动门；5—容量筒

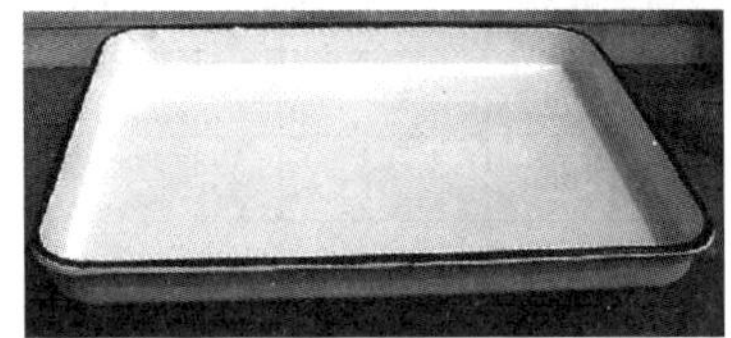

图3－5 方盘（28cm×42cm）

3.3.3 实验步骤（松散堆积密度）

（1）取缩分试样约3L，在105℃ ±5℃的电热恒温鼓风干燥箱中烘干至恒量，待冷却至室温，筛除大于4.75mm的颗粒，分成大致相等的两份备用。烘干试样中如有结块，应先捏碎。

（2）称容量筒质量 m_1。取试样一份用料勺或漏斗从容量筒上方50mm处徐徐倒入，让试样以自由落体落下，当容量筒上部试样呈堆体且容量筒四周溢满时，即停止加料。

（3）用直尺沿筒口中心线向两边刮平（实验过程应防止触动容量筒）。称容量筒和同试样总质量 m_2，精确至1g。

3.3.4 实验步骤（紧密堆积密度）

（1）取缩分试样约3L，在105℃ ±5℃的电热恒温鼓风干燥箱中烘干至恒重，冷却至室温，筛除大于4.75mm的颗粒，分成大致相等的两份备用。烘干试样中如有结块，应先捏碎。

（2）称量容量筒的质量 m_1，取试样一份，分两次装入容量筒。装完第一层后，在筒底垫放一根直径为10mm的钢筋圆棒，将筒按住，左右交替击地面各25次，然后装入第二层，第二层装满后用同样的方法颠实（但筒底所垫钢筋的方向应与第一层时的方向垂直）后，再加试样直至超过筒口，然后用直尺沿筒口中心线向两边刮平，称量试样和容量筒的总质量 m_2，精确至1g。

3.3.5 实验结果评定及实验记录格式

砂的堆积密度 ρ_1 按下式计算：

$$\rho_1 = \frac{m_2 - m_1}{V} \tag{3-5}$$

式中　ρ_1——砂的堆积密度，kg/m^3；

m_1——容量筒质量，g；

m_2——容量筒和试样总质量，g；

V——容量筒容积，L。

空隙率按式计算：

$$V_0 = (1 - \frac{\rho_1}{\rho_0}) \times 100 \tag{3-6}$$

式中　V_0——空隙率，%；

ρ_1——试样的松散（或紧密）堆积密度，kg/m^3；

ρ_0——试样的表观密度，kg/m^3。

按规定，堆积密度取两次实验结果的算术平均值作为测定值，精确至 $10kg/m^3$。空隙率取2次实验结果的算术平均值，精确至1%，表3－5为砂堆积密度实验记录格式。

表3－5　砂堆积密度实验记录格式

实验编号	容量筒质量 m_1/g	容量筒和试样总质量 m_2/g	容量筒体积 V/L	堆积密度 ρ_1/（kg/m^3）	堆积密度平均值/（kg/m^3）
1					
2					

3.3.6　注意事项

对首次使用的容量筒应校正容积的准确度。

3.4　砂表观密度实验

3.4.1　实验目的

集料的表观密度也叫视密度或近似密度，是集料的基本物理状态指标，是进行混凝土与砂浆配合比设计的必要参数，掌握集料的表观密度实验方法，对进一步了解和评价集料的其他技术性能有重要意义。本实验采用《建设用砂》（GB/T 14684—2011）中规定的方法测定细集料的表现密度，为混凝土配合比设计提供实验依据。根据《建设用砂》（GB/T 14684—2011）规定表观密度应不小于 $2500kg/m^3$。

3.4.2　实验仪器

LP2001A 电子天平，最大称量 2000g、感量 0.1g；500mL 容量瓶（图3－6）；DHG－9140 电热恒温鼓风干燥箱；干燥器；温度计；料勺等。

图3－6　500mL 容量瓶

3.4.3　实验操作步骤

（1）将试样缩分至约660g，然后放在105℃ ±5℃的电热恒温鼓风干燥箱中烘至恒量，并在干燥器中冷却至室温后分成大致相等的两份备用。

（2）称取烘干试样 m_0 为300g，精确至0.1g，将试样装入容量瓶，注入冷开水至接近500mL刻度处，用手旋转摇动容量瓶，使试样充分摇动以排除气泡，塞紧瓶塞。

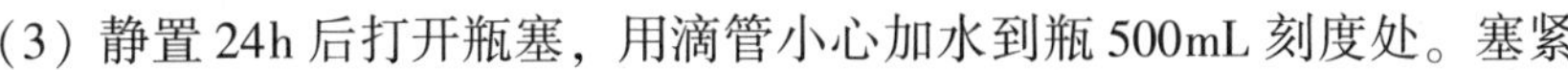

（3）静置24h后打开瓶塞，用滴管小心加水到瓶500mL刻度处。塞紧

瓶塞，擦干瓶外水分，称其重量 m_1，精确至 1g。倒出瓶内水和试样，清洗瓶内外再注入与上项水温相差不超过2℃的冷开水至瓶颈刻线。塞紧瓶塞，擦干瓶外水分，称其质量 m_2，精确至 1g。

（4）实验过程中测量并控制水温，各项称量可以在 15～25℃的范围内进行。从试样加水静置的最后 2h 起直至实验结束，其温差不应超过 2℃。

3.4.4 实验结果评定及实验记录格式

表观密度 ρ_0 按下式计算：

$$\rho_0 = \left(\frac{m_0}{m_0 + m_2 - m_1} - a_t\right) \times 1000 \tag{3-7}$$

式中 ρ_0——表观密度，kg/m^3；

m_1——瓶＋试样＋水总质量，g；

m_2——瓶＋水总质量，g；

m_0——烘干试样质量，g；

a_t——水温对砂表观密度的修正系数，15℃时为 0.002，16～17℃时为 0.003，18～19℃时为 0.004，20～21℃时为 0.005，22～23℃时为 0.006，24℃时为 0.007，25℃时为 0.008。

按规定，表观密度以测定结果的算术平均值作为测定值，精确至 $10kg/m^3$。如两次结果之差大于 $20kg/m^3$，需重新取样进行实验。表 3－6 为细集料表观密度实验记录格式。

表 3－6 细集料表观密度实验记录格式

实验编号	试样瓶＋试样＋水总质量 m_1/g	瓶＋水总质量 m_2/g	烘干试样质量 m_0/g	表观密度 ρ_0/(kg/m^3)	表观密度平均值/(kg/m^3)
1					
2					

3.5 砂含水率实验

3.5.1 实验目的

测定砂的含水率作为混凝土配合比调整及施工质量的依据。本节实验是根据《建设用砂》(GB/T 14684—2011)规定的方法进行。

3.5.2 实验设备

LP2001A 电子天平，最大称量 2000g、感量 0.1g；DHG－9140 电热恒温鼓风干燥箱；带密封盖的浅盘；干燥器；吹风机(手提式)等。

3.5.3 实验操作步骤

（1）称浅盘质量 m_1，精确至 0.1g。按取样方法取样至不少于表 3－1 所需的量。将自然潮湿状态下的试样用四分法缩分至约 1100g，拌匀后分为大致相等的两份备用。

（2）称量，记下每盘试样与浅盘的质量为 m_2，精确至 0.1g，然后置于 DHG－9140 电热恒温鼓风干燥箱中于 105℃ ±5℃下烘干至恒量，称其烘干后的试样与浅盘的质量为 m_3。

3.5.4 实验结果评定及实验记录格式

砂的含水率按下式计算：

$$Z = \frac{m_2 - m_3}{m_3 - m_1} \times 100 \tag{3-8}$$

式中 Z——砂的含水率,%；

m_1——浅盘的质量，g；

m_2——烘干前试样与浅盘的质量，g；

m_3——烘干后试样与浅盘的质量，g。

按规定，砂的含水率以两次实验结果的算术平均值作为测定值，测定值精确至 0.1%，两次实验实验结果相差 0.2% 时，应重做实验。表 3－7 为砂含水率实验记录格式。

表 3－7 砂含水率实验记录格式

实验编号	浅盘质量 m_1/g	未烘干试样与浅盘的质量 m_2/g	烘干后试样与浅盘的质量 m_3/g	砂的含水率 Z/%	含水率平均值/%
1					
2					

3.6 砂含泥量实验

3.6.1 实验目的

测定砂含泥量是否符合《建设用砂》(GB/T 14684—2011)标准规定。含泥量指天然砂粒径小于 75μm 的颗粒含量。如果砂中含泥量及泥块含量较大，就会妨碍与水泥浆的黏结，从而降低混凝土或砂浆的强度，降低混凝土和砂浆的抗冻性和抗渗性，同时用水量也增加，《建设用砂》(GB/T 14684—2011)规定砂中的含泥量及泥块含量限值见表 3－8。

表 3－8 砂中含泥量和泥块含量限值(GB/T 14684—2011)

砂类别	Ⅰ	Ⅱ	Ⅲ
含泥量(按质量计)/%	≤1.0	≤3.0	≤5.0
泥块含量(按质量计)/%	0	≤1.0	≤2.0

3.6.2 实验仪器

(1) 电热恒温鼓风干燥箱，DHG－9140 型，能使温度控制在 105℃ ±5℃。

(2) LP2001A 电子天平称量 2000g，感量 0.1g。

(3) 方孔筛，孔径为 75μm 及 1.18mm 的筛各一只。

(4) 淘洗容器(图 3－7)，淘洗试样时能保持试样不溅出，深度大于 250mm，选用 545mm×415mm×295mm 塑料水箱。

图 3－7 塑料水箱

(5) 淘洗搪瓷盘、干燥器、毛刷等。

3.6.3 实验操作步骤

（1）按照取样方法取样，并用四分法将试样缩分至约1100g，置105℃ ±5℃电热恒温鼓风干燥箱中烘干至恒量，放在干燥器中冷却至室温，分成大致相等的两份备用。

（2）去皮称量试样500g，精确至0.1g，将试样倒入淘洗容器中，注入清水，使水面高于试样约150mm，充分搅拌均匀后，浸泡2h。然后用手在水中淘洗试样，使尘屑、淤泥和黏土与砂粒分离，把浑水缓缓倒入1.18mm及75μm的两面用水润湿的准套筛上(1.18mm的标准筛放在上面)，滤去小于75μm的颗粒。整个实验过程中应小心防止砂流失。

（3）再向容器中注入清水，重复淘洗过程，直到容器内的水目测清澈为止。

（4）用水淋洗剩余在筛上的细粒，并将75μm筛放在水中(使水面略高于筛砂粒的上表面)来回摇动，以充分洗掉小于75μm的颗粒，然后将两只筛的筛余颗粒和清洗容器中已经洗净的试样一并倒入搪瓷盘，放在电热恒温鼓风干燥箱中于105℃ ±5℃温度下烘干至恒量。在干燥器中冷却至室温后，称量其质量，精确至0.1g。

3.6.4 计算与结果评定

砂的含泥量Q_a按下式计算：

$$Q_a = \frac{G_0 - G_1}{G_0} \times 100 \tag{3-9}$$

式中 Q_a——砂的含泥量,%；

G_0——实验前砂烘干质量，g；

G_1——实验后砂烘干质量，g。

砂的含泥量实验取两个试样实验结果的算术平均值作为测定值，精确至0.1%，对照标准规定(表3－8)判定试样是否合格。砂的含泥量实验记录见表3－9。

表3－9 砂含泥量实验记录格式

实验编号	实验前砂烘干质量 G_0/g	实验后砂烘干质量 G_1/g	泥质量 (G_0-G_1)/g	含泥量 Q_a/%	平均值/%
1					
2					

3.7 砂泥块含量实验

3.7.1 实验目的

测定砂的泥块含量是否合格。泥块含量指砂中原粒径大于1.18m，经水浸湿、手捏后粒径小于600μm的颗粒含量。《建设用砂》(GB/T 14684—2011)规定砂中的含泥量及泥块含量限值见表3－8。

3.7.2 实验仪器

（1）DHG－9140A电热恒温鼓风干燥箱，能使温度控制在105℃ ±5℃。

（2）LP2001A电子天平，称量2000g，感量0.1g。

（3）方孔筛，孔径为600μm及1.18mm的筛各一只。

（4）容器，淘洗试样时能保持试样不溅出，深度大于250mm。

（5）搪瓷盘、干燥器、毛刷。

3.7.3　实验步骤

（1）按照取样方法取样并用四分法将试样缩分至约5000g，放入电热恒温鼓风干燥箱中在105℃ ±5℃温度下烘干至恒量，在干燥器中冷却至室温后，筛除小于1.18mm的颗粒，再分成大致相等的两份备用。

（2）称量烘干试样200g，精确至0.1g。

（3）将试样倒入淘洗容器中，注入洁净的清水，使水面高出试样面约150mm，充分搅拌均匀后浸泡24h。然后用手在水中碾碎泥块，再把试样放在600μm筛上，用水淘洗直至目测容器内的水清澈为止。

（4）把留下来的试样小心的从筛中取出，装入浅盘后放入电热恒温鼓风干燥箱，在105℃ ±5℃温度下烘干至恒量，待冷却到室温后称其质量，精确至0.1g。

3.7.4　计算与结果评定

砂的泥块含量按下式计算：

$$Q_b = \frac{G_1 - G_2}{G_1} \times 100 \tag{3-10}$$

式中　Q_b——砂的泥块含量,%；

G_1——1.18mm筛筛余试样的干质量，g；

G_2——实验后烘干试样的质量，g。

砂的泥块含量取两次实验结果的算术平均值作为测定值，精确至0.1%，对照标准规范规定(表3－8)，判定结果是否合格。砂泥块含量实验记录格式见表3－10。

表3－10　砂泥块含量实验记录格式

实验编号	1.18m筛筛余试样的干质量 G_1/g	实验后烘干试样的质量 G_2/g	泥块质量 (G_1-G_2)/g	泥块含量 Q_b/%	平均值 /%
1					
2					

3.8　碎石颗粒级配实验

粗集料是指粒径大于4.75mm的岩石颗粒，包括卵石和碎石。粗集料的颗粒级配对混凝土技术经济性能影响的原理与细集料基本相同，级配良好的粗集料不但节约水泥，降低工程成本，而且还可以改善混凝土的和易性，提高混凝土工程质量，颗粒级配对高强度混凝土的影响尤为明显。粗集料的最大粒径是指粗集料粒径的上限。当粗集料粒径增大时，其比表面积随之减小，在保证混凝土和砂浆和易性前提下，水泥浆与砂浆的用量随之减小，混凝土和砂浆将具有良好的经济技术价值，因此粗集料最大粒径在一定条件下应尽可能选用较大值，但如果粒径过大，将会带来搅拌与运输的不便。《混凝土结构工程施工质量验收规范》(GB 50204—2015)规定，混凝土用粗集料的最大粒径不得大于结构截面最小尺寸的1/4，同时不得大于钢筋间最小净距的3/4。对于混凝土实心板可允许采用最大粒径为1/2板厚的粗集料，但最大粒径不得超过50mm。《建设用卵石、碎石》(GB/T 14685—2011)碎石和卵石的颗粒级配要求如表3－11所示。

表 3－11　碎石和卵石的颗粒级配(GB/T 14685—2011)

公称粒径/mm		累计筛余/%											
		方孔筛/mm											
		2.36	4.75	9.5	16.0	19.0	26.5	31.5	37.5	53.0	63.0	75.0	90.0
连续粒级	5～16	95～100	85～100	30～60	0～10	0							
	5～20	95～100	90～100	40～80	—	0～10	0						
	5～25	95～100	90～100	—	30～70	—	0～5	0					
	5～31.5	95～100	90～100	70～90	—	15～45	—	0～5	0				
	5～40	—	95～100	70～90	—	30～65	—	—	0～5	0			
单粒粒级	5～10	95～100	80～100	0～15	0								
	10～16		95～100	80～100	0～15								
	10～20		95～100	85～100		0～15	0						
	16～25			95～100	55～70	25～40	0～10						
	16～31.5		95～100		85～100			0～10	0				
	20～40			95～100		80～100			0～10	0			
	40～80					95～100			70～100		30～60	0～10	0

3.8.1　实验目的

测定碎石或卵石的颗粒级配、颗粒规格，作为混凝土配合比设计及一般使用的依据。

3.8.2　实验主要设备

(1) DHG－9140 电热恒温鼓风干燥箱：温度能控制在 105℃ ±5℃。

(2) DT10K 电子天平：称量 10kg，感量 1g。

(3) 方孔筛：孔径为 2.36mm，4.75mm，9.50mm，16.0mm，19.0mm，26.5mm，31.5mm，37.5mm，53.0mm，63.0mm，75.0mm 及 90mm 的筛各一只，并附有筛底和筛盖(筛框内径为 300mm)。

(4) 振筛机，本实验采用 ZBSX－92A 震击式标准振筛机。

(5) 搪瓷盘、毛刷等。

3.8.3　实验操作步骤

(1) 按取样方法取不少于表 3－2 规定的质量并用四分法缩分至略大于表 3－12 规定的数量，烘干或风干后备用。

表 3－12　粗集料颗粒级配实验所需试样数量(GB/T 14685—2011)

最大粒径/mm	9.5	16.0	19.0	26.5	31.5	37.5	63.0	75.0
颗粒级配试样质量/kg	1.9	3.2	3.8	5.0	6.3	7.5	12.6	16

(2) 根据试样的最大粒径，称取按表 3－12 规定数量试样一份，精确至 1g。按试样倒入按孔位大小从上到下组合的套筛上，然后进行筛分。将套筛装入振筛机，按“启动”键，摇筛 10min 后停机。然后取出套筛，再按筛孔大小顺序，逐个进行手筛，从最大的筛号开始，在清洁的浅盘上摇动过筛，筛至每分钟的通过量小于试样总量的 0.1%。筛时需使粗集料在筛面上同时有水平方向及上下方向不停顿地运动，使小于筛孔直径的通过，通过的颗

粒并入下一号筛，并和下一号筛中的试样一起过筛，这样顺序进行，直到各号筛全部筛完为止。当筛余颗粒的粒径大于 19.0mm 时，在筛分过程中允许用手拨动试样颗粒，使其通过筛孔。

（3）称取各号筛上的筛余量，精确至 1g。筛分后如每号筛筛余量与筛底的筛余量之和同原试样质量之差超过 1% 时，应重新实验。

3.8.4　实验结果计算

计算分计筛余百分率，即各号筛的筛余量与试样总质量之比精确至 0.1%；计算累计筛余百分率，即该号筛及以上各筛的分计筛余百分率之和，精确至 1%，否则应重新实验。对照表 3－11，评定颗粒级配。表 3－13 为碎石或卵石的筛分析实验记录格式。

表 3－13　碎石或卵石颗粒级配记录格式

石子种类			石子最大粒径/mm	
试样质量/kg	方孔筛孔径/mm	分计筛余质量/g	分计筛余百分率/%	累计筛余百分率/%
	63.0			
	53.0			
	37.5			
	31.5			
	26.5			
	19			
	16			
	9.5			
	4.75			
	底盘			
级配评定				

3.9　碎石堆积密度实验

3.9.1　实验目的

测定粗集料的堆积密度，作为评定石子的质量和混凝土用石的技术依据。根据《建设用卵石、碎石》（GB/T 14685—2011）规定，连续级配松散堆积空隙率对Ⅰ、Ⅱ、Ⅲ类分别不大于 43%、45%、47%。

3.9.2　实验主要仪器

（1）TGT－100 型磅秤，称量 100kg，感量 50kg，如图 3－8 所示，磅秤结构如图3－9 所示。

图 3－8　TGT－100 型磅秤

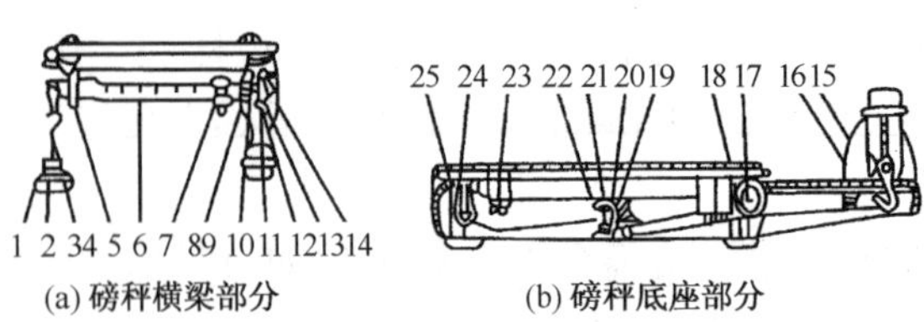

图 3－9 磅秤结构构件示意图

1—砣挂；2—砣；3—力点环；4—刀；5—视准器；6—计量杠杆；7—游砣；8—重点环；9—刀承；10—支点环；11—连杆；12—刀；13—调整轮；14—调整螺栓；15—钩；16—刀；17—支点销；18—轮；19—刀；20—刀；21—刀承；22—连接环；23—刀承；24—刀；25—支点环

（2）磅秤，称量 10kg，感量 10g。

（3）容量筒，金属制成，规格见表 3－14，实验前应校正容积，方法同细集料的堆积密度实验。

（4）直径 16mm，长 600mm 的圆钢垫棒、电热恒温鼓风干燥箱、平头铁铲、直尺等。

表 3－14 粗集料容量筒规格要求（GB/T 14685—2011）

最大粒径/mm	容量筒容积/L	容量筒规格/mm		筒壁厚度/mm
		内径	净高	
9.5、16.0、19.0、26.5	10	208	294	2
31.5、37.5	20	294	294	3
53.0、63.0、75	30	360	294	4

3.9.3 实验操作步骤

（1）取数量不少表 3－2 规定的试样质量，在 105℃ ±5℃的电热恒温鼓风干燥箱中烘干或摊于洁净的地面上风干、拌匀后，分为大致相等的两份试样备用。

（2）松散堆积密度步骤：取试样一份，置于平整、干净的地板或（铁板）上，用小铲将试样自容量筒口中心上方 50mm 处徐徐倒入，让试样以自由落体落下，当容量筒上部试样呈堆体且四周溢满时，即停止加试样，除去凸出容量筒口表面的颗粒，并以合适的颗粒填入凹陷部分，使表面稍凸起部分和凹陷部分的体积大致相等，实验过程应防止触动容量筒，称出容量筒连同试样的总质量，精确至 10g。

（3）紧密堆积密度步骤：将一份试样分三层装入容量筒；装完一层后，在筒底垫放一根直径为 16mm 的圆钢，将筒按住，左右交替颠击地面各 25 下；再装入第二层，第二层装满后用同样的方法颠实（但筒底所垫钢筋方向与第一层时方向垂直）；然后再装入第三层，第三层装满后用同样方法颠实（但筒底所垫钢筋方向与第一层时的方向平行）；试样装填完毕后，再加试样直至超过筒口，用钢尺沿筒口边缘刮去高出的试样，并用适合的颗粒填充凹陷空隙，使表面凸起部分和凹陷部分的体积大致相等，称出容量筒连同试样的总质量，精确至 10g。

3.9.4 实验结果计算

粗集料试样的松散或紧密堆积密度 ρ_1 按下式计算：

$$\rho_1 = \frac{G_2 - G_1}{V} \tag{3-11}$$

式中 ρ_1——粗集料的松散或紧密堆积密度，kg/m^3；

G_1——容量筒质量，g；

G_2——试样和容量筒总质量，g；

V——容量筒容积，L。

空隙率按下式计算：

$$V_0 = \left(1 - \frac{\rho_1}{\rho_0}\right) \times 100 \tag{3-12}$$

式中　V_0——空隙率,%；

ρ_1——粗集料堆积密度，kg/m^3；

ρ_0——粗集料表观密度，kg/m^3。

堆积密度取两份试样进行平行实验，并以两次实验结果的算术平均值作为测定值，精确至10kg/m^3。空隙率取两次实验结果的算术平均值，精确至1%。表3-15为碎石或卵石堆积密度实验记录格式。

表3-15　碎石或卵石堆积密度实验记录格式

石子种类			石子最大粒径/mm	
实验编号	容量筒质量 G_1/g	试样和容量筒总质量 G_2/g	容量筒容积 V/L	堆积密度 ρ_1/(kg/m^3)
1				
2				

3.10　碎石表观密度实验

3.10.1　实验目的

测定最大粒径不大于37.5mm的粗集料的表观密度，作为评定石子的质量和混凝土用石的技术依据。《建设用卵石、碎石》(GB/T 14685—2011)规定，碎石的表观密度采用液体比重天平法和广口瓶法，广口瓶法不宜用于最大粒径大于37.5mm的粗集料的表观密度的测定，粗集料的表观密度不小于2600kg/m^3。本实验采用广口瓶法。

3.10.2　实验主要设备

DT10K电子天平，精度1g；广口瓶1000mL，磨口并带玻璃片；4.75mm的方孔筛一只；DHG 9140电热恒温鼓风干燥箱，温度可控制在105℃±5℃；直径20mm的不锈钢小浅盘；温度计等。

3.10.3　实验操作步骤

(1) 按规定取样，最大粒径26.5mm时最少试样质量取2kg，最大粒径31.5mm最少试样质量取3kg，风干后筛除小于4.75mm的颗粒，然后洗刷干净，分成大致相等的两份备用。

(2) 称量并记录试样的质量，称量精确至1g。

(3) 取试样一份浸水饱和后，然后装入广口瓶中，装试样时，广口瓶应倾斜放置，注入饮用水，用玻璃片覆盖瓶口。用上下左右摇晃的办法排除气泡。

(4) 气泡排尽后，向瓶中添加饮用水直至水面凸出瓶口边缘，然后用玻璃片沿瓶口迅速滑行，使其紧贴瓶口水面。擦干瓶外水分后，称出试样、水、瓶和玻璃片的总质量 m_1，精确至 1g。

（5）将瓶中试样倒入浅盘中，置于温度为 105℃ ±5℃的浅盘中烘干至恒量，然后取出置于带盖容器中冷却至室温后称出试样的质量 m_0，精确至 1g。

（6）将瓶洗净重新注入洁净水，用玻璃片紧贴瓶口水面，擦干瓶外水分后称出质量 m_2。

3.10.4 实验结果计算

粗集料的表观密度 ρ_0 按下式计算：

$$\rho_0 = \left(\frac{m_0}{m_0 + m_2 - m_1} - a_t\right) \times 1000 \tag{3-13}$$

式中 ρ_0——粗集料的表观密度，kg/m³；

m_0——烘干后试样质量，g；

m_1——试样、水、瓶和玻璃片的总质量，g；

m_2——水、瓶和玻璃片的总质量，g；

a_t——水温对水的修正系数，其值同水温对砂的表观密度修正系数相同。

按规定，粗集料的表观密度实验以两次实验测定结果的算术平均值作为测定值，精确至 10kg/m³。若两次实验结果值之差大于 20kg/m³，应重新取样实验。对颗粒材质不均匀的试样，如两次实验结果超过 20kg/m³，可取 4 次实验结果算术平均值。表 3－16 为碎石或卵石的表观密度实验报告记录格式。

表 3－16 碎石或卵石的表观密度实验报告记录格式

石子种类			石子最大粒径/mm	
实验编号	烘干试样质量 m_0/g	试样＋水＋瓶玻璃片总质量 m_1/g	瓶＋水＋玻璃片总质量 m_2/g	表观密度 ρ_0/(kg/m³)
1				
2				

3.10.5 实验注意事项

实验时各项称重可在 15～25℃的温度范围内进行，但从试样加水静置的 2h 起至实验结束，其温度变化不应超过 2℃。

3.11 碎石含水率实验

3.11.1 实验目的

在自然环境中，碎石都有一定的含水率，并随环境状况的不同而变化，碎石含水率是换算混凝土施工配合比时的重要参数。本实验根据《建设用卵石、碎石》(GB/T 14685—2011) 规定的标准方法进行。

3.11.2 实验主要设备

DT10K 电子天平，称量 10kg，精度 1g；DHG－9140 型电热恒温鼓风干燥箱，温度可控制在 105℃ ±5℃；直径 20cm 的不锈钢浅盘。

3.11.3 实验操作步骤

（1）按取样和检验规则取出不少于表 3－2 规定的数量，并将试样缩分至 4.0kg，拌匀后分成大致相等的两份备用。

（2）在电子天平上称取不锈钢浅盘的质量 m_1，精确至1g。

（3）将一份试样倒入不锈钢浅盘中称取试样的质量 m_2，精确至1g。

（4）将已装好试样的浅盘置于电热恒温鼓风干燥箱中烘干至恒量，取出在干燥器中待冷却至室温后，称取试样和浅盘的质量 m_3。

3.11.4 实验结果计算

石子的含水率按下式计算：

$$Z = \frac{m_2 - m_3}{m_3 - m_1} \times 100 \tag{3-14}$$

式中 Z——石子的含水率,%；

m_1——浅盘的质量，g；

m_2——烘干前试样与浅盘的质量，g；

m_3——烘干后试样与浅盘的质量，g。

按规定，石子的含水率取两次实验结果的算术平均值，精确至0.1%。实验记录格式参照表3－17。

表3－17 石子的含水率实验记录格式

石子种类	碎石或卵石		石子最大粒径/mm		
实验编号	浅盘的质量 m_1/g	烘干前试样与浅盘质量 m_2/g	烘干后试样与浅盘质量 m_3/g	石子含水率 Z/%	含水率平均值/%
1					
2					

3.12 碎石中针片状颗粒含量实验

3.12.1 实验目的

碎石中常含有针状和片状的岩石颗粒，当这些针、片状颗粒含量较多时，使混凝土的强度降低，使混凝土拌合物的泵送性变差。《建设用碎石、卵石》(GB/T 14685—2011)规定，粗骨料颗粒中的针、片状颗粒含量如表3－18所示。

表3－18 针片状颗粒含量(GB/T 14685—2011)

类别	Ⅰ	Ⅱ	Ⅲ
针、片状颗粒含量(按质量计)/%	≤5	≤10	≤15

3.12.2 实验仪器

（1）针状规准仪和片状规准仪，如图3－10所示。

（2）DT10K电子天平，称量10kg，感量1g。

（3）方孔筛，孔径分别为4.75mm、9.50mm、16.0mm、19.0mm、31.5mm、37.5mm的筛各一只。

（4）游标卡尺150mm，分度值0.02mm。

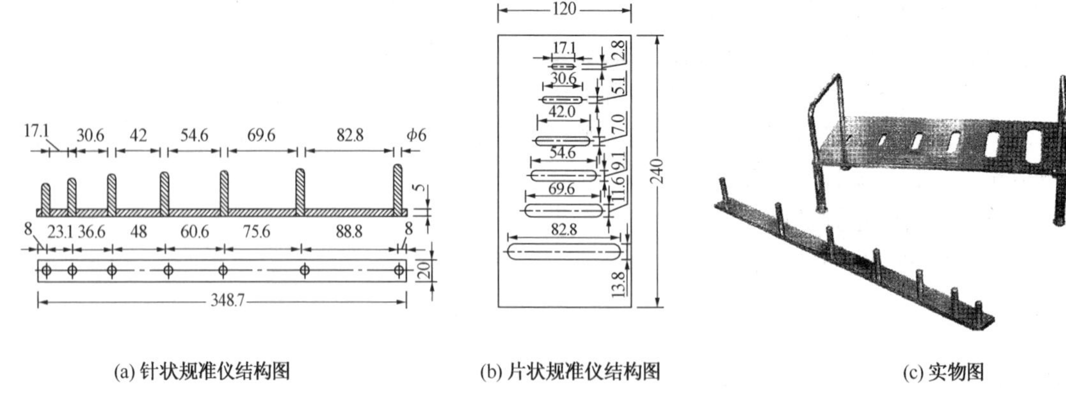

(a) 针状规准仪结构图　　(b) 片状规准仪结构图　　(c) 实物图

图 3－10　针状规准仪和片状规准仪

3.12.3　实验步骤

（1）按规定取样并将试样缩分至略大于表 3－19 规定数量，烘干或风干后备用。根据试样的最大粒径，按表 3－19 的规定数量称取试样一份，质量为 m_0，精确至 1g，然后按表 3－20规定的粒级进行筛分。

表 3－19　粗集料针片状颗粒含量实验所需试样数量（GB/T 14685—2011）

最大粒径/mm	9.5	16.0	19.0	26.5	31.5	37.5 及以上
最少试样质量/kg	0.3	1.0	2.0	3.0	5.0	10.0

表 3－20　针片状颗粒含量实验的粒级划分及其相应的规准仪孔宽及间距（GB/T 14685—2011）

粒级/mm	4.75～9.50	9.50～16.0	16.0～19.0	19.0～26.5	26.5～31.5	31.5～37.5
片状规准仪上相对应的孔宽/mm	2.8	5.1	7.0	9.1	11.6	13.8
针状规准仪上相对应的间距/mm	17.1	30.6	42.0	54.6	69.6	82.8

（2）按照表 3－20 规定的粒级分别用规准仪逐粒检验，凡颗粒长度大于规准仪上相应间距者，为针状颗粒；颗粒厚度小于片状规准仪上相应孔宽者，为片状颗粒。称出其质量，精确至 1g。

（3）石子粒径大于 37.5mm 的碎石或卵石，可用卡尺检验针片状颗粒，卡尺卡口的设定宽度应符合表 3－21 的规定。

表 3－21　大于 37.5mm 针、片状颗粒含量实验的粒级划分及其相应的卡尺卡口设定宽度（GB/T 14685—2011）

粒级/mm	37.5～53.0	53.0～63.0	63.0～75.0	75.0～90.0
检验片状颗粒的卡尺卡口设定宽度/mm	18.1	23.2	27.6	33.0
检验针状颗粒的卡尺卡口设定宽度/mm	108.6	139.2	165.6	198.0

3.12.4　实验结果计算

碎石或卵石中针片状颗粒含量 Q_c 按下式计算：

$$Q_c = \frac{m_1}{m_0} \times 100 \qquad (3-15)$$

式中　Q_c——针片状颗粒含量，%；

m_1——试样中所含针片状颗粒的总质量，g；

m_0——试样质量，g。

针片状颗粒含量实验结果精确至1%，并对照表3－18判定实验样品是否合格。表3－22为针片状颗粒含量实验记录格式。

表3－22　针片状颗粒含量实验记录格式

粒级/mm	4.75～9.5	9.5～16.0	16.0～19.0	19.0～26.5	26.5～31.5	31.5～37.5
各粒级针片状质量/g 试样总质量 m_0/g						
针片状颗粒总质量 m_1/g 针片状颗粒含量 Q_c/%						

3.13　碎石或卵石含泥量实验

3.13.1　实验目的

测定粗集料中的含泥量，即卵石或碎石中粒径小于75μm的颗粒含量。混凝土和砂浆用集料本应清洁和无黏土杂质，但在工程实际中，天然的集料难免会含有一定质量的杂质，即便是人工集料，在运输和存放过程中也会因黏土造成污染，如果含泥量超限，将会严重影响工程质量，甚至造成工程事故。《建设用卵石、碎石》(GB/T 14685—2011)对集料含泥量有明确规定，见表3－23，集料含泥量合格时，方可用于混凝土或砂浆工程。

表3－23　集料含泥量和泥块含量(GB/T 14685—2011)

类　别	Ⅰ	Ⅱ	Ⅲ
含泥量(按质量计)/%	≤0.5	≤1.0	≤1.5
泥块含量(按质量计)/%	0	≤0.2	≤0.7

3.13.2　实验仪器

(1) DT10K电子天平，称量10kg，感量1g。

(2) DHG－9140A电热恒温鼓风干燥箱，能使温度控制在105℃±5℃范围内。

(3) 方孔筛，粒径为1.18mm及75μm筛各1只。

(4) 容器，容积约10L的塑料盒或金属盒，要求淘洗试样时保持试样不溅出。

(5) 搪瓷盘、干燥器。

3.13.3　实验步骤

(1) 按照取样方法取样，并将试样缩分至表3－24规定的2倍数量，此时一定注意防止细粉流失。将试样置于温度为105℃±5℃的电热恒温鼓风干燥箱内烘干至恒量，冷却至室温后分成两份备用。

(2)根据试样的最大粒径，称取按表3－24的规定试样一份，质量为G_1，精确至1g。将试样放入淘洗容器中，并注入清水，使水面高出试样上表面150mm。

表 3－24 含泥量实验所需试样数量（GB/T 14685—2011）

最大粒径/mm	9.5	16.0	19.0	26.5	31.5	37.5	63.0	75.0
最少试样质量/kg	2.0	2.0	6.0	6.0	10.0	10.0	20.0	20.0

（3）充分搅拌均匀后浸泡 2h 后，用手在水中淘洗试样，使尘屑、淤泥和黏土与石子颗粒分离，并使之悬浮或溶解于水，把浑水缓缓倒入两面用水润湿的 1.18mm 及 75μm 的标准筛（1.18mm 筛放置在上面）上，滤去小于 75μm 的颗粒，在整个实验过程中小心防止大于 75μm 的颗粒流失。

（4）再向容器中注入清水，重复上述清洗的过程，直至容器中的水目测清澈为止。

（5）用水淋洗剩余在筛上的细粒，并将 75μm 筛放在水中（使水面略高出石子内颗粒的上表面）来回摇动，以充分洗掉小于 75μm 的颗粒，然后将两只筛上筛余的颗粒和清洗容器中已洗净的试样一并装入搪瓷盘。置于温度为 105℃ ±5℃ 的电热恒温鼓风干燥箱内烘干至恒量，待冷却至室温后，称出其质量 G_2，精确至 1g。

3.13.4 实验结果计算与评定

碎石或卵石的含泥量 Q_a按下式计算：

$$Q_a = \frac{G_1 - G_2}{G_1} \times 100 \tag{3-16}$$

式中 Q_a——碎石或卵石的含泥量，%；

G_1——碎石或卵石实验前烘干质量，g；

G_2——碎石或卵石实验后烘干质量，g。

以两个试样测试结果的算术平均值作为测定值，精确至 0.1%，当两次测定结果的差值超过 0.2% 时，应重新取样进行实验。对照表 3－23，判定实验样品是否合格。表 3－25 为碎石或卵石含泥量实验记录格式。

表 3－25 碎石或卵石含泥量实验记录格式

实验编号	盒 + 碎石或石实验前烘干质量 G_1/g	盒 + 碎石或卵石实验后烘干质量 G_2/g	泥质量 $(G_1 - G_2)$/g	含泥量 Q_a/%	两次差值	平均值
1						
2						

3.14 碎石或卵石泥块含量实验

3.14.1 实验目的

检验碎石或卵石泥块含量是否合格。泥块含量是指卵石、碎石中原粒径大于 4.75mm，经水浸洗、手捏后小于 2.36mm 的颗粒含量。粗集料尤其是天然粗集料含有泥土颗粒杂质，而且因产源状况还常含有泥块状杂质，其危害不亚于含泥量超限时对工程质量的影响。因此《建设用卵石、碎石》（GB/T 14685—2011）对粗集料的泥块含量也作出了明确规定，见表 3－24，当集料中泥块含量在规定范围之内时，方可用于混凝土工程或砂浆工程，否则不能直接用于混凝土工程或砂浆工程。

3.14.2　实验仪器

（1）DHG－9140 型电热恒温鼓风干燥箱，能使温度控制在 105℃ ±5℃。

（2）DT10K 电子天平，称量 10kg，感量 1g。

（3）方孔筛，孔径为 2.36mm 及 4.75mm 的筛各一只。

（4）洗石用的容器，塑料水箱。

（5）搪瓷盘、干燥器。

3.14.3　实验步骤

（1）按照取样方法取样，并将试样缩分至略大于表 3－24 规定的 2 倍数量，缩分时防止所含泥土块被压碎，放在在温度为 105℃ ±5℃的电热恒温鼓风干燥箱中烘干至恒重，待在干燥器中冷却至室温后分成大致相等的两份备用。

（2）根据试样最大粒径，按表 3－24 规定称取试样一份，质量为 G_1，精确至 1g。

（3）将试样倒入淘洗容器中，注入清水或饮用水使水面高出试样上表面，充分搅拌均后，浸泡 24h。，然后用手碾碎泥块，再把试样放在 2.36mm 筛上摇动淘洗，直至容器内的水目测清澈为止。

（4）把留下来的试样小心的从筛中取出，装入搪瓷盘中，置于温度为 105℃ ±5℃电热恒温鼓风干燥箱中烘干至恒量，取出在干燥器中待冷却至室温称重 G_2。

3.14.4　结果计算与评定

碎石和卵石的泥块含量按下式计算：

$$Q_b = \frac{G_1 - G_2}{G_1} \times 100 \tag{3-17}$$

式中　Q_b——碎石和卵石的泥块含量，%；

G_1——4.75mm 筛筛余试样质量，g；

G_2——实验后烘干质量，g。

以两个试样实验结果的算术平均值作为测定值，精确至 0.1%。当两次结果的差值超过 0.2%时，应重新取样进行实验。对照表 3－23 判断泥块含量是否合格。表 3－26 为碎石或卵石泥块含量实验记录格式。

表 3－26　碎石或卵石泥块含量实验记录格式

实验编号	4.75mm 筛筛余试样质量 G_1/g	实验后烘干试样质量 G_2/g	泥块质量 (G_1-G_2)/g	泥块含量 Q_b/%	两次差值	平均值
1						
2						

3.15　实验思考题

（1）在进行砂的质量检验时，主要考虑哪几个方面的内容？

（2）进行颗粒级配实验有何意义？

（3）在进行堆积密度实验时，为什么对装料高度有一定的限制？

（4）混凝土工程在选用细集料时，如何考虑砂的细度模数和级配？

（5）颗粒级配实验中，当某一筛样上的筛余量超过规定值时，应如何处理？

(6) 在细集料的颗粒级配实验中，要求计算累计筛余的最大颗粒直径是多少?

(7) 在细集料的颗粒级配实验中，累计筛余代号“A_n”中的 n 值最大是多少是否可以随意增加?

(8) 在建筑工程结构构件与装饰工程中，应尽可能使用哪种砂，为什么?

(9) 集料含水率实验有何意义?

(10) 粗集料、细集料的颗粒级配实验有何不同之处?

(11) 粒径和公称粒径有不同吗? 不同之处是什么?

实验 4 普通混凝土实验

由胶凝材料、骨料和拌合水按一定比例与方法所配置的混合性材料，在凝结硬化之前称为混凝土拌合物，硬化之后称为混凝土。用水泥做胶凝材料，石子和砂子做粗细骨料按一定比例和方法所配置的干表观密度 2000 ~ 2800kg/m^3 的混凝土称为普通混凝土，简称混凝土。普通混凝土的实验内容包括取样及试样制备、混凝土拌合物稠度实验、混凝土拌合物表观密度实验、混凝土拌合物凝结时间实验、混凝土拌合物泌水实验、混凝土拌合物含气量实验、混凝土抗压强度实验等。

4.1 普通混凝土配合比设计及实验程序与要求

混凝土配合比是指混凝土中各组成材料数量之间的比例关系。常用的表示方法有两种：一种是以每 1m^{3}混凝土中各项材料的质量表示，如胶凝材料 300kg、水 180kg、砂 720kg、石 1200kg，每 1m^{3}混凝土总质量为 2400kg；另一种表示方法是以各项材料相互间的质量比来表示(以胶凝材料质量为 1)，将上例换算成质量比为胶凝材料：砂：石 =1：2.4：4，水胶比 =0.6。混凝土的配合比设计包括计算、试配和调整等步骤。进行混凝土配合比计算时，其计算公式和有关参数表格中的数值均以干燥状态集料为基准，当以饱和面干集料为基准进行计算时，则应做相应的修正。干燥状态指细集料的含水率小于 0.5% 或粗集料的含水率小于 0.2%。本实验配合比设计按照《普通混凝土配合比设计规程》(JGJ 55—2011) 进行。

4.1.1 混凝土配合比设计步骤

(1) 初步配合比计算：

当混凝土的设计强度等级小于 C60 时，混凝土的配制强度则可按下式确定：

$$f_{cu,0} = f_{cu,k} - t\sigma \tag{4-1}$$

式中 $f_{cu,0}$——混凝土配制强度，MPa；

$f_{cu,k}$——混凝土立方体抗压强度标准值，取混凝土的设计强度等级值，MPa；

t——概率度，混凝土强度的保证率为 95%，对应的 $t = -1.645$；

σ——混凝土强度标准差，MPa，当没有近期的同一品种同一强度等级混凝土资料时，其强度标准差按表 4-1 取用。

表 4-1 混凝土强度标准差 σ 值（JGJ 55—2011）

混凝土强度标准值	≤C20	C25 ~ C45	>C50 ~ C55
σ	4.0	5.0	6.0

（2）当设计强度等级不小于 C60 时，配制强度应按下式确定：

$$f_{cu,0} \geqslant 1.15 f_{cu,k}$$

（3）确定初步水胶比 $\frac{W}{B}$

根据已测定的水泥实际强度 f_{ce}、粗骨料种类和胶凝材料 28d 胶砂抗压强度，按混凝土强度公式计算出所要求的水胶比值（适用于混凝土强度等级小于 C60）：

$$\frac{W}{B} = \frac{\alpha_a f_b}{f_{cu,0} + \alpha_a \alpha_b f_b} \tag{4-2}$$

$$f_b = \gamma_f \gamma_s f_{ce}$$

$$f_{ce} = \gamma_c f_{ce,g} \tag{4-3}$$

式中 W/B——混凝土的水胶比；

B——每立方米混凝土中的胶凝材料用量，胶凝材料包括水泥和活性矿物掺合料，kg；

f_b——胶凝材料 28d 胶砂抗压强度，可实测，也可按式 4-3 确定，MPa；

γ_f、γ_s——粉煤灰影响系数和粒化高炉矿渣影响系数，无单位，对粉煤灰根据掺量 0、10%、20%、30%、40% 分别对应取 1.0、0.90 ~ 0.95、0.80 ~ 0.85、0.70 ~ 0.75、0.60 ~ 0.65，对粒化高炉矿渣粉根据掺量 0、10%、20%、30%、40%、50% 分别对应取 1.00、1.00、0.95 ~ 1.00、0.90 ~ 1.00、0.80 ~ 0.90、0.70 ~ 0.85，对Ⅰ、Ⅱ级粉煤灰宜取上限值，对 S105、S95、S75 级粒化高炉矿渣粉分别宜取上限值加 0.05、上限值、下限值。

γ_c——水泥强度等级值的富余系数，可按实际统计资料确定；当缺乏实际统计资料时，水泥强度等级值为 32.5、42.5、52.5 时分别对应 1.12、1.16、1.10。

f_{ce}——水泥 28d 胶砂抗压强度，可实测，也可根据上述公式计算，MPa。

$f_{ce,g}$——水泥强度等级值，MPa。

α_a、α_b——回归系数，根据工程所使用的原材料，通过试验建立水胶比与混凝土强度关系式确定，无实验统计资料时按经验系数取值。碎石，$\alpha_a = 0.53$、$\alpha_b = 0.20$；卵石，$\alpha_a = 0.49$、$\alpha_b = 0.13$。

为了保证混凝土必要的耐久性，水胶比应满足《普通凝疑土配合比设计规程》（JGJ 55—2011）规定的数值，见表 4-2。如计算所得的水胶比大于表 4-2 规定的数值，应取规定的最大水胶比。

表 4-2 混凝土的最小胶凝材料用量（JGJ 55—2011）

最大水胶比	最小胶凝材料用量/(kg/m³)		
	素混凝土	钢筋混凝土	预应力混凝土
0.60	250	280	300
0.55	280	300	300
0.50	320		
≤0.45	330		

(4) 选取每 $1m^3$ 混凝土的用水量。

用水量的多少，根据所要求的混凝土坍落度及所用骨料的种类、规格来选择，首先定出适宜的坍落度或维勃稠度，水胶比在 0.4 ~ 0.8 范围时，可按表 4 - 3 和表 4 - 4 选出每 $1m^3$ 的用水量，水胶比小于 0.4 时，可通过试验确定。另外表 4 - 3 和表 4 - 4 中系采用中砂时的取值。采用细砂或粗砂时可增加或减少 5 ~ 10kg。

表 4 - 3 干硬性混凝土的用水量（JGJ 55—2011） kg/m³

拌合物稠度		卵石最大公称粒径/mm			碎石最大公称粒径/mm		
项目	指标	10.0	20.0	40.0	16.0	20.0	40.0
维勃稠度/s	16 ~ 20	175	160	145	180	170	155
	11 ~ 15	180	165	150	185	175	160
	5 ~ 10	185	170	155	190	180	165

表 4 - 4 塑性混凝土的用水量（JGJ 55—2011） kg/m³

拌合物稠度		卵石最大公称粒径/mm				碎石最大公称粒径/mm			
项目	指标	10.0	20.0	31.5	40.0	16.0	20.0	31.5	40.0
坍落度/mm	10 ~ 30	190	170	160	150	200	185	175	165
	35 ~ 50	200	180	170	160	210	195	185	175
	55 ~ 70	210	190	180	170	220	205	195	185
	75 ~ 90	215	195	185	175	230	215	205	195

(5) 计算单位混凝土胶凝材料用量 m_{b0}、用水量 m_{w0}、矿物掺合料用量 m_{f0} 及水泥用量 m_{c0}。计算单位混凝土中的外加剂用量 m_{a0}。根据已选定的每 $1m^3$ 用水量和得出的胶水比 B/W 值可求出胶凝材料用量 m_{b0}：

$$m_{b0} = \frac{B}{W} \times m_{w0}, \quad m_{f0} = m_{b0}\beta_f, \quad m_{c0} = m_{b0} - m_{f0}, \quad m_{a0} = m_{b0}\beta_a \tag{4-4}$$

式中 β_f——矿物掺合料掺量百分率；

β_a——外加剂掺量，应经混凝土试验确定。

为了保证混凝土的耐久性，由上式计算得出的胶凝材料用量还要满足表 4 - 2 的规定的最小胶凝材料用量的要求。如果算得的胶凝材料用量少于规定的最小胶凝材料用量，则应取规定的最小胶凝材料用量。

(6) 选取合理的砂率（β_s）。

合理的砂率值应根据集料的技术指标、混凝土拌合物性能和施工要求参考既有历史资料确定。一般如无使用经验，则对坍落度小于 10mm 的混凝土应通过试验确定，坍落度大于 60mm 的混凝土其砂率也可经试验确定，对于坍落度 10 ~ 60mm 的混凝土，其砂率根据粗集料品种、最大公称粒径及水胶比按表 4 - 5 选取。

表 4 - 5 混凝土砂率（JGJ 55—2011） %

水胶比（W/B）	卵石最大公称粒径/mm			碎石最大公称粒径/mm		
	10	20	40	16	20	40
0.4	26 ~ 32	25 ~ 31	24 ~ 30	30 ~ 35	29 ~ 34	27 ~ 32
0.5	30 ~ 35	29 ~ 34	28 ~ 33	33 ~ 38	32 ~ 37	30 ~ 35
0.6	33 ~ 38	32 ~ 37	31 ~ 36	36 ~ 41	35 ~ 40	33 ~ 38
0.7	36 ~ 41	35 ~ 40	34 ~ 39	39 ~ 44	38 ~ 43	36 ~ 41

表4－5中砂的选用砂率，对粗砂或细砂可相应增大或减少；采用人工砂配制混凝土时，砂率可适当增大，只用一个单粒级粗集料配制混凝土时砂率应适当增大。

（7）计算粗集料、细集料的用量（m_{g0}及m_{s0}）。

粗细集料的用量可用体积法或质量法确定。此处介绍体积法，体积法是假定混凝土拌合物的体积等于各组成材料绝对体积和混凝土拌合物中所含空气体积之和。体积法可使用前几个实验数据。因此在计算1m³混凝土拌合物的各材料用量时，可列出下式：

$$\frac{m_{c0}}{\rho_c}+\frac{m_{g0}}{\rho_{0g}}+\frac{m_{s0}}{\rho_{0s}}+\frac{m_{f0}}{\rho_f}+\frac{m_{w0}}{\rho_w}+0.01\alpha=1 \tag{4-5}$$

又根据已知的砂率可列出下式：

$$\frac{m_{s0}}{m_{s0}+m_{g0}}\times 100\%=\beta_s \tag{4-6}$$

式中 m_{g0}——每1m³混凝土的粗集料用量，kg；

m_{s0}——每1m³混凝土的细集料用量，kg；

m_{c0}、m_{f0}——每1m³混凝土的水泥用量、矿物掺合料用量，kg；

m_{w0}——每1m³混凝土的水用量，kg；

ρ_c——水泥密度，根据《水泥密度测定方法》（GB/T 208—2014）测定，无实验数据时可取2.90～3.10g/cm³；

ρ_f——矿物掺合料密度，g/cm³，根据《水泥密度测定方法》（GB/T 208—2014）测定；

ρ_{0g}——粗集料的表观密度，可按现行行业标准JGJ 52《普通混凝土用砂、石质量及检验方法标准》测定，g/cm³，也可采用第3章方法测定；

ρ_{0s}——细集料的表观密度，可按现行行业标准JGJ 52《普通混凝土用砂、石质量及检验方法标准》测定，g/cm³，也可采用第3章方法测定，两者方法一样；

ρ_w——水的密度，无实验数据时可取1.00g/cm³，也可从附录中查得；

α——混凝土含气量百分数,%，在不使用引气剂或引气型外加剂时，可取为1；

β_s——砂率,%。

由以上两个关系可求出粗集料、细集料的用量。

通过以上7个步骤便可求出水、水泥、砂、石子矿物掺合料、外加剂的全部用量，得出初步配合比，供试配用。

4.1.2 混凝土的试配、调整与确定

（1）混凝土的试配、调整。以上求出的各材料用量是借助于一些经验公式和数据计算选择出来，因而不一定能够符合实际情况。混凝土的搅拌、运输方法也应与生产时使用的方法相同，通过试拌调整，直到混凝土拌合物的和易性符合要求为止，然后提出检验混凝土强度用的试拌配合比。

按计算配合比称取材料进行试拌。混凝土拌合物搅拌均匀后应测定坍落度，并检查黏聚性和保水性的好坏。若坍落度低于设计要求，可保持水胶比不变，增加适量水泥浆。若坍落度太大，可保持砂率不变增加集料。如出现含砂不足，黏聚性和保水性不良时，可适当增大砂率，反之应减小砂率。每次调整后再试拌，直到符合要求为止。当试拌工作完成后应测出混凝土拌合物的表观密度。和易性调整实验得出混凝土的试拌配合比，其水胶比不一定选用

恰当，其结果是强度不一定符合要求。一般采用三个不同的配合比，其中一个为试拌配合比，另外两个为配合比的水胶比应较试拌配合比分别增加或减小 0.05，其用水量应与试拌配合比相同，砂率可分别增加或减少 1%。

（2）施工配合比。设计配合比是以干燥材料为基准的，而工地存放的砂、石材料都含有一定的水分。所以现场材料的实际称量应按工地砂、石的含水情况进行修正，修正后的配合比叫做施工配合比。假定工地测出砂的含水率为 W_s、石子的含水率 W_g，则将上述设计配合比换算为施工配合比，其材料的称量应为：

$$m'_{b0} = m_{b0} \tag{4-7}$$

$$m'_{g0} = m_{g0}(1 + W_g) \tag{4-8}$$

$$m'_{s0} = m_{s0}(1 + W_s) \tag{4-9}$$

$$m'_{w0} = m_{w0} - m_{s0}W_s - m_{g0}W_g \tag{4-10}$$

式中 m'_{b0}——按施工配合比计算的 $1m^3$ 混凝土的胶凝材料用量，kg；

m_{b0}——按试拌配合比计算的 $1m^3$ 混凝土的胶凝材料用量，kg；

m'_{g0}——按施工配合比计算的 $1m^3$ 混凝土的粗集料用量，kg；

m_{g0}——按试拌配合比计算的 $1m^3$ 混凝土的粗集料用量，kg；

W_g——现场测定的粗集料的含水率；

m'_{s0}——按施工配合比计算的 $1m^3$ 混凝土的细骨料的用量，kg；

m_{s0}——按试拌配合比计算的 $1m^3$ 混凝土的细骨料的用量，kg；

W_s——现场测定的细集料的含水率；

m'_{w0}——按施工配合比计算的 $1m^3$ 混凝土的水用量，kg；

m_{w0}——按试拌配合比计算的 $1m^3$ 混凝土的水用量，kg。

4.2 混凝土配合比设计任务书

4.2.1 设计题目

在环境条件为潮湿无冻害情况下设计某桥空心板钢筋混凝土的试拌配合比。

4.2.2 设计资料

（1）设计强度等级为 C30，坍落度为 30～50mm。

（2）原材料

水泥：普通硅酸盐水泥 42.5，密度 $\rho_c = 3.10g/cm^3$，强度富余系数 γ 为 1.16；砂：干燥中砂，表观密度 $\rho_0 = 2.65g/cm^3$；干燥碎石，规格为 5～40mm，表观密度 $\rho_0 = 2.70g/cm^3$；水：自来水。

4.2.3 设计任务

计算水泥混凝土的计算配合比。

4.2.4 注意事项

（1）做实验备注：由于实验课时间有限，多个小组配合起来做实验，从实验中找出试拌配合比。每个小组在计算后做相同过程的混凝土拌合物稠度实验，后一个小组所做实验的数据是在前一个小组的实验基础上调整后来做，根据情况进行调整。直到找出坍落度符合要求、和易性好的试拌配合比，混凝土拌合物稠度实验中的的稠度性质每次都由每个小组的中的同一个人来操作。

（2）自己组计算调整数据，混凝土拌合物稠度实验的过程中由自己组的成员来操作。

（3）实验数据记录在原始数据页面上。表4－6为“普通混凝土配合比设计实验记录格式”。写实验报告做数据整理的时抄录其他小组的数据，确定基准配合比。

表4－6　普通混凝土配合比设计实验记录格式

设计强度等级	坍落度	配合比 胶凝材料:水:砂:石		混凝土　L各材料用量/kg				备　注	配合比调整建议
				胶凝材料	水	砂	石		
		初定							
		调整						低于坍落度要求值	水胶比不变，增加原总胶凝材料质量的10%
		调整						高于坍落度要求值	砂率不变，原集料质量增加10%
		试拌配合比							
		调整						坍落度满足时调整	水胶比值增加0.05，用水量不变，砂率增加1%
		调整						坍落度满足时调整	水胶比值增加0.05，用水量不变，砂率减小1%
		调整						坍落度满足时调整	水胶比值减小0.05，用水量不变，砂率增加1%
		调整						坍落度满足时调整	水胶比值减小0.05，用水量不变，砂率减小1%

4.3　混凝土拌合物实验取样及拌制

4.3.1　拌合物取样

（1）拌合物取样按照《普通混凝土拌合物性能试验方法标准》（GB/T 50080—2016）进行。同一组混凝土拌合物取样应在同一盘混凝土或同一车混凝土中取出，取样量应多于实验所需量的1.5倍，且宜不小于20L，也可在实验室用机械拌制。

（2）混凝土拌合物取样应具有代表性，且宜采用多次采样的方法。一般在同一盘混凝土或同一车混凝土中的约1/4、1/7和3/4处之间分别取样，从第一次取样到最后一次取样不宜超过15min，然后人工搅拌均匀。

（3）从取样完毕到各项性能实验开始不宜超过5min。

（4）在实验室拌制混凝土拌合物进行实验时，拌合时实验室内的温度应保持在20℃ ±5℃，所用材料的温度应与实验室温度保持一致。需要模拟施工条件下的所用的混凝土时，所用原材料的温度宜与施工现场保持一致。

（5）实验室拌合混凝土时，材料用量以质量计。称量的精确度：集料为±0.5%；水泥、水、掺合料、外加剂均为±0.2%。

（6）从试样制备完毕到开始做各项混凝土拌合物性能实验不宜超过5min，测试强度实验用的混凝土应在拌制后尽可能短的时间内成型，一般不超过15min。

（7）普通混凝土力学性能实验应以三个试件为一组，每组试件所用的拌合物应从同一盘混凝土或同一车混凝土中取样。取样应记录，内容写入实验或检测报告中：取样时间、取样人，工程名称、结构部位，混凝土加水时间和搅拌时间、混凝土取样方法、试样编号，试样数量、环境温度及取样天气情况、取样混凝土温度。

4.3.2 实验主要设备

HJD－60 单卧轴强制式混凝土搅拌机，容量 60L、转速为 18～22r/min，见图 4－1；TGT－50 台秤，称量 50kg，感量 20g；量筒，1000mL；拌板，1.5m×1.5m，厚 3mm 的金属板，挠度不大于 3mm；铁铲；盛盘，装水泥和其他集料用；水泥小铲；抹布、塑料薄膜等。

图 4－1 HJW－60 单卧轴强制式混凝土搅拌机

4.3.3 实验步骤

（1）按所定配合比备料。

（2）预拌一次，即用配合比的胶凝材料、外加剂、砂和水组成的砂浆及石子，在 HJW－60 单卧轴强制式混凝土搅拌机中进行涮膛。然后倒出并刮去多余的砂浆，其目的是使水泥砂浆粘满搅拌机的筒壁，以免正式拌合时影响拌合物的配合比。

（3）开动 HJD－60 单卧轴强制式混凝土搅拌机，向搅拌机内依次加入粗集料、胶凝材料、细集料、外加剂，干拌均匀，再将液体和可溶外加剂与水徐徐加入，全部加料时间不超过 2min，水全部加入后，继续拌合 2min。

（4）关闭搅拌机并切断电源将拌合物自搅拌机卸出，倾倒在拌板上，再经人工拌合 1～2min，即可做坍落度测定或试件成型。从开始加水时算起，全部操全部操作须在 30min 内完成。

4.4 混凝土拌合物稠度实验

4.4.1 实验目的

测定混凝土拌合物的坍落度值，掌握用坍落度法测定普通混凝土拌合物稠度的方法。检验设计计算的混凝土配合比是否符合施工和易性的要求，以调整混凝土配合比控制混凝土质量。新拌混凝土拌合物，必须具备有一定的流动性、均匀不离析、不泌水、容易抹平的特点，以适合运送、灌注、捣实等施工要求。这些性质称之为和易性，通常用稠度来表示。按照《普通混凝土拌合物性能试验方法标准》（GB/T 50080—2016）测定稠度的方法有坍落度法和维勃稠度法。坍落法适用于集料最大粒径不大于 40mm，坍落度值不小于 10mm 的混凝土拌合物稠度测定。维勃稠度法适用于最大粒径不大于 40mm、维勃稠度在 5～30s 的混凝土拌合物稠度测定。

4.4.2　实验主要设备

（1）坍落度筒，为铁板制成的截头圆锥筒，厚度不小于1.5mm，内侧平滑，没有铆钉头之类的凸出物，在筒上方约2/3高度处有两个把手，接近下端两侧焊有两个脚踏板，保证坍落度筒可以稳定操作，符合《混凝土坍落度仪》（JG/T 248—2009）的要求，见图4-2。

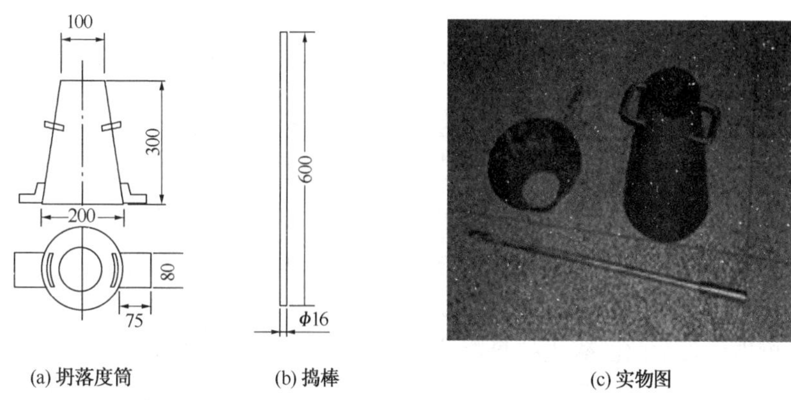

(a) 坍落度筒　(b) 捣棒　(c) 实物图

图4-2　坍落度筒及捣棒

（2）捣棒，直径16mm，长约650mm，并具有半球形端头的钢质圆棒。

（3）其他：小铲、小钢尺、抹刀和钢板等。

4.4.3　实验步骤

（1）混凝土拌合好后立即做混凝土拌合物的稠度实验。用湿抹布润湿坍落度筒内壁和钢板，在坍落度筒内壁和底板上应无明水。底板放置在坚实的水平面上，并把坍落度筒放在底板中心，然后用脚踩住两边的脚踏板，坍落度筒在装料时应保持固定的位置。

（2）将按要求取得的混凝土试样用小铲分三层均匀地装入筒内，使捣实后每层高度为筒高的1/3左右。每层用捣棒插捣25次，插捣应沿螺旋方向由外向中心进行，各次插捣应在截面上均匀分布。插捣筒边混凝土时，捣棒可以稍稍倾斜。插捣底层时，捣棒应贯穿整个深度，插捣第二层和顶层时，捣棒应插透本层至下一层约20～30mm；浇灌顶层时，混凝土应灌到高出筒口。插捣过程中，如混凝土沉落到低于筒口，则应随时添加。顶层插捣完后，取下装料漏斗刮去多余混凝土，并用抹刀抹平筒口。

（3）清除筒边底板上的混凝土后，垂直平稳地提起坍落度筒。坍落度筒的提离过程应在3～7s内完成。从开始装料到提坍落度筒的整个过程应在不间断地进行，并应在150s内完成。

（4）提起坍落度筒后，将坍落度筒放在混凝土试样一旁，将坍落度尺一端放在地上另一端放在试样中心，测量筒高与坍落后混凝土试体最高点之间的高度差，即为该混凝土拌合物的坍落度，见图4-3，以毫米为单位，精确至1mm，结果表达修约至5mm；坍落度筒提离后，如混凝土发生崩坍或一边剪坏现象，则应重新取样另行测定；如第二次实验仍出现上述现象，则表示该混凝土和易性不好，应予记录备查。

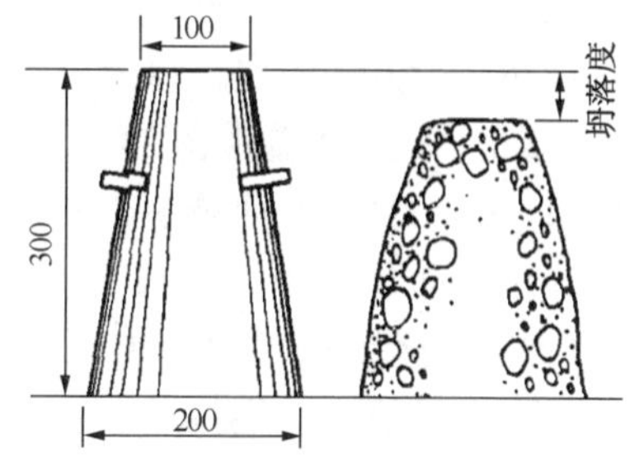

图4-3　混凝土拌合物坍落度的测定

（5）测定坍落度的同时，可用目测方法评定混凝土拌合物的下列性质，见表4－7，并记录备查。

表4－7　混凝土拌合物目测性质评定标准表

目测性质	评定标准
保水性	保水性以混凝土拌合物稀浆析出的程度来评定。评定方法：坍落度筒提起后如有较多的稀浆从底部析出，锥体部分的混凝土也因失浆而集料外露，则表明此混凝土拌合物的保水性能不好；如坍落度筒提起后无稀浆或仅有少量稀浆自底部析出，析水无或少量则表示此混凝土拌合物的保水性良好
黏聚性	观测拌合物各组成分相互黏聚情况。评定方法：用捣棒在已坍落的混凝土锥体侧面轻轻敲打，此时如果锥体逐渐下沉，则表示黏聚性良好；如锥体倒塌、部分崩裂或出现离析现象，则表示黏聚性不好

（6）当混凝土拌合物不再扩散或扩散时间已达50s时，用钢尺测量混凝土拌合物展开扩展面的最大直径以及与最大直径呈垂直方向的直径，在这两个直径之差小于50mm的条件下，用其算术平均值作为坍落扩展度值；否则，此次实验无效。如发现粗集料在中央集堆或边缘有水泥浆析出，表示此混凝土拌合物抗离析性不好，应予记录。

（7）拌合物的坍落度达不到要求或认为黏聚性或保水性不满意时，可保持水胶比不变，掺入水泥和水进行调整，掺量为原试样用量的5%或10%；当坍落度过大时，可按砂率的比例加入砂和石子，并迅速拌合均匀，重做坍落度实验。

4.4.4　结果及实验记录格式

混凝土拌合物坍落度和坍落扩展度值以“mm”为单位，测量精确至1mm，结果表达修约至5mm。混凝土拌合物稠度实验记录格式见表4－8。

表4－8　混凝土拌合物稠度实验记录表

<table>
<tr><td>第　次调整</td><td colspan="3">1m³混凝土配合比</td><td colspan="6">水: 水泥: 砂: 石 =　kg:　kg:　kg:　kg</td></tr>
<tr><td colspan="4">各材料实验称量质量/kg</td><td colspan="6">水: 水泥: 砂: 石 =　kg:　kg:　kg:　kg</td></tr>
<tr><td rowspan="2">坍落度值/mm</td><td colspan="3">扩展直径/mm</td><td colspan="2">和易性</td><td colspan="2">保水性</td><td colspan="2">黏聚性</td></tr>
<tr><td>最大直径</td><td>垂直直径</td><td>平均直径</td><td>现象描述</td><td>结果评定</td><td>现象描述</td><td>结果评定</td><td>现象描述</td><td>结果评定</td></tr>
<tr><td></td><td></td><td></td><td></td><td></td><td></td><td></td><td></td><td></td><td></td></tr>
<tr><td colspan="4">与要求的坍落度值相比</td><td colspan="2">偏大或偏小</td><td colspan="2">调整建议</td><td colspan="2"></td></tr>
</table>

4.5　混凝土拌合物表观密度实验

4.5.1　实验目的

测定混凝土拌合物捣实后的单位体积的质量即表观密度。本实验按照《普通混凝土拌合物性能试验方法标准》（GB/T 50080—2016）中规定的方法进行。

4.5.2　实验主要设备

（1）振动台，振动频率50Hz±2Hz，振幅0.5mm±0.02mm，本实验用HZJ1000型混凝土试验用振动台，符合JG/T 245《混凝土试验用振动台》规定，见图4－4。

（2）电子天平，称量50kg，感量10g。

（3）容量筒，对集料最大粒径不大于40mm的混凝土拌合物，采用容积5L的容量筒，其内径与内高均为186mm±2mm，筒壁厚为3mm；对集料最大粒径大于40mm的混凝土拌合物，容量筒的内径与内高均应大于集料最大粒径的4倍，容量筒上沿及内壁应光滑平整，顶面与底面应平行并与圆柱体的轴垂直，见图 4－5。容量筒容积应予以标定。标定方法可采用一块能覆盖住容量筒顶面的玻璃板，先称出玻璃板和空筒的质量，然后向容量筒中灌入清水。当水接近上口时，一边不断加水，一边把玻璃板沿筒口徐徐推入盖平，应注意使玻璃板下不带入任何气泡，然后擦净玻璃板面及筒壁外的水分，将容量筒连同玻璃板放在台称上称其质量，两次质量之差除以该温度下水的密度即为容量筒的容积 L。常温下水的温度可取 1kg/L。

（4）捣棒，直径 16mm，长 600mm，端部磨圆的钢棒。

图 4－4　HZJ1000 型混凝土试验用振动台

图 4－5　容量筒

4.5.3　实验步骤

（1）测试前，用湿布把容量筒内外擦干净，称出容量筒质量 m_1，精确至 10g。

（2）混凝土拌合物的装料及捣实方法应根据混凝土拌合物的稠度而确定。坍落度不大于 90mm 的混凝土拌合物用振动台振实为宜；坍落度大于 90mm 的混凝土拌合物用捣棒捣实为宜。采用捣棒捣实时，应根据容量筒的大小决定分层与插捣次数，用 5L 容量筒时，混凝土拌合物应分两层装入，每层的插捣次数应为 25 次；用大于 5L 容量筒时，每层混凝土的高度不应大于 100mm，每层插捣次数应按每 10000mm^2 截面不小于 12 次计算，各层插捣应由边缘向中心均匀地插捣，插捣底层时捣棒应贯穿整个深度，插捣第二层时，捣棒应插透本层至下一层的表面，每一层捣完后用橡皮锤轻轻沿容器外壁敲打 5～10 次，进行振实，直至拌合物表面插捣孔消失并不见大气泡为止。当采用振动台振实时，应一次将混凝土拌合物装到高出容量筒筒口，装料时可用捣棒稍加插捣，在振动过程中，如混凝土拌合物低于筒口应随时添加，振动直至表面出浆为止。自密实混凝土应一次性填满，且不应进行振动和插捣。

（3）用刮尺将筒口多余的混凝土拌合物刮去，表面如有凹陷应填平，擦净容量筒外壁称出混凝土拌合物试样与容量筒总质量 m_2，精确至 10g。

4.5.4　结果计算及实验记录格式

混凝土拌合物表观密度按下式计算，试验结果精确至 10kg/m^3：

$$\gamma_h = \frac{m_2 - m_1}{V} \times 1000 \tag{4-11}$$

式中　γ_h——混凝土拌合物表观密度，kg/m^3；

m_1——容量筒质量，kg；

m_2——容量筒和试样质量，kg；

V——容量筒容积，L。

混凝土拌合物表观密度实验记录格式见表 4－9。

表 4-9 混凝土拌合物表观密度实验记录格式

实验编号	容量筒质量 m_1/kg	容量筒和试样质量 m_2/kg	容量筒体积 V/L	混凝土拌合物表观密度 γ_h/（kg/m^3）	
				测定值	平均值
1					
2					

4.6 混凝土拌合物凝结时间实验

4.6.1 实验目的

测定混凝土拌合物凝结时间。本实验按照《普通混凝土拌合物性能试验方法标准》（GB/T 50080—2016）规定进行。本方法适用于从混凝土拌合物中筛出的砂浆用贯入阻力法确定坍落度值不为零的混凝土拌合物的凝结时间的测定。

图 4-6 HG-1000 型混凝土贯入阻力仪

4.6.2 实验仪器

（1）HG-1000 型混凝土贯入阻力仪，由加荷装置、测针、砂浆试样筒（刚性不透水的金属圆筒并配有盖子，上口径为 160mm，下口径为 150mm，净高 150mm）、标准筛（筛孔为 5mm 的，符合 GB/T 6005—2008 规定的金属圆孔筛）等组成，如图 4-6 所示。

（2）混凝土磁力振动台，振动频率 50Hz ±3Hz，空载时振幅为 0.5mm ±0.02mm，本实验采用 HZ1000 型混凝土试验用振动台。

（3）捣棒，直径 16mm、长 600mm 端部磨平的钢棒。

4.6.3 实验方法

（1）从混凝土拌合物试样中，用 5mm 标准筛筛出砂浆，每次应筛净，然后将其拌合均匀，将砂浆一次性装入三个试样筒中，做三个取样实验。坍落度不大于 90mm 混凝土拌合物宜用振动台振实；坍落度大于 90mm 的混凝土拌合物宜用捣棒人工振实。用振动台振实砂浆时振动应持续到表面出浆为止，不得过振。用捣棒人工捣实时，应沿螺旋方向由外向中心均匀插捣 25 次，然后用橡皮锤轻轻敲打筒壁，直至表面插捣孔消失为止。振实或插捣后，砂浆表面应低于砂浆试样筒口 10mm，砂浆试样筒应立即加盖。

（2）试样制备完毕编号后，应置于温度 20℃ ±2℃ 的环境中待试，并在以后的整个测试过程中，环境温度应始终保持在 20℃ ±2℃。现场同条件测试时，应与现场条件保持一致。在整个测试过程中，除在吸取泌水或进行贯入实验外，试样筒应始终加盖。

（3）凝结时间测定从水泥与水接触瞬间开始计时，根据混凝土拌合物的性能，确定测针实验时间，以后每隔 0.5h 测试一次。在邻近初、终凝时应缩短测试间隔时间。

（4）在每次测试前 2min，将一片 20mm ±5mm 厚的垫块垫入筒底一侧，使其倾斜用吸管吸去表面的泌水，吸水后平稳地复原。

（5）测试时将砂浆试样筒置于 HG-1000 型混凝土贯入阻力仪上，测针端部与砂浆表面接触，然后在 10s ±2s 内均匀地使测针贯入 25mm ±2mm 深度，记录下最大贯入阻力、时间和环境温度，最大贯入阻力精确至 10N，测试时间精确至 1min，环境温度精确至 0.5℃。

（6）每个砂浆试样筒每次测 1～2 个点，各测点的间距应大于测针直径的 2 倍且不小于 15mm。测点与试样筒壁的距离应不小于 25mm。

（7）贯入阻力测试在 0.2～28MPa 时，应至少进行 6 次测试，直至贯入阻力大于 28MPa 为止。

（8）在测试过程中应根据砂浆凝结状况，适时更换测针，当贯入阻力 0.2～3.5MPa 时用 100mm² 的测针；当贯入阻力 3.5～20MPa 时用 50mm² 的测针；当贯入阻力 20～28MPa 时用 20mm² 的测针。

4.6.4 实验结果及实验记录

（1）贯入阻力按下式计算：

$$f_{PR}=\frac{P}{A} \tag{4-12}$$

式中 f_{PR}——单位面积贯入阻力，计算精确至 0.1MPa，MPa；

P——贯入阻力，N；

A——测针面积，mm²。

（2）凝结时间宜通过线性回归方法确定，是将贯入阻力和时间分别取自然对数 $\ln(f_{PR})$、$\ln t$，然后把 $\ln(f_{PR})$ 当自变量，$\ln t$ 当因变量作线性回归得到回归方程式：

$$\ln t=A+B\ln(f_{PR}) \tag{4-13}$$

式中 t——单位面积贯入阻力对应的测试时间，精确至 5min，min。

A，B——线性回归系数，无单位；

根据上式，得出贯入单位面积阻力 3.5MPa 时为初凝时间 t_s，单位面积贯入阻力为 28MPa 时为终凝时间 t_e：

$$t_s=e^{(A+B\ln 3.5)} \tag{4-14}$$

$$t_e=e^{(A+B\ln 28)} \tag{4-15}$$

式中 t_s——初凝时间，min；

t_e——终凝时间，min。

取初凝和终凝时间三个实验结果算术平均值作为此次实验的初凝时间和终凝时间。如果三个测值的最大值或最小值中有一个与中间值之差超过中间值的 10%，则以中间值为实验结果；如果最大值和最小值与中间值之差均超过中间值的 10% 时，应重新实验。凝结时间值约至 5min，表 4－10 为贯入压力实验记录格式，表 4－11 为贯入凝结时间实验记录格式。

表 4－10 贯入压力实验记录格式

P/N、A/mm²、f_{PR}/MPa 实验编号	贯入时间/min																	
	30			60			120			150			180			210		
1																		
2																		
3																		
平均																		

表 4-11 贯入凝结时间实验记录格式

实验编号	拟合方法得出参数		初凝时间/h：min	终凝时间/h：min
	A	B		
1				
2				
3				
平均				

4.7 混凝土拌合物泌水实验

4.7.1 实验目的

测定集料最大公称粒径不大于 40mm 的混凝土拌合物的泌水性。混凝土拌合物在施工过程中具有一定的保水性能，保水性较差的混凝土拌合物将有一部分水分泌出，水化反应的完全程度会降低，水分从内部到表面将留下泌水通道，使得混凝土的密实度不高，从而降低混凝土的强度和耐久性。本实验方法按照《普通混凝土拌合物性能试验方法标准》(GB/T 50080—2016)规定进行。

4.7.2 实验仪器

(1) DT12K 电子天平，称量 12kg，感量 1g。

(2) 量筒，容量为 100mL、200mL，分度值分别为 1mL 和 2mL，并配有盖子。

(3) 磁力振动台，振动幅值 0.5mm ± 0.02mm，振动频率为 50Hz ± 2Hz，本实验采用 HZ1000 型混凝土试验振动台。

(4) SY-3 型压力泌水仪，其主要部件包括压力表、缸体、工作活塞和筛网等。压力表最大量程 6MPa，最小分度值不大于 0.1MPa，缸体内径 125mm ± 0.02mm，内高 200mm ± 0.2mm，工作活塞压强为 3.2MPa，公称直径为 125mm，筛网孔径为 0.315mm，如图 4-7 所示。

(5) 捣棒、吸管、木垫块及同测混凝土拌合物表观密度实验相同并配有盖子的容积为 5L 容量筒等。

(6)烧杯，容量 150mL。

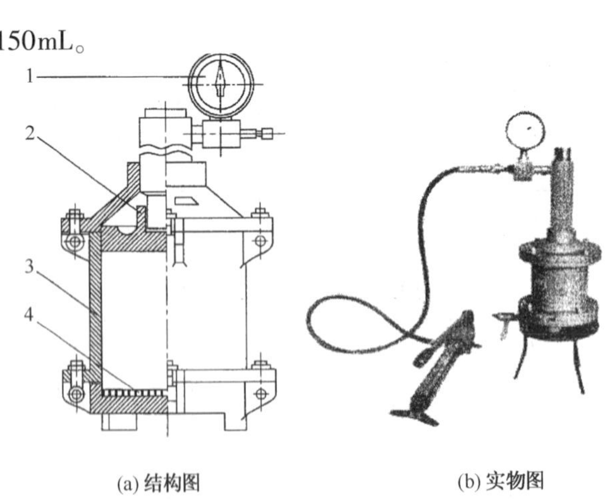

(a) 结构图　　(b) 实物图

图 4-7 SY-2 型混凝土压力泌水仪

1—压力表；2—工作活塞；3—缸体；4—筛网

4.7.3　泌水实验步骤

（1）用湿布润湿容量筒内壁后立即称重，记录容量筒的质量，再将混凝土拌合物试样装入容量筒。

（2）混凝土拌合物装入容量筒后进行振捣，振捣可采用捣棒捣实法和振动台振实法。混凝土于拌合物坍落度不大于 90mm 时宜采用振动台振实法，将试样一次装入容量筒内，开动振动台，振动持续到表面出浆为止，应避免过振，并使混凝土拌合物表面低于容量筒的筒口 30mm ± 3mm。抹平后立即计时并称量，记录容量筒与试样的总质量；混凝土拌合物坍落度大于 90mm 时宜采用捣棒捣实法，混凝土拌合物应分两层装入，每层的振捣次数应为 25 次，振捣由边缘向中心均匀的插捣，插捣底层时振捣棒应贯穿整个深度，插捣第二层时，捣棒应插透本层至下一层的表面。每一层捣完后用橡皮锤轻轻沿试样筒外壁敲打 5 ~ 10 次，直至拌合物表面插捣孔消失并不见大气泡为止。并使混凝土拌合物表面低于容量筒筒口 30mm ± 3mm；将筒口和外表面控并称量，记录容量筒与试样的总质量。自密实混凝土应一次性填满，且不应进行振动和插捣。

（3）在吸取混凝土拌合物表面泌水的整个过程中，除了吸水操作，应使试样保持水平不受振动，并应始终盖好盖子，室温始终保持在 20℃ ±2℃。从计时开始后的 60min 内，每隔 10min 吸取一次试样表面渗出的水。60min 后，每隔 30min 吸一次水，直至认为不再泌水为止。为了便于吸水，每次吸水前 2min，将一片 35mm 厚的垫块垫入筒底一侧使其倾斜，吸水后平稳的复原盖子，吸出的水应盛放入量筒中，记录每次吸水的水量并计算累计水量，精确至 1mL。

4.7.4　压力泌水实验步骤

（1）将混凝土拌合物分两层装入 SY－3 型混凝土压力泌水仪的缸体容器内，每层的插捣次数应为 25 次，插捣由边缘向中心均匀地插捣，插捣底层时捣棒应贯穿整个深度，插捣第二层时，捣棒应插透本层至下一层的表面，每一层捣完后用橡皮锤轻轻沿容器外壁敲打 5 ~ 10 次，直至拌合物表面插捣孔消失并不见大气泡为止，并使拌合物表面低于容器口以下约 30mm ± 2mm 处，用抹刀将表面抹平。自密实混凝土应一次性填满，并不应进行振动和插捣。

（2）将缸体外表擦干净，压力泌水仪按规定安装完毕后，应立即给混凝土拌合物试样施加压力至 3.2MPa，并应在 2s 内打开泌水阀门同时开始计时，保持恒压，泌出的水接入 150mL 的烧杯里，并应移至量筒中，读取泌水量，精确至 1mL。加压至 10s 时读取泌水量 V_{10}，加压至 140s 时读取泌水量 V_{140}。

4.7.5　计算与结果评定

单位面积混凝土拌合物的泌水量和泌水率的结果计算及确定按下列方法进行：

（1）单位面积混凝土拌合物的泌水量按下式计算，计算精确至 0.01mL/mm²：

$$B_a = \frac{V}{A} \tag{4-16}$$

式中　B_a——单位面积混凝土拌合物的泌水量，mL/mm²；

V——最后一次吸水后累计的泌水量，mL；

A——试样外露的表面面积，mm²。

泌水量取三个试样测值的平均值作为实验结果。三个测值中的最大值或或最小值，如果有一个与中间值之差超过中间值的 15% 时，则以中间值为实验结果；如果最大值和最小值与中间值之差均超过中间值的 15%，则此次实验无效。

（2）单位面积混凝土拌合物的泌水率按下式计算，精确至 1%：

$$B = \frac{V_W}{(W/m_T)m} \times 100 \tag{4-17}$$

$$m = m_2 - m_1 \tag{4-18}$$

式中 B——单位面积混凝土拌合物的泌水率，%；

V_W——泌水总量，mL；

m——试样质量，g；

W——混凝土拌合物用水量，mL；

m_T——混凝土拌合物总质量，g；

m_2——容量筒及试样质量，g；

m_1——容量筒质量，g。

泌水率取三个试样测试值的平均值。三个测值中的最大值或最小值，如果有如果有一个与中间值之差超过中间值的 15% 时，则以中间值为实验结果；如果最大值和最小值与中间值之差均超过中间值的 15%，则此次实验无效。表 4-12 为混凝土拌合物泌水实验记录格式。

（3）压力泌水率按下式计算，精确至 1%：

$$B_V = \frac{V_{10}}{V_{140}} \times 100 \tag{4-19}$$

式中 B_V——压力泌水率，%；

V_{10}——加压至 10s 时的泌水量，mL；

V_{140}——加压至 140s 时的泌水量，mL。

表 4-12 混凝土拌合物泌水实验记录格式

实验编号	泌水时间	试样外露表面积 A/mm^2	泌水总量 V_W/mL	容量筒质量 m_1/g	容量筒及试样质量 m_2/g	拌合物总质量 m_T/g	拌合物总用水量 W/g	泌水率/%
1								
2								
3								

4.8 混凝土拌合物含气量实验

4.8.1 实验目的

测定混凝土拌合物的含气量。《普通混凝土配合比设计规程》（JGJ 55—2011）规定，潮湿或水位变动的寒冷和严寒环境，粗集料最大公称粒径为 40mm、25mm、20mm 时，对应的混凝土拌合物最小含气量分别为 4.5%、5.0%、5.5%；盐冻环境，粗集料最大公称粒径为 40mm、25mm、20mm 时对应混凝土拌合物最小含气量分别为 5.0%、5.5%、6.0%。本实验按照《普通混凝土拌合物性能试验方法标准》（GB/T 50080—2016）规定进行。本方法适用于集料最大粒径不大于 40mm 的混凝土拌合物含气量测定。

4.8.2 实验仪器

（1）HC－7L型混凝土拌合物含气量测定仪，由容器及盖体两部分组成，容器由硬质、不易被水泥浆腐蚀的金属材料制成，其内表面粗糙度应不大于3.21μm，内径与深度相等，容积为7L。盖体应用与容器相同的材料制成，盖体部分应包括气室、水找平室、加水阀、排水阀、操作阀、进气阀、排气阀及压力表，压力表的量程为0～0.25MPa，精度为0.01MPa。容器及盖体之间设置密封垫圈，用螺栓连接，连接处不得有空气存留，保证密闭，符合《混凝土含气量测定仪》(JG/T 246—2009)的规定，见图4－8。

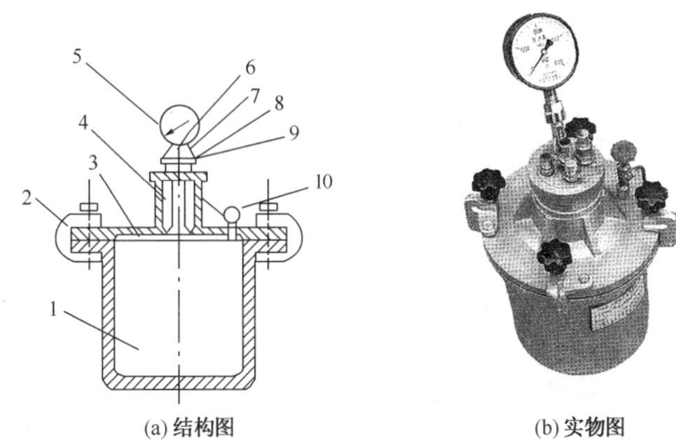

(a) 结构图　　(b) 实物图

图4－8　HC－7L型混凝土拌合物含气量测定仪

1—容器；2—盖体；3—水找平室；4—气室；5—压力表；6—排气阀；
7—操作阀；8—排水阀；9—进气阀；10—加水阀

（2）混凝土磁力振动台，振动幅值0.6mm，振动频率50Hz±2Hz，本实验用HZ1000型多功能电动数控磁力振动台。

（3）电子天平，称量50kg，感量10g。

（4）橡皮锤，带有质量约为250g的橡皮锤头。

（5）捣棒，直径16mm，长600mm的钢棒，端部磨平。

4.8.3 集料含气量测定实验步骤

（1）在进行拌合物含气量测定之前，应先测定拌合物所用集料的含气量。

按下式计算每个试样中粗、细集料的质量：

$$m_g = \frac{V}{1000} \times m_g' \tag{4-20}$$

$$m_s = \frac{V}{1000} \times m_s' \tag{4-21}$$

式中　m_g'，m_s'——分别为拌合物中粗、细集料的质量，kg；

m_g，m_s——分别为每立方米混凝土拌合物中粗、细集料的质量，kg；

V——含气量测定仪的容器容积，L。

（2）HC－7L型混凝土拌合物含气量测定仪容器中先注入1/3高度的水，然后把通过40mm网筛质量为m_g、m_s的粗、细集料称量好拌匀，慢慢倒入HC－7L型混凝土拌合物含气量测定仪容器，加料同时应进行搅拌，水面每升高25mm左右，轻轻插捣10次，并略予搅动，以排除夹杂进去的空气，加料过程中应始终保持水面高出集料的顶面，集料全部加入后，应浸泡约 5min，再用橡皮锤轻敲容器外壁，排净气泡，除去水面泡沫，加水至满，擦净容器上口边缘，装好密封圈，加盖拧紧螺栓。

（3）关闭 HC－7L 型混凝土含气量测定仪操作阀和排气阀，打开排水阀和加水阀，通过加水阀向容器内注入水，当排水阀流出的水流不含气泡时，在注水的状态下同时关闭加水阀和排水阀。

（4）关闭排气阀，开启 HC－7L 型混凝土拌合物含气量测定仪进气阀，用气泵向气室内注入空气，使气室内的压力略大于 0.1MPa，待压力表显示值稳定，微开排气阀，调整压力至 0.1MPa，然后关紧排气阀。

（5）开启 HC－7L 型混凝土拌合物含气量测定仪操作阀，使气室里的压缩空气进入容器，待压力表显示值稳定后记录示值 P_{g1}，然后开启排气阀，压力仪表示值应回零。

（6）重复以上第 4 步和第 5 步，HC－7L 型混凝土拌合物含气量测定仪容器内的试样再检测一次，记录示值 P_{g2}。

（7）按压力与含气量关系曲线查得集料的含气量，精确至 0.1%，若两次测量结果相差不大于 0.5%，混凝土拌合物集料含气量 A_g 以两次测量结果的平均值做为实验结果，若不满足，应重做。

4.8.4 混凝土拌合物含气量测定实验步骤

（1）用湿布擦净 HC－7L 型混凝土拌合物含气量测定仪容器和盖体的内表面，装入混凝土拌合物试样。

（2）采用手工或机械方法捣实。当拌合物坍落度大于 90mm 时，宜采用手工振捣；当拌合物坍落度不大于 90mm 时，宜采用振动台振捣。用捣棒捣实时，应将混凝土拌合物分 3 层装入，每层捣实后高度约为 1/3 容器高度，每层装料后由边缘向中心均匀地插捣 25 次，捣棒应插透本层深度至下一层表面，再用木锤沿容器外壁重击 5～10 次，进行振实直至拌合物表面插捣孔消失，最后一层装料应避免过满。采用振动台振捣时，一次装入捣实后体积为容器容量的混凝土拌合物，装料时可用捣棒稍加振捣，振实过程中如拌合物低于容器口，应随时添加，插动至拌合物表面平整，表面出浆即止，不得过度振捣。自密实混凝土应一次性填满，且不应振动和插捣。

（3）振捣完毕后立即用刮平尺刮平，表面如有凹陷应填平抹光。如需同时测定拌合物表观密度，可在此时称量和计算，然后在正对操作阀孔的混凝土拌合物表面贴一小片塑料薄膜，擦净容器上口边缘，装好密封垫圈，加盖并拧紧螺栓。

（4）关闭 HC－7L 型混凝土含气量测定仪操作阀和排气阀，打开排水阀和加水阀，通过加水阀向容器内注水。当排水阀流出的水流不含气泡时，在注水的状态下同时关闭加水阀和排水阀。

（5）关闭排气阀，开启 HC－7L 型混凝土含气量测定仪进气阀，用气泵注入空气至气室内压力略大于 0.1MPa，待压力示值仪表示值稳定后，微微开启排气阀，调整压力至 0.1MPa，关闭排气阀。

（6）开启 HC－7L 型混凝土含气量测定仪操作阀，使气室里的压缩空气进入容器，待压力示值仪稳定后，记录测得压力值 P_{01}。

（7）开启 HC－7L 型混凝土含气量测定仪排气阀，压力仪示值回零。重复(5)～(6)的步骤，对容器内试样再测一次压力值 P_{02}。

(8) 若两次测得含气量相差不大于0.5%，混凝土拌合物未校正含气量 A_0 取两次结果平均值，按压力与含气量关系曲线查得含气量，若不满足应重新实验。

(9) HC－7L 混凝土含气量测定仪容器容积的标定及含气量标定按附录30 规定进行。

4.8.5 结果计算评定与实验记录

混凝土拌合物含气量按下式计算，精确至0.1%：

$$A = A_0 - A_g \tag{4-22}$$

式中 A——混凝土拌合物含气量,%；

A_0——混凝土拌合物未校正含气量,%；

A_g——集料含气量,%。

表4－13 为混凝土含气量实验记录格式。

表4－13 混凝土含气量实验记录格式

含气量测定仪容器容积标定			
含气量测定仪质量/g		装满水含气量测定仪质量/g	容器容积 V/L

含气量率定										
含气量/%	1	2	3	4	5	6	7	8	9	10
气压表读数/MPa										

集料含气量测定					
粗集料质量/g	细集料含量/g	P_{g1}/MPa	P_{g2}/MPa	两次含气量差值/MPa	集料含气量 A_g/%

混凝土拌合物含气量测定				
实验编号	压力值 P_{01}/MPa	压力值 P_{02}/MPa	两次含气量差值/MPa	未校正含气量 A_0/%
1				

4.9 普通混凝土立方体抗压强度实验

4.9.1 实验目的

测定混凝土立方体抗压强度，作为检查混凝土质量及确定等级的主要依据。立方体抗压强度实验应至少采用三个不同的配合比，其中一个应为试拌配合比，另外两个水胶比宜较试拌配合比分别增加和减少0.05，用水量应与试拌配合比相同，砂率可分别增加和减少1%。每个配合比至少制作一组试件，并应标准养护到28d 或设计规定龄期时试压。测定抗压强度的混凝土试件承压面的平面度公差不得超过0.0005d(d 为边长)，试件的相邻面间的夹角应为90°，其公差不得超过0.5°，试件各边长、直径和高的尺寸的公差不得超过1mm。混凝土的立方体抗压强度标准值按表4－14 采用。本实验按照《混凝土物理力学性能试验方法标准》(GB/T 50081—2019)规定进行。

表 4－14 混凝土立方体抗压强度标准值

强度等级	C15	C20	C25	C30	C35	C40	C45	C50	C55	C60
$f_{cu,k}$/(N/mm²)	15	20	25	30	35	40	45	50	55	60

4.9.2 实验主要仪器

(1) TYW－2000 型微机控制电液式压力实验机，见图 4－9，测量精度为 ±1%，试件破坏荷载应大于压力机全量程的 20% 且小于压力机全量程的 80%。

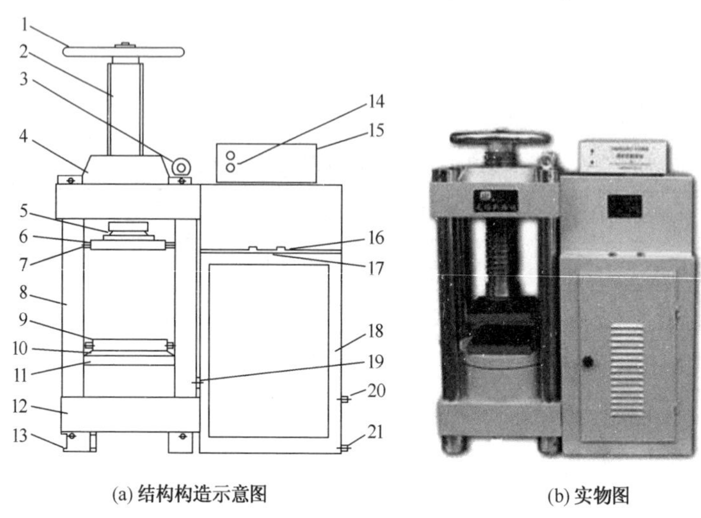

(a) 结构构造示意图　　(b) 实物图

图 4－9 TYW－2000 型微机控制电液式压力实验机

1—手轮；2—丝杆；3—吊环螺钉；4—上梁；5—球座；6—上压板；
7—定位销；8—立柱；9—下压板；10—遮板；11—防尘罩；12—缸体；
13—底脚；14—电源指示灯；15—控制器；16—启动按钮；17—停止按钮；
18—箱体；19—压力传感器；20—油标；21—放油塞

(2) 混凝土磁力振动台，频率为 50Hz ±2Hz，符合 JG/T 245《混凝土用振动台》的要求。本实验采用 HZ1000 型混凝土试验用磁力振动台。

(3) 金属钢直尺，量程大于 600mm，分度值为 1mm，最小分度值 0.5mm。

(4) 游标卡尺，量程大于 200mm，分度值为 0.02mm。

(5) 微变形测量仪，测量精度不得低于 0.001mm，固定架的标距应为 150mm。

(6) HBY-40B 水泥恒温恒湿标准养护箱。

(7) 捣棒，直径 16mm，长 600mm 端部呈半球形的捣棒。

(8) 抹刀、铸铁或铸钢试模、小铁铲、抹布、保鲜膜、游标量角尺、塞尺、橡皮锤或木槌。

4.9.3 立方体试件制作步骤

(1) 混凝土稠度实验之后将用铁锹来回再拌至少 3 次后立即进行立方体试件制作。混凝土立方体抗压强度实验，以同时制作同样养护到同一龄期 3 个试件为一组，不同集料最大粒径的选用尺寸、插捣次数及抗压强度换算系数按表 4－15 选用。

表 4 – 15　不同试件尺寸可用集料的最大粒径、插捣次数及抗压强度换算系数

试件尺寸/mm	集料最大粒径/mm	每层插捣次数/次	抗压强度换算系数
100 × 100 × 100	31.5	12	0.95
150 × 150 × 150	40	25	1
200 × 200 × 200	63	50	1.05

（2）每一组试件所用的混凝土拌合物应由同一次拌合物中取出。

（3）制作时，应将试模外表面清擦干净，检查连接螺扣是否拧紧，没有拧紧的要拧紧，同时检查连接凹凸接缝处是否紧密结合，未紧密结合的将螺扣松开，将试模拆开，用抹刀将接缝凹槽处清理干净，然后将试模组装好后螺扣拧紧，试件成型前，试模内应涂一薄层矿物油或其他不与混凝土发生反应脱模剂。混凝土座充分密实、避免分层离析。

（4）坍落度不大于 90mm 的混凝土拌合物，宜用振动台振实制作试件。将拌合物一次装入试模，装料时应用抹刀沿各试模内壁略加插捣，并使混凝土拌合物高出试模口。振动时试模应附着或采取措施固定在振动台，振动时试模不得有任何跳动。振动应持续到表面出浆为止，不得过振，刮除试模上口多余的混凝土，待混凝土临近初凝时用抹刀抹平表面。

（5）坍落度大于 90mm 的混凝土宜用人工插捣制作试件。混凝土拌合物应分两次装入模内，每层的装料厚度大致相等。插捣应按螺旋方向从边缘向中心均匀进行，在插捣底层时，捣棒应达到试模底面；插捣上层时，捣棒应穿上层后插入下层深度为 20 ~ 30mm，插捣时捣棒应保持垂直，不得倾斜。同时，然后应用抹刀沿试模内壁插拔数次。每层的插捣次数应根据试件的截面而定，表 4 – 15 为不同试件尺寸可用集料的最大粒径、插捣次数及抗压强度换算系数。一般试件 10000mm^2 时插捣不得少于 12 次。插捣后，用橡皮锤轻轻沿敲击试模四周，直至捣棒留下的孔洞消失为止，然后刮除试模上口多余的混凝土，待混凝土临近初凝时，用抹刀抹平。

（6）用插入式振捣棒振实制作试件应按将混凝土拌合物一次装入试模，装料时应用抹刀沿试模内壁插捣，并使混凝土拌合物高出试模上口，宜用直径为 25mm 的插入式振捣棒插入试模振捣时，振捣棒距试模底板宜为 10 ~ 20mm 且不得触及试模底板，振动应持续到表面出浆且无明显大气泡溢出为止，不得过振，振捣时间宜为 20s，振捣棒拔出时应缓慢，拔出后不得留有孔洞。

（7）自密实混凝土应分两次将混凝土拌合物装入试模，每层的装料厚度宜相等，中间间隔 10s，混凝土应高出试模口，不使用振动台、人工插捣或振捣棒方法成型。

（8）干硬性混凝土的成型试件方法是将混凝土拌合完成后，应倒在不吸水的底板上，采用四分法取样装入铸铁或铸钢的试模。通过四分法将混合均匀的干硬性混凝土料装入试模约二分之一高度，用捣棒进行均匀插捣，振捣密实后，继续装料之前，试模上方应加上套模，第二次装料应略高于试模顶面，然后进行均匀插捣，混凝土顶面应略高出于试模顶面。插捣应按螺旋方向从边缘向中心均匀进行。在插捣底层混凝土时，捣棒应达到试模底部，插捣上层时，捣棒应贯穿上层后插入下层 10 ~ 20mm，插捣时捣棒应保持垂直，不得倾斜。每层插

捣完毕后，用平刀沿试模内壁插一遍。每层插捣次数按在10000mm^{2}截面积不得少于12次。装料插捣完毕后，将试模附着或固定在振动台上，并放置压重钢板和压重块或其他加压装置，应根据混凝土拌合物的稠度调整重块的质量或加压装置的施加压力。开始振动时间不宜少于混凝土的维勃稠度，且应表面泛浆为止。试件成型后刮除试模上口多余的混凝土，待混凝土临近初凝，用抹刀沿着试模口抹平。试件表面与试模边缘的高度差不得超过0.5mm。

4.9.4 试件养护

（1）试件成型后立即用不透水的薄膜覆盖表面。采用标准养护的试件应在温度为20℃±5℃环境中静置1～2d，然后编号拆模。拆模时首先将连接螺扣拧开，然后用木锤以垂直于接缝凹槽平面的力轻轻敲击，使试件与试模侧面脱离，然后再轻轻推动试件，使其与底板脱离，拆模过程中尽可能保护试件边角不受损坏。

（2）拆模后应立即放在温度20℃±2℃、湿度为95%以上的标准养护室或HBY-40B水泥恒温恒湿标准养护箱中养护或在温度为20℃±2℃的不流动的$Ca(OH)_2$饱和溶液中养护。标准养护室内试件应放在支架上，彼此间隔为10～20mm，试件表面应保持潮湿，并不得被水直接冲淋；当同条件养护试件的拆模时间可与实际构件的拆模时间相同，拆模后试件仍需保持同条件养护。试件养护龄期可分为1d、3d、7d、28d、56d或60d、84d或90d、180d等，也可根据设计龄期或需要确定，龄期应从搅拌加水时开始算起。

4.9.5 实验步骤

（1）试件从养护地点取出后，用湿布覆盖其表面并应尽快进行实验，以免试件内部的温度发生显著变化。先将试件擦拭干净，检查其外观及形状，用游标卡尺测量棱边尺寸（精确至0.1mm），圆柱形试件的直径应采用游标卡尺分别在试件的上部、中部、下部相互垂直的两个位置上共测量6次，取测量算术平均值为直径值，试件相邻面间的夹角应采用游标量角器进行测量，精确至0.1°。试件承压面的平整度可采用钢板长和塞尺进行测量，也可用其他专用设备测量，结果精确至0.01mm，计算试件的承压面积。如实测尺寸与公称尺寸之差不超过1mm，可按公称尺寸计算，否则按实际尺寸计算。试件若有蜂窝状缺陷，应在实验前用浓水泥浆填补平整并在报告中说明。

（2）将试件表面与TYW－2000型微机控制电液式压力实验机（简称实验机）上下承压板面擦干净，试件安放在实验机的下压板上，试件的承压面与成型时的顶面垂直。试件的中心应与实验机下压板的中心对准。

（3）开动实验机，当上承压板与试样或钢垫板接近时，调整球座使接触均衡，施加荷载直至试件破坏。混凝土试件的实验应连续均匀的加荷，混凝土强度等级小于C30时，加荷速度取0.3～0.5MPa/s；当混凝土强度等级大于等于C30且小于C60时，加荷速度取0.5～0.8MPa/s；混凝土强度等级大于等于C60时，加荷速度取0.8～1.0MPa/s。当试件接近破坏开始急剧变形时，应停止调整试验机油门，直至破坏然后记录破坏荷载。

4.9.6 实验结果评定

（1）混凝土立方体试件抗压强度应按下式计算（精确至0.1MPa）：

$$f_{cc}=\frac{F}{A} \tag{4-23}$$

式中 f_{cc}——混凝土立方体试件抗压强度，MPa；

F——破坏荷载，精确至 1N，N；

A——试件承压面积，mm^2。

普通水泥制成的混凝土，在标准条件养护下，混凝土强度的发展，大致与其龄期的对数成正比关系(龄期不小于 3d)，若强度测试不是在 28d，估算其龄期的强度，下式可做为参考：

$$f_n=f_{28}\cdot\frac{\lg n}{\lg 28} \tag{4-24}$$

式中 f_n——nd 龄期混凝土的抗压强度，MPa；

f_{28}——28d 龄期混凝土的抗压强度，MPa；

n——养护龄期，d，$n\geqslant 3$d。

(2) 以三个试件测值的算术平均值作为该组试件的抗压强度值(精确至 0.1MPa)。三个测值中的最大值或最小值如有一个与中间值的差值超过中间值的 15% 时，则把最大值及最小值一并舍除，取中间值作为该组试件的抗压强度值。如最大值及最小值与中间值的差均超过中间值的 15%，则该组试件的实验结果无效。表 4 – 16 为水泥混凝土抗压强度实验记录格式。

(3) 混凝土强度等级 < C60 时，取 150mm × 150mm × 150mm 试件的抗压强度为标准值，用其他尺寸测得的强度值均应乘以换算系数。当混凝土强度等级 ≥ C60 时，宜采用标准试件，使用非标准试件尺寸换算系数由实验确定。当混凝土强度不大于 C100 时，在未试验的情况下对 100mm × 100mm × 100mm 试件换算系数取为 0.95，强度等级大于 C100 时应经试验确定。

表 4 – 16　水泥混凝土抗压强度实验记录格式

实验编号	龄期/d	试件尺寸				破坏荷载/N	抗压强度/MPa	
		试件宽/mm	试件长/mm	倾斜偏差/(°)	承压面积/mm^2		测定值	平均值
1								
2								
3								

4.10 实验思考题

(1) 混凝土拌合物和易性包括哪些方面，哪方面的内容可以定性测量？

(2) 在做混凝土稠度实验时，对照表 4 – 7 混凝土目测性质评定标准进行混凝土稠度性质、现象描述及结果评定？

(3) 混凝土拌合物坍落度太大或太小时应如何测量，调整时应注意什么事项？

(4) 稠度实验时，坍落度法和维勃稠度法的使用条件分别是什么？

(5) 泌水和压力泌水实验的工程意义是什么?

(6) 进行混凝土拌合物含气量实验时，为什么要对混凝土拌合物含气量仪测定仪容器容积标定和含气量率定?

(7) 当混凝土强度等级 < C60 时，不同尺寸试件的混凝土立方体抗强度换算系数各为多少?

(8) 混凝土试模内壁在成型前涂一层矿物油或脱模剂目的是什么?

(9) 制作试件时坍落度在什么范围内宜用振动台振实，什么范围宜用人工捣实?

实验 5 建筑砂浆实验

建筑砂浆在组成材料上与普通混凝土的区别是建筑砂浆中没有粗集料，因此建筑砂浆也称为特殊混凝土。建筑砂浆由无机胶凝材料、细集料、掺合料水以及根据性能确定的其他组分按适当比例配合、拌制并经硬化而成的工程材料，分为施工现场拌制的砂浆或由专业生产厂家生产的预拌砂浆。建筑砂浆主要应用于砌筑、抹面、修补和装饰等土建工程。建筑砂浆是砌体的组成部分之一，在砌体工程中起着粘接砌块、传递荷载、找平和协调变形的作用。本实验主要介绍用于工业与民用建筑物(构筑物)的砌筑、抹灰、地面工程及其他用途的建筑砂浆基本性能的实验方法。按照《建筑砂浆基本性能试验方法标准》(JGJ/T 70—2009)应进行实验取样及试样制备、砂浆的稠度、表观密度、分层度、保水性、凝结时间、立方体抗压强度、抗冻性能、收缩、含气量、吸水率、抗渗性能、拉伸粘结强度及静力受压弹性模量实验。本实验介绍砂浆拌合物的取样及试样制备、砂浆的稠度、表观密度、保水性、立方体抗压强度实验。根据《砌筑砂浆配合比设计规程》(JGJ/T 98—2010)规定，砌筑砂浆稠度、保水率、试配抗压强度必须同时符合要求。

砌筑砂浆的技术性质主要体现在三个方面：新拌砂浆应具有良好的和易性，以利于砌筑工程施工；硬化后的砂浆应具有较高的强度和粘结力，以利于砌块和砂浆的粘结和承载；砂浆应具有良好的耐久性，以提高砌体的使用寿命。

砂浆和易性定义与混凝土拌合物和易性的定义相同，是指新拌砂浆易于拌合、运输、浇灌、振实、成型等各施工操作，并能获得质量均匀、成型密实的性能，但砂浆和易性包含的内容与混凝土拌合物却不同，只包括流动性和保水性两方面的内涵。砂浆的流动性可用砂浆稠度值来评价。

砂浆的强度与混凝土强度相比要求不高，但从砂浆在砌体工程中的传力功能来讲，砂浆应该具有一定的强度要求。

由于砂浆主要用于砌筑、抹面、修补等工程，因此砂浆的耐久性在一定程度上决定砌体工程的耐久性，尽管砂浆的耐久性是一个综合性指标，但由于主要体现在抗冻性方面，所以以抗冻性能作为评价指标，砂浆冻融实验后其质量损失不得大于 5%，抗压强度损失不得大于 25%。

5.1 砌筑砂浆配合比的确定及拌合物取样方法

5.1.1 现场配制水泥混合砂浆的试配配合比

砌筑砂浆的配合比设计要根据工程类型和砌筑部位确定砂浆的品种和强度等级，再按其品种和强度等级确定其配合比。

砌筑砂浆的强度等级应根据规范规定或设计要求确定。一般砖混多层住宅采用 M5 或 M10 的砂浆；办公楼、教学楼及多层商店常采用 M5 ~ M10 砂浆；平房宿舍、商店常采用 M5 砂浆；食堂、仓库、锅炉房、变电站、地下室、工业厂房及烟囱等常采用 M5 ~ M10 砂浆。检查井、雨水井、化粪池等可用 M5 砂浆。特别重要的砌体，可采用 M15 ~ M20 砂浆。高层混凝土空心砌块建筑，应采用 M20 及以上强度的砂浆。

（1）现场配制水泥混合砂浆的试配强度应按下式计算：

$$f_{m,0} = kf_2 \tag{5-1}$$

式中 $f_{m,0}$——砂浆试配强度，精确至 0.1MPa，MPa；

k——系数，按表 5 - 1 选取，无单位；

f_2——砂浆强度等级值，精确至 0.1MPa，MPa。

表 5 - 1 砂浆强度标准差 σ 及 k 值（JGJ/T 98—2010）

施工水平 \ 强度等级	强度标准差 σ/MPa							k
	M5	M7.5	M10	M15	M20	M25	M30	
优良	1.00	1.50	2.00	3.00	4.00	5.00	6.00	1.15
一般	1.25	1.88	2.50	3.75	5.00	6.25	7.50	1.20
较差	1.50	2.25	3.00	4.50	6.00	7.50	9.00	1.25

（2）每立方米砂浆中的水泥用量，应按下式计算：

$$Q_c = \frac{1000(f_{m,0} - \beta)}{\alpha \cdot f_{ce}}, \quad f_{ce} = \gamma_c \cdot f_{ce,k} \tag{5-2}$$

式中 Q_c——每立方米砂浆的水泥用量，精确至 1kg，kg；

$f_{m,0}$——砂浆的试配强度，精确至 0.1MPa，MPa；

f_{ce}——水泥的实测强度，无测值时可按公式估算，精确至 0.1MPa，MPa；

α，β——砂浆的特征系数，可取 $\alpha = 0.33$，$\beta = -15.09$，各地区可用本地区的试验资料确定 α，β 值，统计用的组数不得少于 30 组；

$f_{ce,k}$——水泥强度等级值，MPa；

γ_c——水泥强度等级值的富余系数，宜按实际统计资料确定，无统计资料时取 1.0，无单位。

（3）石灰膏用量应按下式计算：

$$Q_D = Q_A - Q_c \tag{5-3}$$

式中 Q_D——每立方米砂浆的石灰膏用量，精确至 1kg，石灰膏使用时的稠度为 120mm ± 5mm，kg；

Q_c——每立方米砂浆的水泥用量，精确至 1kg，kg；

Q_A——每立方米砂浆中水泥和石灰膏用量，精确至1kg，可为350kg，kg。

(4) 每立方米砂浆中的砂用量，应按干燥状态(含水率小于0.5%)的堆积密度值作为计算值。

(5) 每立方米砂浆中的用水量，可根据砂浆稠度等要求选用210～310kg。

5.1.2 现场配制水泥砂浆试配配合比

现场配制水泥砂浆的材料用量可按《砌筑砂浆配合比设计规程》(JGJ/T 98—2010)选取，如表5-2所示。水泥用量应根据水泥的强度等级和施工水平合理选择，一般当水泥的强度等级较高(>32.5)时，水泥用量选低值。用水量应根据砂的粗细程度、砂浆稠度和气候条件选择，当砂较粗、稠度较小或气候潮湿时，用水量选低值。水泥砂浆中水泥用量不应小于200kg/m³。

表5-2 每立方米水泥砂浆材料用量(JGJ/T 98—2010) kg/m³

强度等级	水泥用量	砂用量	用水量
M5	200～230	砂的堆积密度值	270～330
M7.5	230～260		
M10	260～290		
M15	290～330		
M20	340～400		
M25	360～410		
M30	430～480		

注：M15及M15以下强度等级水泥砂浆，水泥强度等级为32.5级；M15以上强度等级水泥砂浆，水泥强度等级为42.5级；当采用细砂或粗砂时，用水量分别取上限或下限；稠度小于70mm时，用水量可小于下限；施工现场气候炎热或干燥季节，可酌量增加用水量；试配强度按式(5-1)计算。

5.1.3 砌筑砂浆配合比试配调整

(1) 按计算或查表所得配合比进行试拌时，应按现行行业标准JGJ/T 70《建筑砂浆基本性能试验方法标准》测定拌合物的稠度和保水率，当稠度和保水率不满足要求时，应调整标料用量直至符合要求为止，然后确定为试配时砂浆基准配合比。

(2) 试配时至少采用三个不同的配合比，其中一个配合比应为按规程得出的基准配合比，其余两个配合比的水泥用量比基准配合比分别增加和减少10%。在保证稠度、保水率合格的条件下，可将用水量、石灰膏、保水增稠材料或粉煤灰等活性掺合料用量作相应调整。

(3) 砂浆试配时，稠度应满足施工要求，并按行业标准JGJ/T 70分别测定不同配合比砂浆的表观密度和强度，并应选用符合试配强度及和易性要求、水泥用量最低的配合比作为砂浆的试配配合比。

(4) 砂浆试配配合比应按要求进行校正确定为砂浆设计配合比。

5.1.4 砌筑砂浆配合比设计任务书

某办公楼拟采用M10砌筑水泥砂浆，按照要求进行计算配合比设计。砌筑水泥计算或查表砂浆配合比过程写在实验报告的“实验数据整理”栏。计算或查表配合比实验结果写在表5-3中。

表 5－3　砌筑砂浆配合比设计实验记录表格

砂浆强度等级	配合比 水泥: 砂: 水		砂浆　L 各材料用量/kg		
			水泥	砂	拌合水
	计算				
	一次调整				
	二次调整				
	…				
	基准配合比				

5.1.5　试样取样

(1) 建筑砂浆的取样应按照《建筑砂浆基本性能试验方法标准》(JGJ/T 70—2009)中取样及试样的制备方法进行。建筑砂浆实验用料应从同一盘砂浆或同一车砂浆中取样，取样量应不少于实验所需量的 4 倍。

(2) 施工过程中进行砂浆实验时，砂浆取样方法应按相应的施工验收规范进行，并宜在现场搅拌点或预拌砂浆卸料点的至少三个不同部位及时取样。对于现场取来的试样，实验前应人工搅拌均匀。

(3) 从取样完毕到开始进行各项性能实验不宜超过 15min。

(4) 在实验室制备砂浆拌合物时，所用材料应提前 24h 运入室内。拌合时实验室的温度应保持在 20℃ ±5℃。当需模拟施工条件下所用的砂浆时，所用原材料的温度宜与施工现场保持一致。

(5) 实验所用原材料应与现场使用的材料一致。砂应通过粒径 4.75mm 的筛。

(6) 实验室拌制砂浆时，材料用量应以质量计，水泥、外加剂及掺合料等的称量精度应为 ±0.5%，细集料的称量精度应为 ±1%。

(7) 在实验室搅拌砂浆时应采用机械搅拌，搅拌机应符合 JG/T 3033《试验用砂浆搅拌机》的规定，搅拌的用量宜为搅拌机容量的 30% ~70%，搅拌时间应不少于 120s，掺有掺合料和外加剂的砂浆，其搅拌时间不应少于 180s。

(8) 拌制砂浆用水应符合 JGJ 63《混凝土拌合用水标准》的相关规定。

(9)实验记录包括以下内容：取样日期和时间、工程名称和部位、砂浆品种和砂浆强度取样方法、试样编号、试样数量、环境温度、实验室温度、原材料品种、规格、产地及性能指标、每盘砂浆配合比及到盘砂浆的材料用量、仪器设备编号及有效期、实验单位地点、取样人员、试验人员、复核人员。

5.2　砂浆稠度实验

砂浆的稠度亦称为流动性，用沉入度来表示。砂浆的流动性是指砂浆在自重或外力作用下，能够产生流动的性能。砂浆的流动性主要取决于胶凝材料的种类、用量、用水量、砂的种类和质量、搅拌时间、环境条件等因素。在实验室中用砂浆稠度仪测定砂浆的稠度值。其目的是确定配合比或施工过程中控制砂浆稠度以达到控制用水量目的，在实际工程中，砂浆的流动性也可根据经验进行评价和控制。砌筑砂浆稠度应符合《砌筑砂浆配合比设计规程》(JGJ/T 98—2010)的规定，如表 5－4 所示。

表 5－4　砌筑砂浆稠度选择（JGJ/T 98—2010）　mm

砌体种类	砂浆稠度
烧结普通砖砌体、粉煤灰砖砌体	70～90
混凝土砖砌体、普通混凝土小型空心砌块砌体、灰砂砖砌体	50～70
烧结多孔砖、烧结空心砖砌体、蒸压加气混凝土砌块、轻骨料混凝土小型空心砌块砌体	60～80
石砌体	30～50

5.2.1　实验目的

测定砂浆的稠度，以达到控制用水量的目的。

5.2.2　实验仪器

（1）SZ－145 型砂浆稠度仪，见图 5－1，由试锥、容器和支座三部分组成。试锥由钢材或铜材制成，试锥高度 145mm，锥底直径为 75mm，试锥连同滑杆的质量应为 300g±2g，盛载砂浆容器由钢板制成，筒高为 180mm，锥底内径为 150mm，支座包括底座、支架及刻度显示三个部分，由铸铁、钢及其他金属制成。

（2）钢制捣棒，直径 10mm，长 350mm，端部磨圆。

（3）TGT－50 磅秤，称量 50kg，精度 20g。

（4）铁板，拌合用面积 1.5m×2m，厚 3mm。

（5）UJZ－15 砂浆搅拌机，见图 5－2。

（6）方头铁锹、拌板、量筒、盛浆容器、秒表等。

(a) 实物图

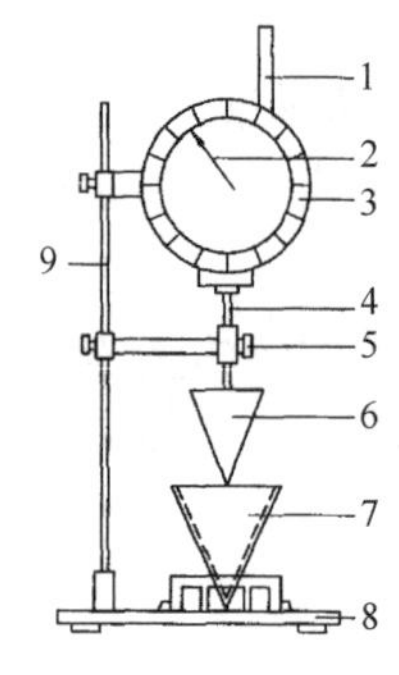

(b) 结构图

图 5－1　SZ－145 型砂浆稠度仪

1—齿条测杆；2—指针；3—刻度盘；4—滑杆；5—制动螺丝；6—试锥；7—盛浆容器；8—底座；9—支架

(a) 实物图

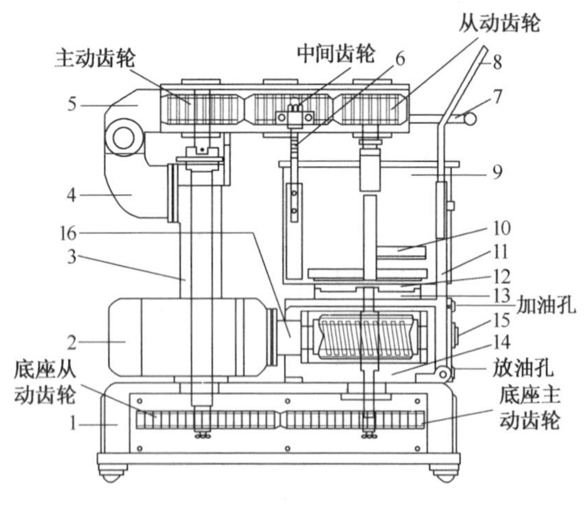

(b) 结构图

图 5－2　UJZ－15 砂浆搅拌机

1—底座；2—电机；3—立柱；4—支架；5—齿轮箱；6—固定叶；7—手柄；8—翻筒架手把；9—搅拌筒；10—搅拌叶；11—翻筒架；12—筒座；13—锅座；14—减速器；15—油标；16—连接套

5.2.3　实验步骤

(1) 按配合比称取各材料用量，将称量好的砂子倒在拌板上，然后加入水泥，用拌铲拌合至混合物颜色均匀为止。

(2) 将混合物堆成堆，在中间形成一凹坑，再倒入部分水将其与水泥砂共同拌合，并逐渐加水，至拌合物色泽一致，一般拌合需 5min。在实验室拌合时用 UJZ－15 水泥砂浆搅拌机搅拌。

(3) 用少量润滑油轻擦滑杆后，将滑杆上多余油用吸油纸吸干净，使滑杆能自由滑动，用湿布擦净 SZ－145 型砂浆稠度测定仪的盛浆容器和试锥表面。

(4) 将砂浆拌合物一次装入 SZ－145 型砂浆稠度测定仪的盛浆容器，使砂浆表面低于容器口约 10mm 左右，用捣棒自容器中心向边缘插捣 25 次，然后轻轻将容器摇动或敲击 5～6 下，使砂浆表面平整，然后将容器置于稠度测定仪的底座上。

(5) 拧松 SZ－145 型砂浆稠度测定仪滑杆的制动螺丝，向下移动滑杆，当试锥尖与砂浆表面刚接触时，拧紧制动螺丝，使齿条测杆下端刚好接触滑杆上端，读出刻度盘上读数点，精确至 1mm。

(6) 拧松开 SZ－145 型砂浆稠度测定仪制动螺丝，同时计时间，10s 时立即拧紧制动螺丝，将齿条测杆下端接触滑杆上端，从刻度上读出下沉深度，精确至 1mm，二次读数差值即为砂浆稠度值。盛浆容器内的砂浆只允许测定一次稠度。重复测定时应重新取样测定。

(7) 需重复实验时，需将 SZ－145 型砂浆稠度测定仪容器及试锥清理干净并用湿布擦拭后重新取样进行测定。

5.2.4　计算与结果评定

取两次测试结果的算术平均值作为砂浆的稠度值，精确至 1mm，两次测试值之差如果大于 10mm，则应另取砂浆搅拌后重新测定。表 5－5 为砂浆稠度实验记录格式。

表 5－5　砂浆稠度实验记录格式

试拌砂浆/L		水泥用量/kg		砂用量/kg	
实验编号	刻度盘读数/mm		两次测试结果差值/mm	平均值/mm	
1					
2					

5.3　砂浆保水性实验

5.3.1　实验目的

测定砂浆的保水性，以判定砂浆拌合物在运输及停放时内部组分的稳定性。保水性不好砂浆在运输、静置、砌筑的过程中就会产生离析、泌水现象。砂浆的保水性取决于胶凝材料的种类及用量、砂的种类与质量、外加剂的种类及掺和量等因素。按照《砌筑砂浆配合比设计规程》(JGJ/T 98—2010) 规定，水泥砂浆的保水性应≥80%，水泥混合砂浆的保水性应≥84%，预拌砌筑砂浆的保水性应≥88%。

5.3.2　实验仪器

(1) 金属或硬塑料圆环试模，内径为 100mm，内部高度为 25mm。

（2）电热恒温鼓风干燥箱及可密封洁净、干燥的取样容器。

（3）质量为 2kg 的砝码或重物。

（4）金属滤网，网格尺寸为 45μm，圆形，直径为 110mm ± 1mm。

（5）超白滤纸：应采用 GB/T1914《化学分析滤纸》规定的中速定性滤纸，直径为 110mm，单位面积质量应为 200g/m^2。

（6）2 片金属或玻璃的方形或圆形不透水片，边长或直径大于 110mm。

（7）LP2001A 电子天平，量程为 2000g，精度为 0.1g；DT10K 电子天平，量程 10kg，精度为 1g。

5.3.3 实验步骤

（1）称量下不透水片与干燥试模质量 m_1 和 8 片中速定性滤纸质量 m_2。

（2）将砂浆拌合物一次性填入试模，并用抹刀插捣数次，当填充砂浆略高于试模边缘时，用抹刀以 45°角一次性将试模表面多余的砂浆刮去，然后再用抹刀以较平的角度在试模表面反方向将砂浆刮平。

（3）擦掉试模边的砂浆，称量试模、下不透水片与砂浆总质量 m_3。

（4）用 2 片医用棉砂覆盖在砂浆表面，再在棉砂表面放上 8 片滤纸，用不透水片盖在滤纸表面，以 2kg 的重物或砝码把不透水片压住。

（5）静置 2min 后移走重物及不透水片，取出滤纸（不包括棉砂）迅速称量滤纸质量 m_4。

（6）从砂浆的配比及加水量计算砂浆的含水率。当无法计算时，可按照规定测定砂浆含水率。

5.3.4 实验结果评定及实验记录格式

$$W = \left[1 - \frac{m_4 - m_2}{\alpha(m_3 - m_1)}\right] \times 100 \tag{5-4}$$

式中 W——砂浆保水性，%；

m_1——下不透水片与干燥试模质量，精确至 1g，g；

m_2——8 片滤纸吸水前的质量，精确至 0.1g，g；

m_3——试模、下不透水片与砂浆总质量，精确至 1g，g；

m_4——8 片滤纸吸水后的质量，精确至 0.1g，g；

α——砂浆含水率，%。

取两次实验结果的平均值作为砂浆的保水性，精确至 0.1%，如两个测定值中有 1 个超过平均值 5%，此组实验结果无效。实验记录格式见表 5-6。

测定砂浆含水率时，称取 100g 砂浆拌合物试样，置于一干燥并已称重的盘中，在 105℃ ±5℃的电热恒温鼓风干燥箱中烘干至恒重。砂浆的含水率应按下式计算：

$$\alpha = \frac{m_6 - m_5}{m_6} \times 100 \tag{5-5}$$

式中 α——砂浆含水率，%；

m_5——烘干后砂浆样本的质量，精确至 1g，g；

m_6——砂浆样本的总质量，精确至 1g，g。

取两次实验结果的算术平均值作为砂浆的含水率，精确至 0.1%。

表 5－6 砂浆保水性实验记录格式

实验编号	下不透水片与干燥试模质量 m_1/g	8 片滤纸吸水前质量 m_2/g	试模、下不透水片与砂浆总质量 m_3/g	8 片滤纸吸水后的质量 m_4/g	烘干后砂浆样本的质量 m_5/g	砂浆样本的总质量 m_6/g	砂浆含水率 α	砂浆保水性 W
1								
2								

5.4 砂浆密度实验

5.4.1 实验目的

测定砂浆拌合物捣实后的单位体积的质量即砂浆质量密度，以确定每立方米砂浆拌合物中各组成材料的实际用量。根据《砌筑砂浆配合比设计规程》(JGJ/T 98—2010)规定，水泥砂浆拌合物的表观密度不宜小于 1900kg/m^3；水泥混合砂浆拌合物和预拌砌筑砂浆拌合物的表观密度不宜小于 1800kg/m^3。

5.4.2 实验仪器

(1) 振动台：要求振幅0.5mm ±0.02mm，频率50Hz ±2Hz，本实验采用 HZ1000 型混凝土试验用振动台。

(2) 砂浆密度测定仪是由金属制成，内径 108mm，净高 109mm，筒壁厚 2mm，容积为 1L，见图 5－3。容量筒的容积需校正，校正方法可采用一块能覆盖住容量筒顶面的玻璃板，先称出玻璃板和容量筒质量，然后向容量筒中灌入温度为 20℃ ±5℃的饮用水，灌到接近上口时，一边不断加水，一边把玻璃板沿筒口徐徐推入盖严，应注意使玻璃板下不带入任何气泡。然后擦净玻璃板面及筒壁外的水分，称量容量筒、水和玻璃板质量，精确至 5g。后者与前者质量之差(以 kg 计)即为容量筒的体积(L)。

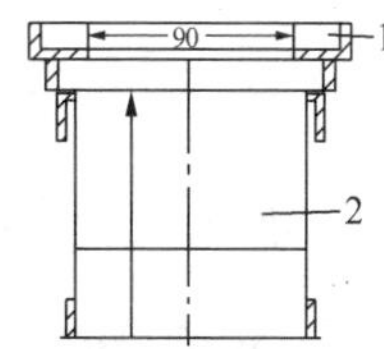

图 5－3 砂浆密度测定仪

1—漏斗；2—容量筒

(3) 天平，要求称量 5kg，感量 5g，本实验采用 DT10K 电子天平，称量 10kg，感量 1g。

(4) 钢制铁棒，直径 10mm，长 350mm，端部磨圆。

(5) 砂浆稠度仪、秒表。

5.4.3 实验步骤

(1) 将拌合好的砂浆按稠度实验方法测定其稠度。

(2) 用湿布擦净容量筒内表面，称量容量筒重 m_1，精确至 5g。把容量筒的漏斗套上，将砂浆拌合物装满容量筒并略有富余。捣实可用人工或机械方法。当砂浆稠度大于 50mm 时，采用人工插捣法振实；当砂浆稠度不大于 50mm 时，宜采用机械振动法振实。采用人工插捣时，将砂浆拌合物一次装满容量筒，使其稍有富余，用捣棒由边缘向中心均匀插捣 25 次，插捣过程中如果砂浆沉落到低于筒口，应随时添加砂浆，再用木锤沿容器外壁敲击 5～6 次。采用振动法时，将砂浆拌合物一次装满容量筒连同漏斗在振动台上振 10s，振动过程中如果砂浆沉入到低于筒口，则应随时添加砂浆。

(3) 捣实后或振动后将筒口多余的砂浆拌合物刮去，使砂浆表面平整。然后将容量筒外壁擦净，称出砂浆与容量筒总重 m_2，精确至 5g。

5.4.4 计算与结果评定

砂浆拌合物的质量密度按下式计算：

$$\rho = \frac{m_2 - m_1}{V} \times 1000 \tag{5-6}$$

式中 ρ——砂浆拌合物的质量密度，kg/m^3；

m_1——容量筒质量，kg；

m_2——容量筒及试样质量，kg；

V——容量筒体积，L。

砂浆的质量密度以两次实验结果的算术平均值作为测试结果，精确至 $10kg/m^3$，砂浆质量密度实验记录格式见表 5-7。

表 5-7 砂浆质量密度实验记录格式

实验编号	容量筒质量 m_1/kg	容量筒体积 V/L	容量筒及试样质量 m_2/kg	砂浆拌合物的质量密度 ρ/(kg/m^3)	
				测定值	平均值
1					
2					

5.5 砂浆立方体抗压强度实验

5.5.1 实验目的

测定砂浆的立方体抗压强度。砌筑砂浆作为用量最大的一种建筑砂浆，就其传力、找平、粘接功能来讲，都直接或间接的与砂浆的抗压强度有关。砂浆应该具有一定的强度要求，砂浆强度的取决因素比较复杂，除了与水胶比、水泥强度、水泥用量等因素有关外，还与所砌筑基面的吸水性有关，因此，《砌体结构设计规范》(GB 50003—2011) 规定，确定砂浆强度等级时，应采用带底试模。砂浆强度的测定以边长为 70.7mm 的立方体试件，在标准养护条件下养护至 28d 的抗压强度平均值而确定的，其强度等级有 M5、M7.5、M10、M15、M20、M25、M30 六个等级。

5.5.2 实验主要仪器

(1) 试模，见图 5-4，尺寸为 70.7mm×70.7mm×70.7mm 的立方体带底试模，材质参照 JG 3019 第 4.1.3 条及 4.2.1 条，应具有足够的刚度并拆装方便。试模内表面应机械加工，不平度为每 100mm 不超过 0.05mm，组装后各相邻面下垂直度不超过 ±0.5mm。

(2) 钢制捣棒，直径 10mm，长 350mm，端部应磨圆。

(3) TZA-300 型电液式抗折抗压实验机，见图 5-5，测力范围为 0～300kN，精度为 1%，破坏荷载应不小于压力机量程的 20%，且不大于全量程的 80%。

图5-4 砂浆试模

图5-5 TZA-300型电液式抗折抗压实验机

(4) 垫板实验机上下压板及试件之间有抗折垫板和抗压垫铁，其不平度应为每100mm不超过0.02mm。

(5) 振动台，要求振幅0.5mm±0.02mm，频率50Hz±2Hz，空载台面振动不均匀度不大于10%，一次试验至少能固定三个试模。本实验采用HZ10000型混凝土试验用振动台。

5.5.3 实验步骤

(1) 采用立方体试件，每组试件3个。

(2) 应用黄油等密封材料涂抹试模的外接缝，在试模内壁涂刷薄层机油或脱模剂，将拌制好的砂浆一次性装满砂浆试模，成型方法根据稠度而定。当稠度≥50mm时采用人工振捣成型，当稠度<50mm时宜采用振动台振实成型。人工振捣用捣棒均匀地由边缘向中心按螺旋方式插捣25次，振捣过程中如果砂浆沉落低于试模口，应随时添加砂浆，并用抹刀沿模壁插捣数次，并用手将试模一边抬高5~10mm各振动5次，使砂浆高出试模顶面6~8mm。机械振动时将砂浆一次装满试模，放置到振动台上，振动时试模不得跳动，振动5~10s或持续到表面出浆为止，不得过振。待表面水分稍干后，将高出试模部分的砂浆沿试模顶面刮去并抹平。

(3) 试件制作后，应在20℃±5℃的环境下停置1d。当气温较低时，可适当延长时间，但不应超过2d。然后将试件编号、拆模。拆模后应立即放入温度20℃±2℃，相对湿度为90%以上的标准养护室中养护。养护期间，试件彼此间隔不小于10mm，混合砂浆试件上面应覆盖，以防有水滴在试件上。

(4) 试件自标准养护室取出后应及时进行实验。实验前擦净表面，测量其尺寸并检查外观，精确至1mm，并据此计算试件承压面积。如实测尺寸与公称尺寸之差不超过1mm，可按公称尺寸计算承压面积，并检查外观，之后立即进行抗压强度实验。从搅拌加水开始计时，标准养护龄期应为28d。

(5) 将试件安放在实验机下压板上，试件承压面与成型时的顶面垂直，试件中心应与实验机下承压板(或垫板)中心对准。

(6) 开机当上压板与试件接近时，调整球座使接触面均衡受压，承压实验应连续而均匀加荷。加荷速度为0.25~1.5kN/s(砂浆强度不大于5MPa时宜取下限，砂浆强度大于5MPa时宜取上限)。当试件接近破坏而开始迅速变形时，停止调整试验机油门，直至试件破坏，然后记录破坏荷载。

5.5.4 计算与结果判定

砂浆立方体抗压强度按下式计算，精确至0.1MPa：

$$f_{m,cu}=\frac{N_u}{A} \tag{5-7}$$

式中 $f_{m,cu}$——立方体抗压强度，MPa；

N_u——破坏荷载，N；

A——试件受压面积，mm^2。

以3个试件测值的算术平均值的1.3倍作为该组试件的砂浆立方体抗压强度平均值，精确至0.1MPa。当3个测值的最大值或最小值如有一个与中间值的差值超过中间值的15%时，则将最大值及最小值一并舍除，取中间值作为该组试件的抗压强度值；如有两个测值与中间值的差值均超过中间值的15%时，则该组试件的试验结果无效。表5-8为砂浆抗压强度实验记录格式。

表5-8 砂浆抗压强度实验记录格式

试件编号	试件尺寸/mm		试件受压面积/mm^2	破坏荷载 N_u/N	立方体抗压强度/MPa	最大值或最小值与平均值的差值是否超过平均值15%	平均值/MPa
	长	宽					
1							
2							
3							

5.5.5 实验过程中发生异常情况的处理方法

试件在加载过程中，若发生停电或设备故障，当所施加荷载远未达到破坏荷载时，则卸去荷载，记下加荷值，保存试件，待恢复后继续实验(但不能超过规定的龄期)。如果施加的荷载已接近破坏荷载，则试件作废，检测结果无效。如果施加荷载已达到或超过破坏荷载(试件破裂)，则检测结果有效。

5.6 实验思考题

(1) 当砂浆沉入度不符合要求时，应如何调整？

(2) 砂浆和易性内容与混凝土拌合物和易性内容有何不同？

(3) 进行砂浆保水性实验时，静置时间长短对实验结果有何影响？

(4) 水泥混合砂浆和水泥砂浆强度试件养护时相对湿度要求相同吗，为什么？

实验6 钢筋实验

建筑用的钢材分为混凝土结构用钢筋、钢丝和用于钢结构的各种型钢以及用于维护结构和装修工程的各种深加工钢板和复合板等。建筑钢材与其他建筑材料相比，具有刚度大、自重轻、抗变形能力强、易于装配等优点，因此建筑钢材广泛应用于土木工程的各个领域。

建筑钢材的技术性质主要取决于所用的钢种及其制造与加工方法。建筑工程中常用的钢筋、钢丝和型钢，一般都是低碳结构钢和低合金高强度结构钢，制造加工方法常采用热轧、冷加工强化和热处理等工艺。建筑钢材的力学性能指标主要有抗拉、冷弯、冲击韧性、硬度和耐疲劳性等。

6.1 钢筋实验取样

钢筋实验取样应按照《钢及钢产品力学性能试验取样位置及试样制备》(GB/T 2975—2018)的规定。钢材的力学性能实验应在尺寸、表面状况等外观检查验收合格的基础上进行取样。验收时，钢材应有出厂证明或实验报告单，并抽样做力学性能实验。在使用中若有脆断、焊接性能不良或力学性能显著不良时，还应进行化学成分分析实验。

热轧带肋钢筋取样应按《钢筋混凝土用钢 第2部分：热轧带肋钢筋》(GB/T 1499.2—2018)中规定分批进行。每批应由同厂、同炉号、同规格、同生产工艺、同一进场时间、进入同一施工现场，每批重量通常不大于60t的钢筋组成，超过60t的部分，每增加40t增加1个拉伸实验试样和1个反向弯曲实验试样；每批钢筋取样从任意两根钢筋中切取，2个拉伸实验试样，2个弯曲实验试样，1个反向弯曲实验试样。

热轧光圆钢筋取样应按《钢筋混凝土用钢 第1部分：热轧光圆钢筋》(GB/T 1499.1—2017)规定分批进行。每批应由同厂、同炉号、同级别、同规格同生产工艺、同一进场时间、进入同一施工现场，每批重量不大于60t。每批从任意两根钢筋中切取，2个拉伸实验试样，2个弯曲实验试样。对于超过60t的部分每增加40t或不足40t的部分增加1个拉伸实验试样和1个弯曲实验试样。

低碳钢热轧圆盘条取样应按《低碳钢热轧圆盘条》(GB/T 701—2008)规定分批进行。每批应由同炉号同级别、同规格、同生产工艺、同一时间进入施工现场，每批重量不大于60t的钢筋组成；每批取1个拉伸实验试样，每批从不同根盘条中取2个弯曲实验试样。

冷轧带肋钢筋取样应按《冷轧带肋钢筋》(GB/T 13788—2017)规定分批进行。每批由同一牌号、同一外形、同一规格、同一生产工艺和同一交货状态的钢筋组成，每批不大于60t。每盘或每捆为一批，每批取样从每(任)盘中随机切取，其中拉伸实验试样每盘1个、弯曲实验试样每批2个、反复弯曲实验试样每批2个、松弛实验试样每批1个。

对钢筋进行拉伸和弯曲实验时，在钢筋的任意一端截取500mm后各取试样。拉伸和弯曲实验的试样不允许进行车削加工，拉伸实验钢筋的长度$L=5a+200$mm(a为钢筋直径，mm)或$10a+200$mm，拉力试样长度与实验机上下夹头之间的最小距离与夹头的长度有关，弯曲钢筋试样长度$L\geqslant 5a+200$mm，也根据钢筋直径和实验条件来确定试样长度。

6.2 钢筋拉伸实验

6.2.1 实验目的

在常温下对钢筋进行拉伸实验，测量钢筋的屈服点、抗拉强度和伸长率等主要力学性能指标，据此可以对钢筋的质量进行评价和判定，钢筋的拉伸实验应按照《钢筋混凝土用钢材试验方法》(GB/T 28900—2012)中引用标准《金属材料 拉伸试验 第1部分：室温试验方法》(GB/T 228.1—2010)规定进行。建筑用低碳钢热轧圆盘条是由低碳结构钢Q195、Q215、Q235、Q275热轧而成，低碳钢热轧圆盘条的强度较低，但塑性、可焊性较好，伸长率较大，易于弯曲成型，主要用于中小型钢筋混凝土结构的受力筋或箍筋，主要力学性能应符合《低碳钢热轧圆盘条》(GB/T 701—2008)的规定，如表6-1所示。热轧带肋钢筋由低合金钢热轧而成，横截面为圆形，热轧带肋钢筋的强度较高，塑性、可焊性也较好，钢筋表面带有纵肋和横肋，与混凝土界面之间具有较强的握裹力，因此热轧带肋钢筋主要用于钢筋混凝土结构的受力筋以及预应力筋，主要力学性能应符合《热轧带肋钢筋》(GB 1499.2—2018)的规定，如表6-2所示。冷轧带肋钢筋是由热轧圆盘条经冷轧而成，表面带有沿长度方向均匀分布的月牙肋，由于冷轧带肋钢筋是经过冷加工强化的产品，因此其强度提高、塑性降低、强屈比变小。冷轧带肋钢筋主要用于中小型预应力混凝土构件和普通混凝土结构构件。力学性能和工艺性能应符合《冷轧带肋钢筋》(GB/T 13788—2017)的规定，如表6-3所示。

表6-1　低碳钢热轧圆盘条的力学性能和工艺性能(GB/T 701—2008)

牌　号	力学性能指标		冷弯实验180°，d=弯心直径 a=试样直径/mm
	抗拉强度 R_m/MPa	断后伸长率 $A_{11.3}$/%	
Q195	≤410	≥30	$d=0$
Q215	≤435	≥28	$d=0$
Q235	≤500	≥23	$d=0.5a$
Q275	≤540	≥21	$d=1.5a$

表6-2　热轧带肋钢筋的力学性能和工艺性能(GB 1499.2—2018)

牌　号	力学性能指标				冷弯实验			
	公称直径 d/mm	屈服强度 R_{eL}/MPa	抗拉强度 R_m/MPa	断后伸长率 A/%	最大力总延伸率 A_{gt}	$R°_m/R_{et}$	$R°_{eL}/R_{et}$	弯曲压头直径/mm
HRB400 HRBF400 HRB400E HRBF400E	6~25	≥400	≥540	≥16	≥7.5	—	—	$4d$
	28~40							$5d$
	>40~50			—	≥9.0	≤1.25	≤1.30	$6d$
HRB500 HRBF500 HRB500E HRBF500E	6~25	≥500	≥630	≥15	≥7.5	—	—	$6d$
	28~40							$7d$
	>40~50			—	≥9.0	≤1.25	≤1.30	$8d$
HRB600	6~25	≥600	≥730	≥14	≥7.5	—	—	$6d$
	28~40							$7d$
	>40~50							$8d$

注：公称直径28~40mm各牌号钢筋的断后伸长率A可降低1%，直径大于40mm各牌号钢筋的断后伸长率可降低2%。$R°_m$为钢筋实测抗拉强度，$R°_{eL}$为钢筋实测下屈服强度。

表6-3　冷轧带肋钢筋的力学性能和工艺性能(GB/T 13788—2017)

分类	牌号	规定塑性延伸强度 $R_{p0.2}$/MPa	抗拉强度 R_m/MPa	$R_m/R_{p0.2}$ 不小于	断后伸长率/% 不小于		最大力总延伸率 A_{gt}/%	弯曲实验180°	反复弯曲次数	应力松弛初始应力应相当于公称抗拉强度的70%
					A	A_{100mm}				1000h,% 不大于
普通钢筋混凝土用	CRB550	≥500	≥550	1.05	11.0	—	≥2.5	$D=3d$	—	—
	CRB600H	≥540	≥600	1.05	14.0	—	≥5.0	$D=3d$	—	—
	CRB680H	≥600	≥680	1.05	14.0	—	≥5.0	$D=3d$	4	5
预应力钢筋混凝土用	CRB650	≥585	≥650	1.05	—	4.0	≥2.5	—	3	8
	CRB800	≥720	≥800	1.05	—	4.0	≥2.5	—	3	8
	CRB800H	≥720	≥800	1.05	—	7.0	≥4.0	—	4	5

注：D为弯心直径，d为钢筋公称直径。当该牌号钢筋做普通钢筋混凝土钢筋使用时，对反复弯曲和应力松弛不做要求，当该牌号钢筋作为预应力混凝土用钢筋使用时应进行弯曲实验代替180°弯曲实验并检验松弛率。

表 6－4　热轧光圆钢筋力学性能和工艺性能（GB/T 1499.1—2017）

牌号	下屈服强度 R_{eL}/MPa	抗拉强度 R_m/MPa	断后伸长率 A/%	最大力总伸长率 A_{gt}/%	弯曲实验 180°
HPB300	≥300	≥420	≥25	≥10	$d=a$

6.2.2　实验仪器

YNS300 微机控制全自动液压万能实验机，见图 6－1，准确度为 I 级或优于 I 级，游标卡尺；钢筋打点机，见图 6－2；引伸计，准确度符合 GB/T 12160 的要求。实验一般在室温 10～35℃范围内进行，对室温要求严格的实验温度应为 23℃ ±5℃。

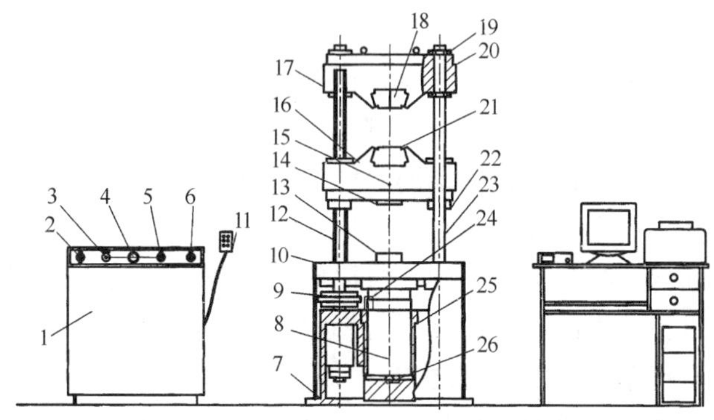

图 6－1　YNS300 微机控制全自动液压万能实验机

1—油源；2—电源开关；3—滤油报警；4—手动控制旋钮；5—启动按钮；6—急停按钮；7—底座；8—活塞；9—传动链轮；10—试验台；11—移动横梁控制盒；12—丝杠；13—下压盘；14—上压盘；15—压盘锁销；16—移动横梁；17—上横梁；18—上夹具；19—光杠锁紧螺母；20—上横梁；21—下夹具；22—锁紧螺母；23—光杠；24—位移传感器；25—液压缸；26—液压传感器

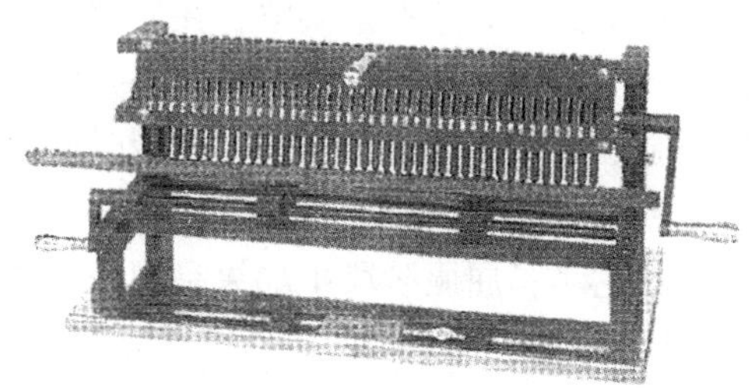

图 6－2　钢筋打点机

6.2.3　实验步骤

（1）根据被测钢筋的品种和直径，按照取样要求截取钢筋试样，并确定钢筋试样的原标距 L_0，原始标距与原始横截面有 $L_0=k\sqrt{S_0}$ 关系的试样称比例试样，国际上使用比例系数 k 为 5.65，原始标距不应小于 15mm。当试样横截面积太小，以致采用比例系数 k 为 5.65 的值不能符合最小标距要求时，可采用较高的值（优先采用 11.3 的值）或采用非比例试样。非比例试样其原始标距 L_0 与原始横截面无关。对于比例试样，如果原始标距的计算值与其标距值之差小于 10% L_0，可将原始标距修约至最接近 5mm 的倍数。等分格间距标记 10mm，根据需要也可采用 5mm 或 20mm。原始标距应准确至 ±1%。

（2）用钢筋打点机在被测钢筋表面打刻标点，并测量标距长度，精确至 0.1mm。钢筋打点拉伸试件尺寸见图6－3。打点时能使标点准确清晰即可，不要用力过大以免破坏试件的原况，影响钢筋试件的测试结果。

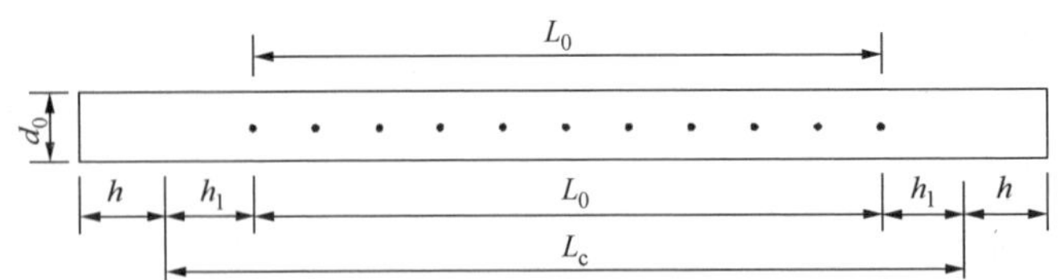

图6－3 钢筋打点拉伸试件尺寸

d_0—试样原始直径；L_0—试样原始标距；L_c—试样平行长度；

h—夹头长度；h_1—夹持点与标距端点的距离，取$(0.5-1)d_0$

(3) 接通YNS300微机控制全自动液压万能实验机(简称实验机)电源，启动实验机油泵，使实验机油缸升起，度盘指针调零设定测力系统的零点，一旦设定了力值零点，在实验期间力测量系统不能再发生变化。根据钢筋直径，选定实验机的合适量程，控制好回油阀。

(4) 夹紧被测钢筋，使上下夹持点在同一直线上，尽量减少弯曲，保证试样轴向受力。为了得到直的试样和确保试样与夹头对中，可以施加不超过规定强度或预期屈服强度的5%相应的预拉力，并宜对预拉力的延伸影响进行修正。不得将试件标距部位夹入实验机的钳口中，试样被夹持部分不小于钳口的三分之二。

(5) 启动油泵，按要求控制实验机的拉伸速度，应力速率控制的实验速率在达到规定屈服强度一半之前，可以采用任意的实验速率，超过这点以后的实验速率应符合表6－5应力速率的规定。在弹性范围和直至上屈服强度，试验机夹头的分离速率应尽可能保持恒定并在表6－5规定的范围内。如仅测定下屈服强度，在试样平行长度的屈服期间应变速率应为$0.00025\sim0.0025s^{-1}$，平行长度内的应变速率应尽可能保持恒定。如不能直接调节这一应变速率，应通过调节屈服即将开始前的应力速率来调整，在屈服完成之前不再调节实验机的控制。上、下屈服强度也可以从力－延伸曲线上测得。上屈服强度定义为试样发生屈服而力首次下降前的最大应力，下屈服强度定义为不计初始瞬时效应时屈服阶段中的最小力所对应的应力。对上、下屈服强度位置判定基本原则如下：屈服前的第1个峰值应力判为上屈服强度，不管其后的应力比它大或比它小；屈服阶段中如果呈现两个或两个以上的谷值应力，舍去第1个谷值应力(第1个极小值应力)不计，取其余谷值应力中之最小者判为下屈服强度，如只呈现1个下降谷，此谷值应力判为下屈服强度；屈服阶段中呈现屈服平台，平台应力判为下屈服强度，如呈现多个而且后者高于前者的屈服平台，判第1个平台应力为下屈服强度；正确的判定结果应是下屈服强度一定低于上屈服强度。为了提高试验效率，可以认为上屈服强度之后延伸率为0.25%范围内的最低应力为下屈服强度，不考虑任何初始瞬间效应。用此方法测定下屈服强度后，试验速率可以按规定增加，试验报告应说明使用了此法，此规定仅适用于呈现明显屈服的材料和不测定屈服点延伸率情况。

表6－5 应力速率(GB/T 288.1—2010)

材料弹性模量E/MPa	最小应力速率R/MPa·s^{-1}	最大应力速率R/MPa·s^{-1}
<150000	2	20
≥150000	6	60

（6）屈服点荷载测出并记录后，继续对试样施加荷载直至拉断，从电脑软件上读出最大荷载，记录最大破坏荷载。

（7）卸去试样，关闭实验机油泵和电源。

（8）测量试件断后标距。将试样断裂的部分仔细地配接在一起使其轴线处于同一直线上，并采取特别措施确保试样断裂部分适当接触后测量试样断后标距。这对小横截面试样和低伸长率试样尤为重要。应采用分辨率足够的量具或测量装置测定断后伸长量（L_u-L_0），并准确到 ±0.25mm。如规定的最小断后伸长率小于5%，建议采用特殊方法进行测定。推荐的方法是试验前在平行长度的两端处做一很小的标记，使用调节到标距的分规，分别以标记为圆心划一圆弧。拉断后，将断裂试样置于一装置上，最好借助螺丝刀施加轴向力，以使其在测量时牢固地对接在一起。以最接近断裂的原圆心为圆心，以相同半径划第二个圆弧。用工具显微镜或其他合适的仪器测量两个圆弧之间的距离即为断后伸长，准确到 ±0.02mm。为使划线清晰可见，实验前涂一层染料。原则上只有拉断处与最接近的标距标记的距离不小于 $L_0/3$ 时情况方为有效。但断后伸长率大于或等于规定值，不管断裂位置处于何处测量均为有效。如断裂处与近标距标记的距离小于原始标距的 $L_0/3$ 时，可按移位法测定断后标距 L_0，见图6－4(a)，即在长段上，从拉断处 O 点取等于短格数，得 B 点，再取等于长段所余格数之半得 C 点或者取长段所余格数[奇数，见图6－4(b)]减1与加1之半，得 C 与 C_1点。移位后的 $L_u=AB+2BC$ 或 $L_u=AB+BC+BC_1$。

（9）用引伸计测定断裂延伸的实验机，引伸计标距应等于试样原始标距，无需标出试样原始标距的标记。以断裂时的总延伸作为伸长测量时，为了得到断后伸长率，应从总延伸中扣除弹性延伸部分。原则上断裂发生在引伸计标距以内方为有效，但断后伸长率等于或大于规定值，不管断裂位置处于何处测量均为有效。如产品标准规定用一固定标距测定断后伸长率，引伸计应等于这一标距。

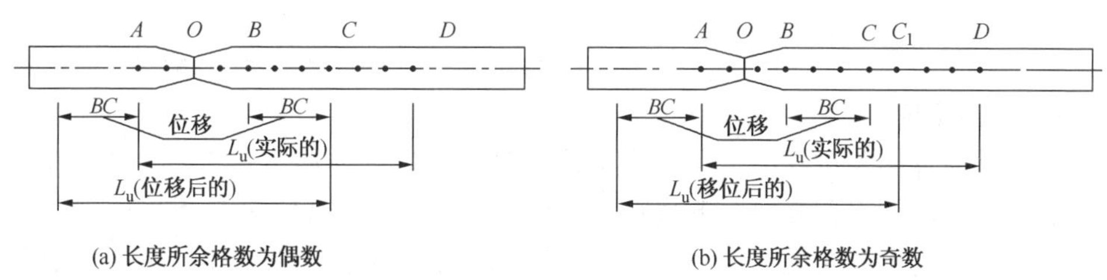

图6－4 测量钢筋断后标距示意图

6.2.4 计算结果评定与实验记录格式

（1）钢筋的屈服点 R_e 和抗拉强度 R_m分别按下式计算：

$$R_e=\frac{F_s}{A},\ R_m=\frac{F_b}{A} \tag{6-1}$$

式中 R_e，R_m——钢筋屈服点和抗拉强度，MPa；

F_s，F_b——钢筋屈服荷载和最大荷载，N；

A——钢筋试件横截面积，mm^2。

由于直径与横截面面积之间有对应关系，当钢筋试件的公称直径已知时，为计算快速和方便，试件的横截面积大小可按表6－6查用。

表 6-6 钢筋公称直径与横截面积的对应关系

公称直径/mm	8	10	12	14	16	18	20	22	25
横截面积 A/mm^2	50.27	78.54	113.1	153.9	201.1	254.5	314.2	380.1	490.9

钢筋的屈服点和抗拉强度当 R_e、R_m修约至 1MPa。

(2) 钢筋断后伸长率 A 按下式计算：

$$A = \frac{L_u - L_0}{L_0} \times 100 \tag{6-2}$$

式中 A——钢筋的伸长率，修约至 0.5%，%；

L_0——钢筋原标距长度，mm；

L_u——钢筋拉断后直接量出或按移位法确定的标距长度，mm。

在结果评定时，如果发现试件在标距端点上或标距外断裂，则实验结果无效，应重做实验。对钢筋拉伸实验的两根试样，当其屈服点、抗拉强度和伸长率三个指标均符合前述钢筋性能指标的规定要求时，即判定为合格。如果其中一根试样在三个指标中有一个指标不符合规定，即判定为不合格，应取双倍数量的试样重新测定三个指标。在第二次拉伸实验中，如仍有一个指标不符合规定，不论这个指标在第一次实验时是否合格，拉伸实验即判为不合格。表 6-7 为拉伸实验记录格式。

表 6-7 拉伸实验记录格式

试件种类									
试件编号	公称直径/mm	原截面面积/mm^2	标距长度/mm	屈服荷载/N	最大荷载/N	断后标距长度/mm	屈服强度/MPa	抗拉强度/MPa	拉断口处到最邻近标距端点距离/mm
1									
2									

6.2.5 注意事项

(1) 在钢筋拉伸实验过程中，当拉力未达到钢筋规定的屈服点(即处于弹性阶段)而出现停机等故障时，应卸下荷载并取下试样，待恢复正常后可再做拉伸实验。

(2) 当拉力已达钢筋所规定的屈服点至屈服阶段时，不论停机时间长短，该试样按报废处理。

(3) 当拉力达到屈服阶段但尚未达到极限时，如排除故障后立即恢复实验，测试结果有效；如故障长时间不能排除，应卸下荷载取下试样，该试样作报废处理。

(4) 当拉力达到极限，试件已出现颈缩，若此时伸长率符合要求，则判定为合格；若此时伸长率不符合要求，应重新取样进行实验。

6.3 钢筋弯曲实验

6.3.1 实验目的

对钢筋的塑性变形能力进行定性检验，同时可间接判定钢筋内部的缺陷及可焊性。本实验按照《钢筋混凝土实验用钢材试验方法》(GB/T 28900—2012)中引用标准《金属材料 弯曲试验方法》(GB/T 232—2010)规定进行。

6.3.2 实验仪器

（1）YNS300 微机控制全自动液压万能实验机。

（2）钢筋冷弯实验装置，见图 6－5。支辊或弯曲装置的支辊长度和弯曲压头的宽度应大于试样宽度或直径。支辊弯曲压头应有足够的硬度。

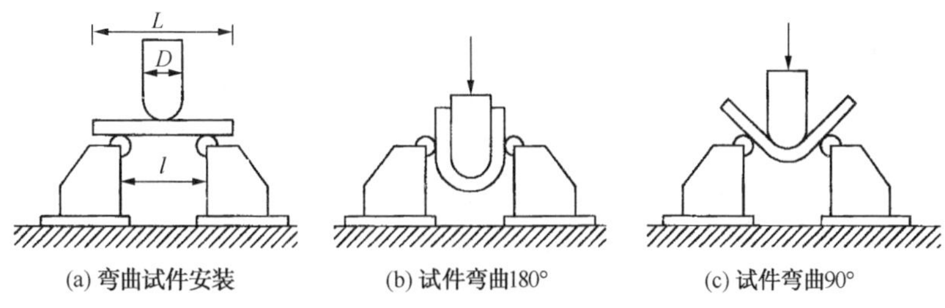

图 6－5 钢筋冷弯实验装置

6.3.3 实验步骤

（1）钢筋冷弯试件不得进行车削加工，根据钢筋的型号和直径，确定弯心直径，将弯心头套入实验机，按图 6－5(a)调整实验机平台上的支辊间距离 l：

$$l = (D + 3a) \pm 0.5a \qquad (6-3)$$

式中 D——弯曲压头直径，mm；

a——试件厚度或直径或多边形横截面内切圆直径，mm。

（2）放入钢筋试样，将钢筋贴紧弯心棒，旋紧挡板，使挡板面贴紧钢筋面或调整支辊距离到规定要求。

（3）调整所需要弯曲的角度(180°或 90°)。

（4）盖好防护罩，启动实验机，缓慢平稳加荷，当出现争议时，试验速率应为 1mm/s ± 0.2mm/s，使钢筋在给定条件和力作用下弯曲至规定的弯曲角度或试样在力作用下弯曲至两臂相距规定距离且相互平行或试样在力作用下弯曲至两臂直接接触。当被测钢筋弯曲至规定要求后停止弯曲操作，见图 6－5(b)、(c)。弯曲实验时，试样两臂的轴线保持在垂直于弯曲平面内。

（5）试样弯曲至规定角度的实验，应将试样放于两支辊或 V 形模具上，试样轴线应与弯曲压头轴线垂直，弯曲压力在两支座之间的中点处对试样连续施加力使其弯曲，直至达到规定角度。弯曲实验时，应当缓慢施加弯曲力以使材料能自由地进行塑性变形。

（6）试样弯曲至两臂平行的实验，首先对试样进行初步弯曲，然后将试样置于两平行压板之间，连续施加力压其两端使进一步弯曲，直至两臂平行。试验时可以加或不加内置垫块。垫块厚度等于规定的弯曲压头直径，除非产品标准中另有规定。

（7）试样弯曲至两臂直接接触的实验，首先对试样进行初步弯曲，然后将试样置于两平行压板之间，连续施加力压其两端使进一步弯曲，直至两臂直接接触。

（8）揭开防护罩，拉开挡板，取出钢筋试样。

（9）检查并记录弯曲处外表面的变形情况。

6.3.4 实验结果及判定

钢筋弯曲后，按规定检查试样弯曲外表面，钢筋受弯曲部位表面不得产生裂纹现象。当有关标准未作具体规定时，不使用放大镜观察试样弯曲外表面。无可见裂纹则判定试样合格。表 6－8 为钢筋弯曲实验记录格式。

表 6-8 钢筋弯曲实验记录格式

实验编号	实验现象描述	结果描述	等级评定
1			
2			

6.3.5 注意事项

(1) 在钢筋弯曲实验过程中，应采取适当的防护措施(如加防护罩)，防止钢筋断裂时飞出伤及人员和损坏邻近设备。弯曲时钢筋断裂，应立即切断电源，查明情况。

(2) 当钢材弯曲过程中发生意外故障时，应卸下荷载，取下试样，待仪器设备恢复正常后再做冷弯实验。

(3) 实验一般在 10～35℃的温度范围内进行。对温度要求严格的实验，实验温度应为 23℃ ±5℃。

6.4 实验思考题

(1) 钢筋拉伸和弯曲试件是怎样制作的？拉伸速度对实验结果有何影响？

(2) 怎样处理断口出现在标距外时的实验结果？

(3) 同一种品种钢筋屈服强度和抗拉强度有何关系？工程设计时为何要以屈服强度作为设计依据？

(4) 如何确定没有屈服现象和屈服现象不明显的钢筋？

实验 7 沥青实验

沥青是最常用的防水、防渗和防潮材料，广泛应用于建筑、公路和桥梁等工程。以沥青为胶结材料的沥青混合料具有良好的力学性能，而且耐磨、抗滑，是公路路面和机场跑道的一种主要材料。沥青按产源可分为天然沥青、石油沥青、煤沥青和页岩沥青等，常用的主要是石油沥青，另外还使用少量的煤沥青。

沥青的技术性质主要包括防水性、黏滞性、塑性、温度敏感性和大气稳定性等，其性能的优劣主要取决于沥青的组成情况，即油分、树脂和地沥青质的含量。建筑石油沥青和道路石油沥青的技术性质基于沥青材料的憎水性和致密的内部胶体结构，石油沥青具有良好的防水和抗渗性能，另外石油沥青还具有较好的塑性，适应和抗变形能力也较强，所以石油沥青广泛应用于防水和抗渗土建工程。

黏滞性是指石油沥青材料内部阻碍其相对流动的性质，黏滞性的大小主要取决于沥青的组分。如果组分中地沥青质含量较高，同时又有适量树脂，而油分含量较少时则黏滞性就较大。同时，沥青的黏滞性还与温度有关，在一定温度范围内温度愈高，黏滞性愈小。通常用沥青的针入度来衡量沥青的黏滞性。

塑性是指石油沥青在外力作用下产生变形而不破坏，卸荷后仍保持变形后形状的性能。沥青的塑性主要取决于组分中树脂含量的大小、温度的高低和沥青膜层的厚薄。树脂含量越高，塑性越好；温度越高，塑性越好；沥青膜层越厚，塑性越好。在常温下，塑性良好的沥青对裂缝具有自愈合能力。将沥青制成柔性防水材料，也正是基于其良好的塑性。沥青具有良好的塑性，也表现出其对冲击振动荷载有一定的吸收能力，将沥青作为道路路面材料也基于沥青良好的塑性。通常用沥青的延度来衡量其塑性。

温度敏感性是指沥青的黏滞性和塑性随温度升降而发生变化的性能。土建工程中要求沥青随温度变化而产生的黏滞性和塑性变化幅度要较小，也就是温度敏感性要较小。温度敏感性小的沥青，在使用过程中其性能的稳定性较高，对工程的质量和寿命都十分有利。由于石油沥青属于非晶态热塑性材料，所以沥青没有固定的熔点。沥青的温度敏感性与其组分中的地沥青质含量有关，如果地沥青质含量高，在一定程度上就能够减少温度敏感性。沥青的温度敏感性常用软化点来表示。

7.1 沥青针入度实验

7.1.1 实验目的

测定沥青的针入度，评价道路黏稠石油沥青的黏滞性。《道路石油沥青》(SH/T 0522—2010)和《建筑石油沥青》(GB/T 494—2010)规定了道路石油沥青和建筑石油沥青的技术要求及沥青标号，如表 7－1 所示。工程上石油沥青的黏滞性常用相对黏度来表示。根据沥青的种类和状态，相对黏度的测量方法有针入度法和黏度计法两种。对固体和黏稠石油沥青采用针入度法，其方法是将沥青在标准温度(25℃ ±0.1℃)，以规定荷重(100g ±0.05g)的标准针、连杆与附加砝码，在规定的时间(5s)垂直贯入沥青试样的深度来表示，以 0.1mm 计。显然针入度反应了沥青抗剪切变形的能力。对于液体或较稀的石油沥青采用标准黏度计法，其原理是在规定温度(20℃、25℃、30℃、60℃)、规定直径(3mm、5mm 或 10mm)的孔口流出 $50cm^3$ 沥青所需的时间秒数，常用“$C_{T,d}$”表示，T 为实验温度，d 为流孔直径，mm。

表 7－1 道路石油沥青和建筑石油沥青技术要求(SH/T 0522—2010 和 GB/T 494—2010)

性能指标	道路石油沥青					建筑石油沥青			试验方法
	200	180	140	100	60	40 号	30 号	10 号	
针入度/0.1mm	200～300	150～200	110～150	80～110	50～80	36～50	26～35	10～25	GB/T 4509
延度不小于/cm	20	100	100	90	70	3.5	2.5	1.5	GB/T 4508
软化点/℃	30～48	35～48	38～51	42～55	45～58	≥60	≥75	≥95	GB/T 4507
闪点/℃	≥180	≥200	≥230			≥230			GB/T 267
如果 25℃延度达不到时，15℃延度达到也认为是合格的，指标要求与 25℃一致									

本节主要介绍针入度法测量石油沥青的相对黏度。根据《沥青针入度测定法》(GB/T 4509—2010)适用于测定针入度范围从(0～500)1/10mm 的固体和半固体沥青材料的针入度。

7.1.2 实验仪器

(1) SYD－2801E 沥青针入度试验器，见图 7－1，能使针连杆在无明显摩擦下垂直运动，并能指示穿入深度，精确至 0.1mm。针连杆质量为 47.5g ±0.05g，针和针连杆组合件总质量为 50g ±0.05g，另附 50g ±0.05g 和 100g ±0.05g 砝码一只，实验时总质量为 100g ±0.05g。仪器设有放置平底玻璃皿的平台，并有调节水平的机构，针连杆应与平台垂直。仪器设有制连杆制动按钮，紧压按钮针连杆可以自由下落。针连杆要易于拆卸，以便定期检查。

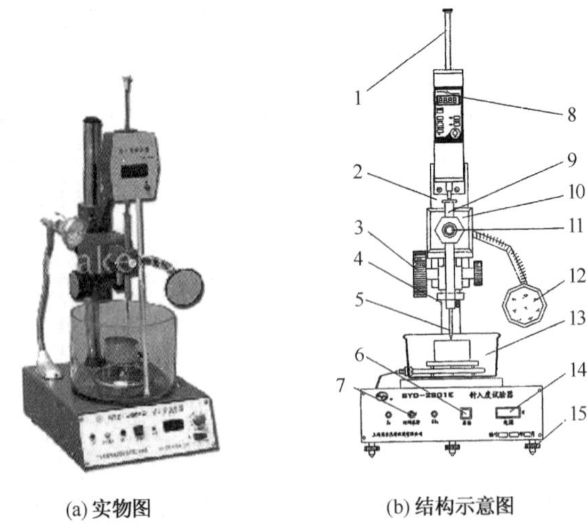

(a) 实物图　　(b) 结构示意图

图 7－1　SYD－2801E 沥青针入度试验器

1—测杆；2—升降支架；3—微调手轮；4—砝码；5—标准针；6—启动开关；
7—时控选择按钮；8—针入度显示器；9—针连杆；10—电磁铁；11—手动释杆按钮；
12—反光镜；13—恒温浴；14—电源开关；15—水平调节螺钉

（2）标准针，由硬化回火的不锈钢制成，针长约 50mm，长针长约 60mm，直径为 1.00～1.02mm，针的一端应磨成 8.7°～9.7°的锥形。针箍及附件总质量 2.5g±0.05g。针应装在一个黄铜或不锈钢的金属箍中，金属箍的直径为 3.20mm±0.05mm，长度为 38mm+1mm，针应牢固地装在箍里。

（3）试样皿，金属制或玻璃的圆柱形平底容器。小试样皿直径 33～55mm、深 8～16mm（适于针入度小于 40）。中等试样皿的直径 55mm，深 35mm，适用于针入度小于 200；大试样皿直径 55～75mm，深 45～70mm，适用于针入度 200～350。对于针入度 350～500 时的试样需使用直径 55mm，深 70mm 的特大试样皿。

（4）DK－8B 恒温水槽，见图 7－2，其容量不小于 10L，控温准确度为 0.1℃，水槽中距水槽底 50mm 处有一带孔支架，支架离水面至少有 100mm。在低温下测定针入度时，水浴中装入盐水。

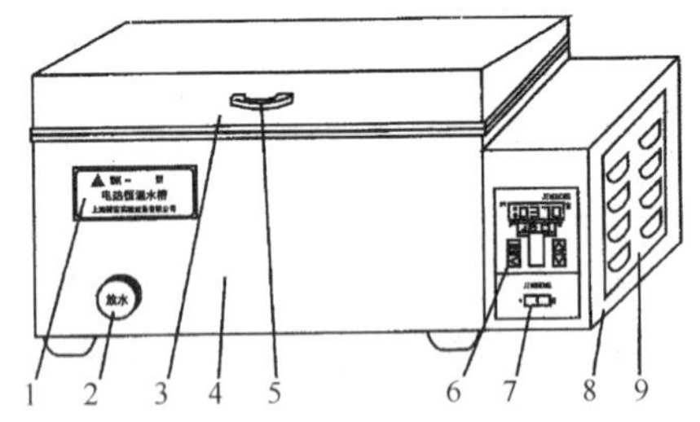

图 7－2　DK－8B 恒温水槽

1—铭牌；2—外壳；3—电源开关；4—放水塞子；5—顶盖拉手；
6—微电脑智能控制仪；7—电源开关；8—温度控制装置；9—温度控制装置侧板

（5）平底玻璃皿，容量不小于 350mL，深度没过最大的样品皿，玻璃皿中应设有一不锈钢三脚支架，能使试样皿稳定。

（6）液体玻璃温度计，测温范围－8～55℃，分度为 0.1℃。

（7）秒表，分度为 0.1s，60s 内的准确度达至±0.1s 的任何计时装置均可。

（8）盛样皿盖，平板玻璃制成，直径不小于盛样皿开口尺寸。

（9）溶剂，三氯乙烯或煤油。

（10）其他有封闭式可调电炉或 sc404 电热砂浴器、石棉网、金属锅或瓷把坩埚等。

7.1.3　试样制备

（1）将预先除去水分的试样在 sc404 电热砂浴器或封闭式可调电炉上加热，不断搅拌以防局部过热，加热到使样品能够易于流动，加热时焦油沥青的加热温度不超过预计软化点 60℃，石油沥青不超过预计软化点 90℃，加热时间应在保证样品充分流动的基础上尽量少，加热搅拌过程中避免试样进入气泡。

（2）将试样倒入预先选好的试样皿中，试样深度应至少是预计锥入深度的 120%，同时将试样倒入两个试样皿。如果试样皿的直径小于 65mm，而预期针入度高于 200，每个实验条件都要倒三个样品。

（3）将试样皿松松地盖住以防灰尘落入试样皿。在 15 ~ 30℃的室温下小试样皿（ϕ55mm × 15mm），冷却45min ~ 1.5h，中等试样皿冷却 1 ~ 1.5h，较大试样皿中样品冷却 1.5 ~ 2.0h，冷却结束后将试样皿和平底玻璃皿一起放入测试温度的恒温水浴中，水面应没过试样表面 10mm 以上。在规定的试验温度下恒温，小试样皿恒温 45min ~ 1.5h，中等试样皿恒温 1h ~ 1.5h，更大试样皿恒温 1.5 ~ 2.0h。

7.1.4　实验步骤

（1）调整 SYD – 2801E 沥青针入度试验器基座水平调节螺钉使其水平。检查针连杆和导轨，将擦干净的针插入针连杆中固定，按实验条件选择合适砝码并放好砝码。再将保温皿置于针入度仪的平台上。恒温浴缸内加水，在主机后盖板上插上电缆线插头后，打开电源开关使恒温水浴保持在 25℃ ±0.1℃。

（2）将已恒温到实验温度的试样皿从恒温水槽取出，放置在 SYD – 2801E 沥青针入度试验器平底玻璃皿中的三角支架上，使试样完全浸在水中，旋松升降架背后紧固螺钉，上下移动升降架至合适位置，旋紧，再用两侧微调手轮，慢慢放下针连杆，利用灯光反射观察调节 SYD – 2801E 沥青针入度试验器标准针使针尖与试样表面恰好接触，不得刺入试样。松手，升降架自锁。移动活动齿杆使与标准针连杆顶端接触，并将针入度仪表盘读数归“0”，单位选择“mm”。

（3）选择 5 秒时控按钮后，按下“启动”按钮，待针连杆下落并锁定后，按下活动齿杆，就可读出实验所得数据（1 针入度相当于 0.1mm）。同一试样（每一试验点的距离和试验点与试样皿边缘的距离都不得小于 10mm）至少重复实验三次。每次试验前都应将试样和平底玻璃皿放入恒温水浴中，每次测定都要用干净的针。当针入度小于 200 时可将针取下用合适的溶剂擦净后继续使用。

（4）当针入度大于 200 时，每个试样至少用 3 根针，每次测定后将针留在试样中，直至 3 根扎完时，才能把针从试样中取出。

（5）实验后整理，将 SYD – 2801E 沥青针入度试验器电源拔掉，将水浴缸中的水倒掉，将试样皿中的试样倒出，将试样皿用煤油清洗干净。

7.1.5　实验结果评定及实验记录格式

同一试样三次平行实验结果的最大值和最小值之差符合沥青针入度平行实验结果允许偏差范围（表 7 – 2）时，计算三次实验结果的平均值，取整数作为针入度实验结果，以 0.1mm 为单位。当超过表 7 – 2 要求时，应取第二个样品进行实验。如果结果再次超过允许值，则取消所有的实验结果，重新进行实验。重复性(即同一操作者同一样品利用同一台仪器)，测得的两次结果不超过平均值的4%；再现性(即不同操作者同一样品利用同一类型仪器)，测得的两次结果不超过平均值的11%。表7－3为沥青针入度实验记录格式。

表7－2 沥青针入度平行实验结果允许偏差范围

针入度/0.1mm	0～49	50～149	150～249	250～350	350～500
最大差值	2	4	6	8	20

表7－3 沥青针入度实验记录格式

实验编号	实验温度/℃	试针荷重/g	贯入时间/s	刻度盘初读数/mm	刻度盘终读数/mm	针入度/(0.1mm)		沥青标号
						测定值	平均值	
1 2 3								

7.2 沥青软化点实验

7.2.1 实验目的

测定沥青的软化点，评定黏稠沥青的热稳定性。软化点可用于沥青分类，是沥青产品中的重要技术指标，对照表7－1可确定沥青的标号。软化点是衡量沥青温度敏感性的重要指标。《沥青软化点测定法 环球法》(GB/T 4507—2014)适合测定软化点范围在30～157℃的石油沥青、煤焦油沥青、乳化沥青或改性沥青残留物、改性沥青、在加热不改变性质的情况下可以融化为流体的天然沥青、特种沥青以及沥青混合料回收得到的沥青材料。软化点30～80℃范围内用蒸馏水做加热介质，软化点80～157℃范围内用甘油做加热介质，其原理是把沥青试样装入规定尺寸的肩或锥状黄铜环内，试样上放置一标准钢球(直径9.5mm，重3.5g)，浸入液体(蒸馏水或甘油)中，以规定的升温速度加热，使沥青软化，当钢球下落到规定距离(25mm)时的温度即为沥青的软化点。本节主要介绍软化点不大于80℃试样的测定。

7.2.2 实验仪器

(1) SYD－2806E全自动沥青软化点试验器，见图7－3，由主机、电源插头、温度计、操作控制面板、钢球、环支撑架、耐热烧杯、肩环、钢球定位器、金属支架带有振荡搅拌子的加热炉具几个部分组成。钢球直径为9.5mm，质量为3.50g±0.05g。肩环是两只用黄铜制成的环。环支撑架是钢支撑架用于支撑两个水平位置的环。肩环、环支撑架、烧杯、钢球及组合位置见图7－4。肩环构造见图7－5。钢球定位器是用黄铜或不锈钢制成，用于使钢球定位于试样中央，见图7－6。金属支架是由两个主杆和三层平行的金属板组成。上层为一圆盘，直径略大于烧杯直径，中间有一圆孔，用以插放温度计。中层板上有两个孔，以供放置肩环，中间有一小孔可支撑温度计的测温端部，肩环下边缘距下支撑板的距离为25mm，一侧立杆距环上面51mm处刻有加水深标记，环支撑板的下面下支撑板距烧杯底为16mm±3mm。三层金属板和两个主杆由两螺母固定在一起。耐热玻璃烧杯容积800～1000mL，内径不小于85mm，离加热底部的深度不小于120mm。温度计刻度0～80℃，分度为0.5℃。加热炉具是装有温度调节器的电炉或其他加热炉具，应采用带有振荡搅拌器的加热电炉，振荡子置于烧杯底部。

(a) 实物图

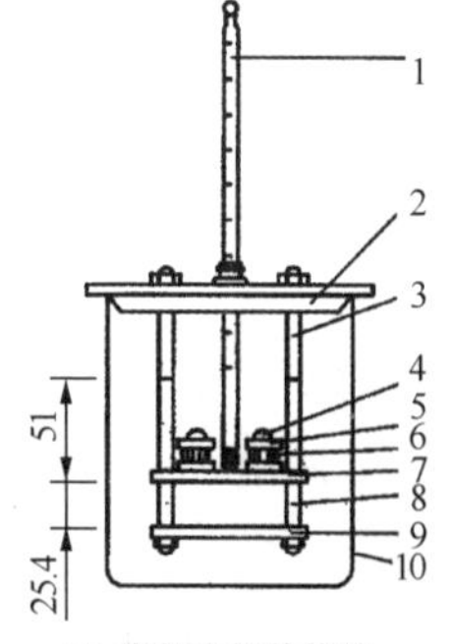

(b) 烧杯内部件构造

(c) 操作控制面板前面部分

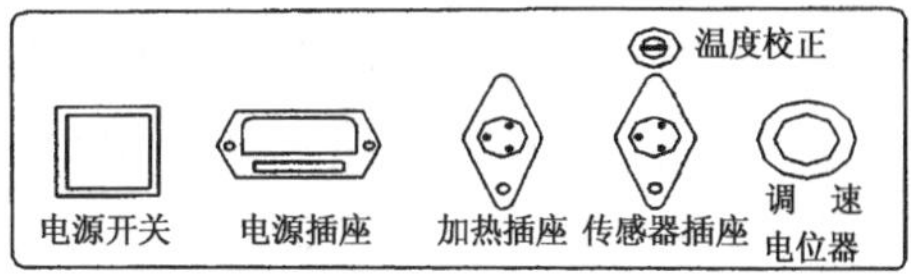

(d) 主机控制后面部分

图 7－3 SYD－2806E 全自动沥青软化点试验器

1—温度传感器；2—上支撑板；3—枢轴；4—钢球；5—环支撑架；
6—肩环；7—中支撑板；8—支撑座；9—下支撑板；10—烧杯

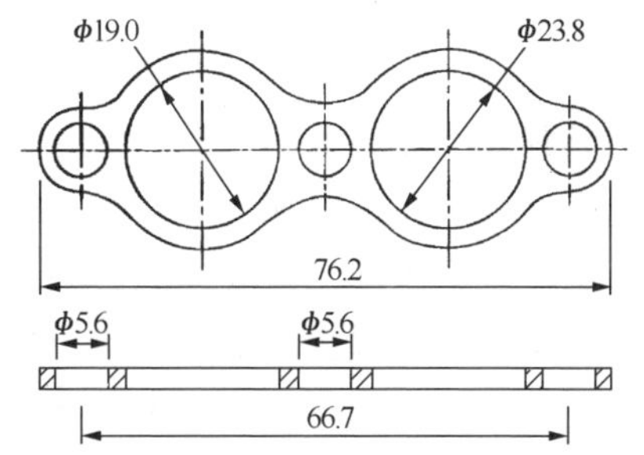

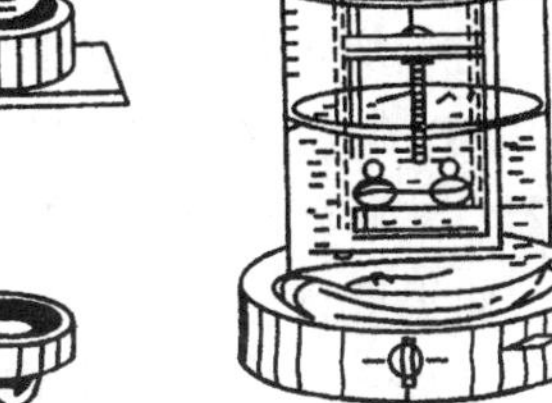

图 7－4 SYD－2806E 全自动沥青软化点试验器的肩环、环支撑架、烧杯、钢球及组合位置

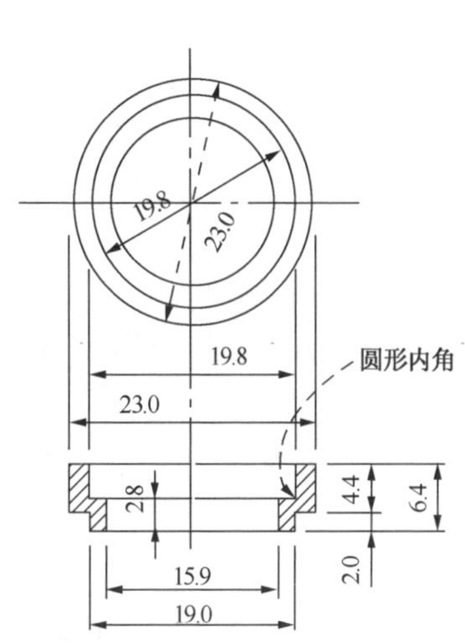

图 7－5 肩环

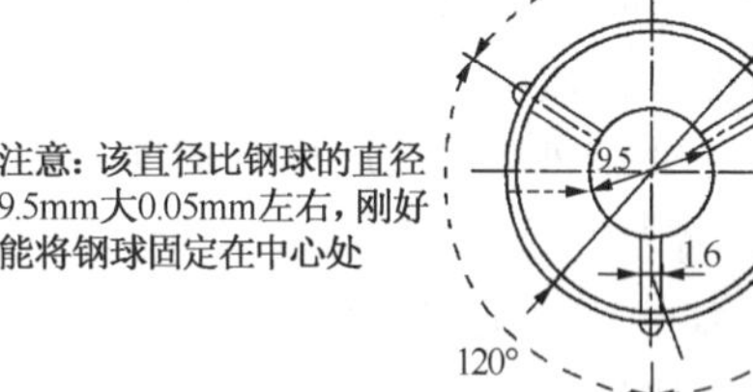

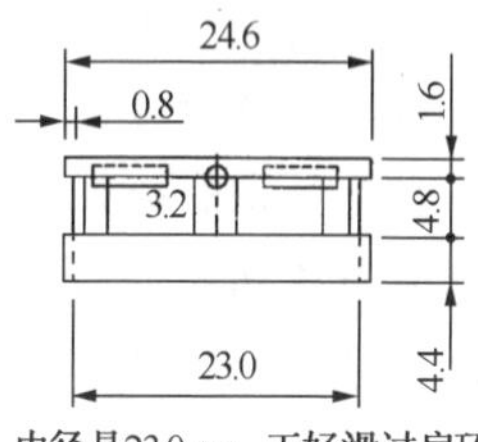

图 7－6 钢球定位器

（2）新煮沸过的蒸馏水、平直刮刀、隔离剂、镊子、封闭式可调电炉、尺寸为50mm×75mm铜支撑板、DK－8B恒温水槽、甘油、滑石粉。

7.2.3 实验步骤

隔离剂制备，以质量计的两份甘油和一份滑石粉调制，适用于软化点30～157℃的沥青材料。

制备试样。所有石油沥青试样的准备和测试必须有6h内完成，煤焦油沥青必须在4.5h内完成。在砂浴或封闭可调电炉上小心加热试样并不断搅拌以防局部过热，直到样品变得流动。小心搅拌以免气泡进入样品中。石油沥青、改性沥青、天然沥青以及乳化沥青残留物样品加热至倾倒温度的时间不超过2h，其加热温度不超过预计沥青软化点110℃。煤焦油沥青样品加热至倾倒温度不超过30min，其加热温度不超过煤焦油沥青预计软化点55℃。如重复实验，不能重新加热样品，应在干净的容器中用新鲜样品制备试样。若估计软化点在120℃以上，应将肩环与支撑板预热至80～100℃，然后将肩环放到涂有隔离剂的支撑板上，否则会出现沥青试样从肩环中完全脱落。向每个环中倒入过量的沥青试样，让试件在室温下至少冷却30min。对于室温下较软的样品，应将试件在低于预计软化点10℃以上的环境中冷却30min，从开始倒试样时起至完成实验不得超过240min。当试样冷却后，用稍加热的平直刮刀刮去多余的沥青，使得每一个圆片饱满且和环的顶部齐平。将装有试样的肩环连同玻璃板置于5℃±0.5℃的DK－8B恒温水槽中至少15min，同时将金属支架、钢球、钢球定位器等亦置于相同水槽中。

（1）烧杯内注入新煮沸并冷却至5℃±1℃的蒸馏水800～1000mL，使水面略低于立杆上的加水深标记。对于加热介质为甘油的沥青，起始加热介质应为30℃±1℃。

（2）从DK－8B恒温水槽中取出盛有试样的肩环放置在金属支架中支撑板的圆孔中，并套上钢球定位器。然后将整个环支撑架放入烧杯中，调整水面至深度标记。环架上任何部分不得附有气泡。将温度计由上层板孔中垂直插入，使端部测温头底部与试样环下面齐平。用镊子将磁力搅拌子放置在烧杯底部中间位置。

（3）将烧杯移放在SYD－2806E全自动沥青软化点试验器上，然后再用镊子将钢球放在钢球定位器的中央，打开SYD－2806E全自动沥青软化点试验器控制主体后面板上的电源开关，使仪器处于“准备”状态，将仪器后面板上的调速电位器旋扭旋调至适当位置使烧杯中搅拌子的转动速度合适(太快会影响测试结果，太慢会造成水温不均)，按“启动”开关开始实验，从浴槽底部加热使温度以恒定的速率5℃/min上升，此时搅拌子开始搅拌，烧杯开始加热(时间显示器显示的是实验的相对时间，温度显示器显示的是当前水浴的温度值，经过3min后仪器的加热速率维持在每分钟5℃±0.5℃。

（4）试样受热软化逐渐下坠，当某一个小球与下支撑板表面接触时，按一次“结果”键读取温度，当另一个小球落到下支撑板处时，按一次“结果”键读取温度，准确至0.5℃，仪器发声表示实验结束。

（5）实验结束后拔掉SYD－2806E全自动沥青软化点试验器电源并将环支撑架、钢球及烧杯清洗干净放回原处后将钢球交实验指导老师。

7.2.4 实验结果评定及实验记录格式

同一试样平行实验两次，准确至0.5℃，如果两次温度差值不超过1℃，则取其平均值作为软化点实验结果，否则重新做实验。在任何情况下，如果水浴中两次测定温度平均值为

85℃或更高，应在甘油浴中重新实验；如果甘油中所得到的石油沥青软化品的平均值为80℃或更低，煤焦油沥青软化点平均值为77.5℃或更低则应在水中重复实验；对于石油沥青、乳化改性沥青残留物、焦油沥青同一操作者、对同一样品的重复性测定绝对差值差不大于1.2℃或同一试样、两个实验室各自提供的再现性实验结果绝对差值不超过2.0℃；对于聚合物改性沥青、乳化改性沥青残留物重复性测定之差不大于1.5℃，再现性测定之差不大于3.5℃；对于软化点80~157℃范围的建筑石油沥青、特种沥青等石油沥青、聚合物改性沥青、乳化沥青残留物等改性沥青产品重复性测定结果绝对差值不大于1.5℃，再现性测定绝对差值不大于5.5℃。实验过程中记录温度随时间变化值，见表7－4。

表7－4 沥青软化点实验记录表

加热介质	起始温度/℃	第1分钟/℃	第2分钟/℃	第3分钟/℃	第4分钟/℃	第5分钟/℃	第6分钟/℃	第7分钟/℃	第8分钟/℃	测定值/℃	平均值/℃	沥青标号

7.2.5 实验报告填写注意事项

（1）实验报告中的“实验数据整理”部分要有针入度的计算过程及结论、沥青软化点的计算过程结论。

（2）实验报告中的“实验原始报告”部分要有沥青针入度原始数据记录表及沥青软化点原始数据记录。

（3）沥青是没有严格熔点的黏性物质，随着温度的升高，它们逐渐变软，黏度降低，因此软化点实验应严格按照试验方法来测定才能使结果有较好的重复性。

7.3 沥青延度实验

7.3.1 实验目的

测定石油沥青的延度，对照表7－1的标准评定其标号。石油沥青的塑性用延度来表示，延度越大，塑性越好。将沥青做成一定形状的试件（∞字形），在25℃±0.5℃温度下，用一定的拉伸速度（5cm/min±0.25cm/min）拉伸至断裂时的长度，把试件拉断后的延伸长度作为评定沥青塑性的指标。根据《沥青延度测定法》（GB/T 4508—2010）测定石油沥青的延度。

7.3.2 实验仪器

（1）SYD－4508D沥青延度试验器，见图7－7，是由显示器、水浴槽、支撑板、模具、拉伸系统等组成。试件浸入水中深度不得小于10cm，能保持水中的温度在实验温度±0.1℃范围内，容量为10L，水中设置带孔搁架以支撑试件，搁架距浴槽底部不得小于5cm。模具由黄铜制造，由两个弧形端模和两个侧模组成。温度计测量范围0~50℃，分度值为0.1℃和0.5℃。

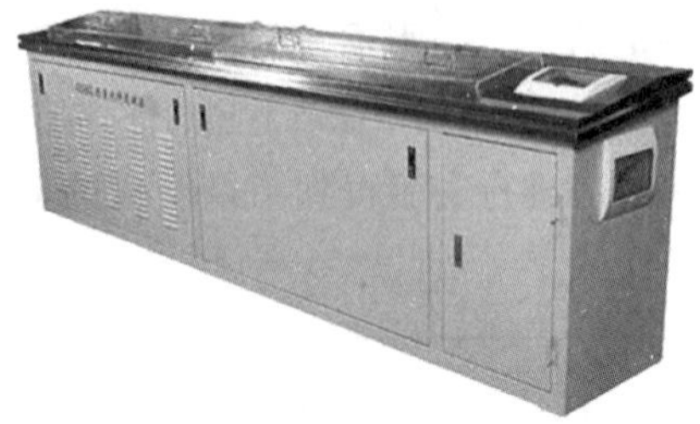

图7－7 SYD－4508D沥青延度试验器

（2）金属器皿，sc404电热砂浴器，食盐1袋，以质量计由两份甘油和一份滑石粉调制而成的隔离剂，由一面磨光至表面粗糙度为R_a0.63μm的黄铜板制成的支撑板等。

7.3.3 实验步骤

(1) 将模具组装在支撑板上，将隔离剂涂于支撑板上表面及侧模内表面，以防沥青沾模具上。支撑板上的模具要水平放好，以便模具的底部能够充分与支撑板接触。

(2) 把试样在sc404电热砂浴器砂浴上加热，加热过程中充分搅拌防止局部过热，直至样品容易倾倒。石油沥青加热温度不得超过预计软化点温度90℃；煤焦油沥青样品加热时间不得超过30min，其加热温度不超过煤焦油沥青预计软化点60℃。样品的加热时间在不影响样品性质和保证样品充分流动的基础上尽量短，将熔化后的样品充分搅拌之后倒入模具中，在组装模具时要小心以防弄乱配件。在倾倒时使试样呈细流状，自模具的一端至另一端往返倒入，使试样面略高于模具。

(3) 将试件在空气中冷却30～40min，然后放入25℃±0.1℃的水浴中，保持30min后取出，用热直刀将高出模具的沥青刮出，使试样和模具面齐平。沥青的刮法是自试模的中间向两边进行，刮平后表面应十分光滑。再将支撑板、模具、试件一起放入25℃±0.1℃的水浴中恒温85～95min，然后从板上取下试件，拆掉侧模立即进行拉伸实验。

(4) 打开SYD－4508D沥青延度试验器电源，使水温保持在25℃±0.5℃，按下“拉伸”开关，缓慢调整延伸仪速度为5cm/min，使延伸仪空转一个5min，如无异常，则关闭拉伸开关，准备实验。

(5) 把试件移至SYD－4508D沥青延度试验器的水槽中，把模具两端的孔分别套在实验仪器的柱上，然后以一定的速度拉伸，直到试件拉伸断裂。拉伸允许误差在±5%以内，测量试件从拉伸到断裂所经过的距离，以“cm”表示。试验时，试件距水面和水底的距离不小于2.5cm，并且使温度保持在规定温度的±0.5℃内。

(6) 若发现沥青细丝浮于水面或沉入槽底时，可在水中加入食盐水来调整水的密度，使沥青材料既不浮于水面又不沉于槽底。

(7) 试件拉断时按一下“结果”键仪器即记录试样的延度，每个试样拉断一次即按一次“结果”键，三次之后实验结束。在结果显示框中显示每次拉断时的延度，在平均值中显示三次延度的平均值。正常的试验应将试样拉成锥形或线形或柱形，直至断裂时实际横截面为零或一均匀断面。如不能得到上述结果，应标明在该实验条件下无测定结果。

7.3.4 实验结果评定及实验记录格式

《沥青延度测定法》(GB/T 4508—2010)规定，当三个试件测定值在其平均值的5%之内，取平行测定三个结果的平均值作为测定结果；若三个试件测定值不在其平均值的5%之内，但其中两个较高值在平均值5%之内，则弃去最低测定值，取两个较高值的平均值作为测定结果，否则重新测定。同一样品、同一操作者使用同一实验仪器在不同时间对同一样品进行实验得到的结果不超过平均值的10%；不同操作者在不同实验室由同一类型仪器对同一样品进行实验得到结果不超过平均值的20%。表7－5为沥青延度实验记录格式。

表7－5 沥青延度实验记录格式

实验编号	延度/cm			延度平均值/cm	三次测定值是否在平均值5%以内	两个较高值是否在平均值5%之内	延度结果/cm	标　号
	试件1	试件2	试件3					

7.4 沥青闪点和燃点实验

7.4.1 实验目的

测定沥青的闪点和燃点，对照表7－1的标准确定沥青的标号。闪点和燃点是在规定条件下，一种物质与空气形成可然性混合物且持续燃烧的能力，是用于评价物质易燃性和可燃性众多分析手段中的两种。沥青的闪点是指加热沥青至挥发出的可燃性气体与空气的混合物在规定条件(标准大气压)下与火焰接触，初次闪火(有蓝色闪光)时的沥青温度。沥青的燃点是指加热沥青产生的气体与空气的混合物，与火焰接触能持续燃烧5s以上时的沥青温度。在环境大气压下测定的闪点和燃点的温度用公式修正到标准大气压下的闪点和燃点。一般情况下，沥青的燃点温度比闪点温度约高10℃，沥青质组分多的沥青相差较多，液体沥青由于轻质成分较多，闪点和燃点的温度相差较小。沥青闪点和燃点的高低表明沥青引起火灾或爆炸可能性的大小，并直接影响沥青在运输、贮存和加热使用等方面的安全问题。石油沥青是原油加工过程中一种产品在常温下是黑色或黑褐色的黏稠液体、半固体和固体。《石油产品闪点和燃点测定法(开口杯法)》(GB/T 267—1998)适用于润滑油和深色石油产品闪点和燃点的测定，可根据此标准方法测定沥青的闪点和燃点。

7.4.2 实验仪器

(1) 开口闪点和燃定测定器，见图7－8，主要由内外坩埚、点火器、防护屏、温度计、支架等组成。内坩埚是钢制，上口内径64mm，底部内径38mm，高47mm、厚度1mm，内壁刻有两道环状标线，分别距坩埚上口边缘的距离为12mm和18mm。外坩埚是钢制，上口外径100mm，底部内径56mm，高50mm、厚度1mm，内外坩埚构造如图7－9所示。点火器喷火直径0.8～1mm，可调整火焰长度，形成3～4mm近似球形，并能沿坩埚水平面任意移动。防护屏尺寸约为460mm×460mm，高610mm，有一个开口面。

图7－8 沥青开口闪点和燃点测定器

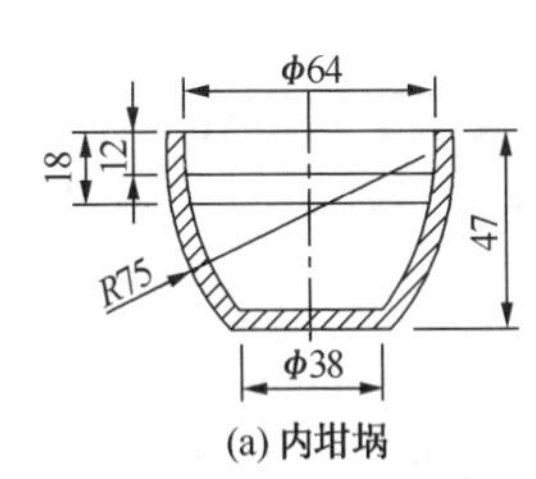

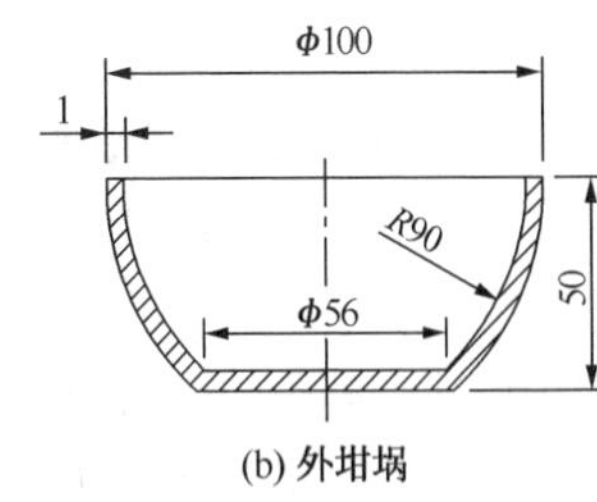

图7－9 内外坩埚构造

(2) 清洗溶剂，用于除去试样杯沾有的少量试样，低挥发性芳烃溶剂可用于除去油的痕迹，混合溶剂如甲苯、丙酮、甲醇可有效除去胶质类的沉积物。

(3) 钢丝绒，要求能除去碳沉积物而不损害试验杯。

(4) 气压计，精确至0.1kPa，不能使用气象台或机场所用的已预校准至海平面的读数的气压计。

(5) 温度计测量范围0～400℃，精度0.1℃。

(6) 煤气灯、丁烷气1瓶、密封容器、食盐或无水氯化钙等。

7.4.3 实验步骤

(1) 当试样中的水分含量较大(大于0.1%)时，须先脱水处理，即在试样中加入新锻烧并冷却的食盐、硫酸钠或无水氯化钙进行。闪点低于100℃的试样脱水时不必加热，其他试样允许加热至50～80℃时使用脱水剂脱水。脱水后取试样的上层澄清部分供实验使用。

(2) 将测定装置放置在避风和较暗的地方并用防护屏围着，以便清晰地观察闪点和燃点现象。

(3) 用溶剂油洗涤内坩埚，放在点燃的煤气灯上加热，除去遗留的溶剂油。待内坩埚冷却至室温时放入装有细砂(经过锻烧)的外坩埚中，使细砂表面距离内坩埚的口部边缘约12mm，并使内坩埚底部与外坩埚底部之间保持5～8mm厚的砂层。对闪点在300℃以上的试样，两只坩埚底部之间的砂层厚度允许酌量减薄，但在试验时须保持规定的升温速度。

(4) 试样注入内坩埚时，对于闪点210℃及210℃以下的试样，液面距离坩埚口部边缘12mm(即内坩埚内的上刻线处)；对于闪点在210℃以上的试样，液面距离口部边缘18mm(即内坩埚内的下刻线处)。试样向内坩埚注入时不应溅出，而且液面以上的坩埚壁不应沾有试样。

(5) 将装好试样的坩埚平稳地放置在支架上的铁环中，再将温度计垂直地固定在温度计夹上，并使温度计的水银球位于内坩埚中央，与坩埚底和试样液面的距离大致相等。

(6) 加热坩埚，使试样逐渐升温，当试样温度达到预计闪点前60℃时，调整加热速度，使试样温度达到闪点前40℃时能控制升温速度为每分钟升高4℃ ±1℃。当试样温度达到预计闪点前10℃时，将点火器的火焰放到距离试样液面10～14mm处，并在该处水平面上沿着坩埚内径作直线移动，从坩埚的一边移至另一边所经过的时间为2～3s。试样温度每升高2℃应重复一次点火试验，点火器的火焰长度应预先调整为3～4mm。

(7) 当试样液面上方初次出现蓝色火焰时，立即从温度计读出温度作为闪点的测定结果，同时记录大气压力。

(8) 测得试样闪点后，若还需测定燃点，应继续对外坩埚进行加热，使试样的升温速度为每分钟4℃ ±1℃，然后按上述闪点点火方法用点火器的火焰进行点火试验。当试样接触火焰后立刻着火并能继续燃烧不少于5s，即从温度计上读出温度示值作为燃点的测定结果。

7.4.4 实验结果评定及实验记录格式

大气压力低于745mmHg(99.3kPa)时，测得的闪点或燃点t_0应按下式修正，精确到1℃：

$$t_0 = t + \Delta t \tag{7-1}$$

式中 t_0——相当于101.3kPa(760mmHg)大气压力的闪点或燃点,℃；

t——在实验条件下测得的闪点或燃点,℃；

Δt——修正数,℃。

大气压力在72.0～101.3kPa(540～760mmHg)范围内，修正数Δt可按式(7-2)或式(7-3)计算，也可从表7-6中查出：

$$\Delta t = (0.00015t + 0.028)(101.3 - P)7.5 \tag{7-2}$$

$$\Delta t = (0.00015t + 0.028)(760 - P_1) \tag{7-3}$$

式中 P——实验条件下的大气压力，kPa；

t——在实验条件下测得的闪点或燃点(300℃以上仍按300℃计),℃；

P_1——实验时的大气压力，mmHg；

7.5——大气压力单位换算系数。

表 7-6　不同大气压力（kPa/mmHg）时的修正量 Δt　　℃

闪点或燃点/℃	72.0 540	74.6 560	77.3 580	80.0 600	82.6 620	85.3 640	88.0 660	90.6 680	93.3 700	96.0 720	98.6 740
100	9	9	8	7	6	5	4	3	2	2	1
125	10	9	8	8	7	6	5	4	3	2	1
150	11	10	9	8	7	6	5	4	3	2	1
175	12	11	10	9	8	6	5	4	3	2	1
200	13	12	10	9	8	7	6	5	4	2	1
225	14	12	11	10	9	7	6	5	4	2	1
250	14	13	12	11	9	8	7	5	4	3	1
275	15	14	12	11	10	8	7	6	4	3	1
300	16	15	13	12	10	9	7	6	4	3	1

大气压力 480～539mmHg（64.0～71.9kPa），测得的闪点或燃点修正系数 Δt 也可采用式（7-3）计算。

本试验应重复测定两次。在同一操作者重复测定的两个闪点结果小于等于 150℃时，两个闪点结果之差应不大于 4℃；当闪点结果大于 150℃时，两个闪点结果之差应不大于 6℃。同一操作者重复测定的两个燃点结果之差应不大于 6℃。取重复测定的两个闪点结果的算术平均值作为试样的闪点；取重复测定两个燃点结果的算术平均值作为试样的燃点。表 7-7 为沥青闪点和燃点实验记录格式。

表 7-7　沥青闪点和燃点实验记录格式

实验编号	闪点/℃		燃点/℃	
	测定值	平均值	测定值	平均值
1				
2				

7.5　实验思考题

（1）在沥青的各项性能实验中，为什么要严格控制温度等实验条件？

（2）针入度法和黏度计法分别用于测定沥青的何种性质指标？影响针入度测定准确性的因素有哪些？

（3）延度的大小反应了沥青的何种性质？延度试验器的拉伸速度对测试结果有何影响？

（4）沥青软化点实验中所用的液体为何有水和甘油之分？

（5）评定沥青牌号的依据为什么是多方面的？

第三章　土力学与地基工程实验

实验8　土的物理性质实验

8.1　密度实验

8.1.1　实验目的及原理

测定土的密度，以了解土的疏密和干湿状态，供换算土的其他物理性质指标、工程设计以及控制施工质量之用。土的密度是土单位体积的质量，是土的基本物理性质指标之一。土的湿密度 ρ 是指天然状态下单位体积土的质量。根据《土工实验方法标准》(GB/T 50123—2019)，土密度的实验方法一般有环刀法、蜡封法、灌水法和灌砂法等。对于细粒土，宜采用环刀法；对于易破裂和形状不规则的坚硬土，宜采用蜡封法；现场测定粗粒土密度，宜采用灌砂法或灌水法。

该实验属于验证性实验。

本实验针对细粒土采用环刀法。

8.1.2　实验主要设备

环刀，内径，61.8mm ±0.15mm 和 79.8mm ±0.15mm 两种，高度 20mm ±0.016mm，见图8-1；切土刀、刮土刀、调土刀，见图8-2；LP502A 电子天平，称量 500g，感量 0.01g，见图8-3；其他：量程为 150mm 分度值 0.02mm 的游标卡尺、钢丝锯、凡士林、10cm ×10cm 玻璃片等。

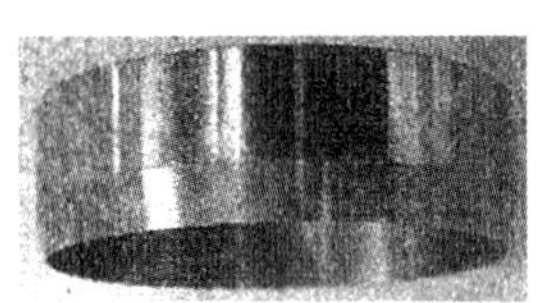

图8-1　环刀

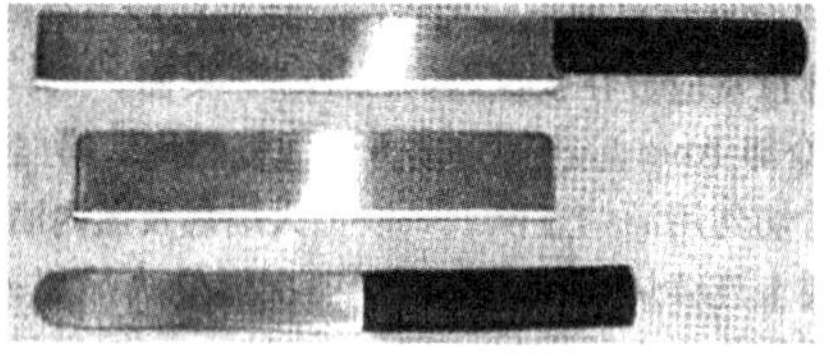

图8-2　切土刀(上)、刮土刀(中)、调土刀(下)

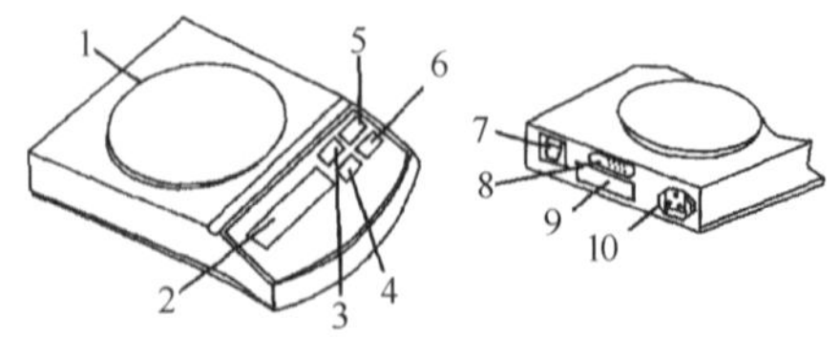

图8-3　LP502A 电子天平

1—秤盘；2—显示窗；3—校准键(c)；4—打印键(P)；5—功能键(N)；6—去皮键；7—电源开关；8—数据输出插座；9—厂牌；10—电源插座

8.1.3　操作步骤

(1) 量测环刀。在环刀内壁涂一薄层凡士林，在天平上称环刀质量 m_1。并用游标卡尺测量环刀高度及直径。

(2) 环刀取土。按工程需要取原状土试样或制备所需状态的扰动土试样。扰动土试样制样可采用方法之一击实法，即按试样要求的干密度、含水率制备湿土试样，将击样击实到所需密度，用推土器推出。将环刀刃口向下放在土样上，将环刀垂直下压，并用切土刀沿环刀外侧切削土样，边压边削至土样高出环刀。然后从环刀中心向边缘切削，将两端余土削去修平(严禁在土面上用力反复涂抹)，然后擦净环刀外壁，将土样两端盖上平滑的玻璃片，以免水分蒸发。切土方式见图 8－4。取剩余的代表性土样测定含水率。

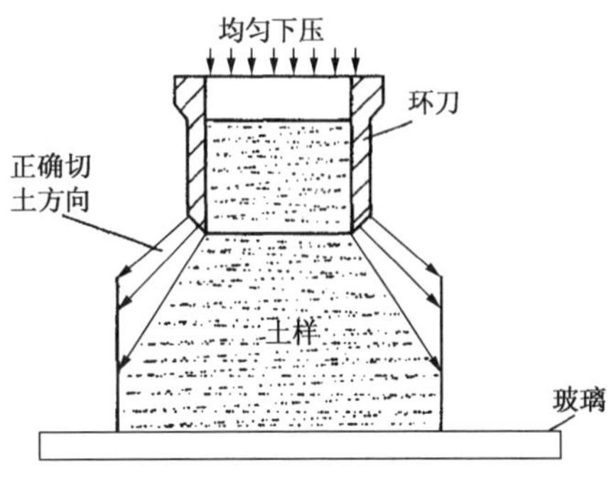

图 8－4　切土方式示意图

(3) 将取好土样的环刀放在预热好的天平上称量，记下环刀与湿土的总质量 m_2。

8.1.4　结果计算评定及实验记录格式

土的湿密度及干密度按下式计算：

$$\rho_0=\frac{m_0}{V}=\frac{m_2-m_1}{V}\quad \rho_d=\frac{\rho_0}{1+0.01w_0} \tag{8-1}$$

式中　ρ_0——土的湿密度，准确至 0.01g/cm³，g/cm³；

ρ_d——土的干密度，g/cm³；

m_0——湿土质量，g；

m_1——环刀质量，g；

m_2——环刀加湿土质量，g；

V——环刀容积，cm³；

w_0——湿土的含水率。

密度实验应进行 2 次平行测定，两次测定的差值绝对值不得大于 0.03g/cm³，取两次实验结果的平均值，否则需要重新实验。密度实验(环刀法)记录格式见表 8－1。

表 8－1　密度实验(环刀法)记录格式

实验编号	环刀质量 m_1/g	环刀＋湿土质量 m_2/g	湿土质量 m_0/g	环刀高度 $\bar{h}$/cm	环刀直径 $\bar{d}$/cm	环刀体积 V/cm³	湿密度 ρ_0/(g/cm³)	含水率 w/%	干密度 ρ_d/(g/cm³)	平均干密度 ρ_d/(g/cm³)
1										
2										

8.1.5　注意事项

(1) 切取试样时，一般不应填补，填补部分不得超过环刀体积的 1%。

(2) 用环刀取土时，为防止土样扰动，应一边削土柱，一边垂直下压，切不可用锤或其他工具将环刀打入土中。

（3）在切取环刀两端多余土样时要迅速细心，尽量保持土样体积与环刀体积一致。

（4）称重时必须擦净环刀外壁的土，否则影响土样的质量。

（5）削平两端多余土样时，应从土样中心向四周呈散射状运刀。

（6）用电子天平秤量质量时，天平必须预热后才可使用。

（7）环刀的刀刃向内倾斜，环刀的内壁直径上下是一样大小。

8.2 含水率实验

8.2.1 实验目的、原理及方法

测定土的含水率，以了解土的含水情况。它是计算土的孔隙比、液性指数、饱和度和其他物理力学性质不可缺少的一个基本指标。含水率反映土湿度的状态，含水率的变化将使土的一系列物理力学性质指标随之而异。这种影响表现在各个方面，如反映在土的稠度方面，使土成为坚硬的、可塑的或流动的；反映在土内水分的饱和程度方面，使土成为稍湿、很湿或饱和的；反映在土的力学性质方面，能使土的结构强度高或低，紧密或疏松，构成压缩性及稳定性的变化。测定含水率的方法有烘干法、酒精燃烧法、炒干法。烘干法是室内实验的标准方法，适用于砂砾土、砂类土、细粒土、有机质土和冻土，一般黏性土都可以采用(土中有机质含量不宜大于干土质量的5%，有机质土中有机质含量在5% ~10%之间，需注明有机质的含量)；酒精燃烧法适用于快速简易测定细粒土的含水率；炒干法适用于砂土及含砾较多的土。

本实验针对细粒土采用《土工试验方法标准》(GB/T 50123—2019)中的烘干法，土的含水率是土在105 ~110℃恒温下烘干至恒量时所失去的水的质量和干土质量的百分比值。

本实验属于验证性实验。

8.2.2 实验主要设备

DHG－9140 电热恒温鼓风干燥箱，见图 8－5；LP 502A 电子天平，称量 500g，感量 0.01g；电子台称 10kg，感量 1g；干燥器，见图 8－6、由铝制成的称量盒。

图 8－5 DHG－9140 电热恒温鼓风干燥箱

图 8－6 干燥器

8.2.3 实验步骤

（1）称量盒质量 m_0，取代表性试样，黏性土为 15 ~30g，砂类土 50 ~100g，砂砾土 2 ~5kg，细粒土、砂类土准确至 0.01g，砂砾土精确到 1g，放入称量盒内，立即盖上盒盖，称湿土加盒总质量 m_1。

(2)打开盒盖，将试样和盒放入 DHG－9140 电热恒温鼓风干燥箱，在 105～110℃的恒温下烘干至恒量。烘干时间与土的类别及取土数量有关。黏土、粉土不得少于 8h；砂类土不得少于 6h；对有机质含量超过干土质量 5%（即 5%～10%）的土，应将温度控制在 65～70℃的恒温下烘至恒量。

(3) 将烘干后的试样和盒取出，盖好盖放入干燥器内冷却至室温，称干土加盒质量 m_2。

(4) 做完烘干前的准备工作后，将自己所用的仪器和桌面清理干净。将盖打开铝盒放入 DHG－9140 电热恒温鼓风干燥箱中准备进行烘干。

8.2.4　结果计算与实验结果评定

含水率按下式计算：

$$w=\frac{m_w}{m_d}=\frac{m_1-m_2}{m_2-m_0}\times 100 \tag{8-2}$$

式中　w——含水率，计算精确至 0.1%，%；

m_w——水的质量，g；

m_d——干土质量，g；

m_0——盒质量，g；

m_1——盒加湿土质量，g；

m_2——盒加干土质量，g。

本实验需对 2 个试样进行平行测定，取其算术平均值，允许平行差值应符合表 8－2 的规定，表 8－3 为含水率实验记录格式。

表 8－2　含水率实验允许平行差值

含水量/%	<10	10～40	>40
允许平行差值/%	±0.5	±1.0	±2.0

表 8－3　含水率实验记录格式

实验编号	盒　号	盒质量 m_0/g	盒加湿土质量 m_1/g	盒加干土质量 m_2/g	水的质量 m_w/g	干土质量 m_d/g	含水率 w_o/%	平均含水率/%

8.2.5　注意事项

(1) 取样时取代表性土样，避免取土样外围的土。

(2) 烘干后试样应放置室温后再称重，以避免天平受热不均影响称量精度，防止热土吸收空气中的水分。

(3) 在实验过程中，称量铝盒质量时都要加盖。

(4) 在做实验过程中，废弃的土样不要直接倒入水池中。

(5) 仪器的使用方法参照附录中的相应仪器的使用方法进行。

8.2.6 思考题

(1) 土的含水率测定方法有几种？各自适用条件是什么？

(2) 土样烘干后能否立即称量？为什么？

(3) 从 DHG－9140 电热恒温鼓风干燥箱中取出烘干后的土样能否不加盖冷却至室温称重？为什么？

(4) 在实验中遇到哪些问题及对本次实验的意见和建议？

8.3 颗粒分析实验

8.3.1 实验目的原理及实验方法

测定干土中各种粒组所占该土总质量的百分数，借以明确颗粒大小分布情况，供土的分类与判断土的工程性质及选料之用。土的颗粒组成在一定程度上反映了土的性质，工程上依据颗粒组成对土进行分类，粗粒土主要是依据颗粒组成进行分类的，细粒土由于矿物成分、颗粒形状及胶体含量等因素，则不能单以颗粒组成进行分类，而要借助于塑性图或塑性指数进行分类。表 8－4 是一种常用的土粒粒组的划分方法。根据《土的工程分类标准》(GB/T 50145—2007)中表 3.0.2 的规定，将土粒粒组先粗分为巨粒、粗粒、细粒，再按颗粒名称分为漂石(块石)、卵石(碎石)、砾粒、砂粒、粉粒和黏粒。

表 8－4　颗粒大小分布情况表(GB/T 50145—2007)

粒组	巨粒/mm		粗粒/mm						细粒/mm	
颗粒名称	漂石(块石)	卵石(碎石)	砾粒			砂　粒				
			粗砾	中砾	细砾	粗砂	中砂	细砂	粉粒	黏粒
粒径 d 的范围	$d>200$	$60<d\leq200$	$20<d\leq60$	$5<d\leq20$	$2<d\leq5$	$0.5<d\leq20$	$0.25<d\leq0.5$	$0.075<d\leq0.25$	$0.005<d\leq0.075$	≤0.005

颗粒分析实验可分为筛析法和密度计法及移液管法。筛析法适用于粒径为 0.075～60mm 的土；密度计法和移液管法适用于粒径小于 0.075mm 的土；若土中粗细兼有，则联合使用筛析法及密度计法或移液管法。

本实验针对砂砾土采用《土工试验方法标准》(GB/T 50123—2019)中颗粒分析实验的筛析法。筛析法是将土样通过各种各种不同孔径的筛子，并按筛子孔径的大小将颗粒加以分组，然后再称量并计算出各个粒组占总量的百分数。

该实验属于验证性实验。

8.3.2 实验主要设备

土样标准筛，见图 8－7，粗筛部分圆孔，最上层为顶盖以下孔径依次 60mm、40mm、20mm、10mm、5mm、2mm；细筛部分，孔径为 2.0mm、1.0mm、0.5mm、0.25mm、0.1mm、0.075mm，底盒；LP502A 电子天平，称量 500g，感量为 0.01g；天平，称量 1kg，感量为 0.1g；ZBSX－92A 震击式标准振筛机及土样标准筛，见图 8－8；DT10K 电子天平，称量 10kg，感量为 1g，见图 8－9；台秤：称量 50kg，分度值 1g；其他：烘箱、量筒、漏斗、带橡皮头研杵的研钵、不锈钢小圆盘、瓷盘、毛刷、木棍等。

图 8－7　土样标准筛

图 8-8　ZBSX-92A 震击式标准振筛机及土样标准筛

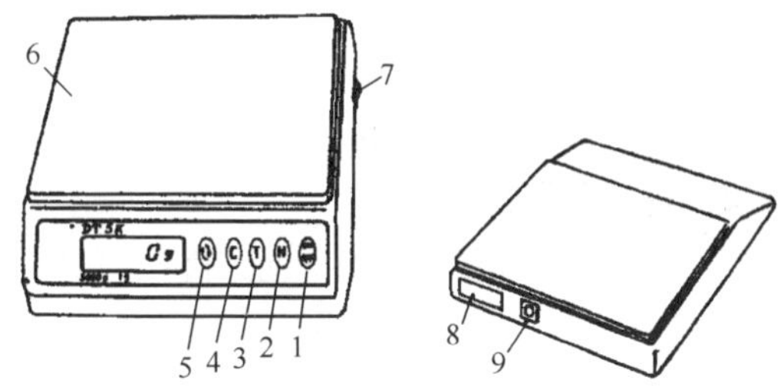

图 8-9　DT10K 电子天平

1—开机键；2—功能键 N；3—去皮键 T；4—校准键 C；5—量值转换键↑↓；6—秤盘；7—电源开关；8—厂牌；9—电源插头

8.3.3　实验步骤

(1) 从风干、松散的土样中，用四分法按下列规定取出代表性试样，称量准确至 0.1g。当试样质量多于 500g 时，准确至 1g。砂砾土的筛析按(2)~(5)条步骤进行，含黏土粒的砂砾土按(6)~(9)条步骤进行。

① 粒径小于 2mm 的土取 100~300g；

② 最大粒径小于 10mm 的土取 300~1000g；

③ 最大粒径小于 20mm 的土取 1000~2000g；

④ 最大粒径小于 40mm 的土取 2000~4000g；

⑤ 最大粒径小于 60mm 的土取 4000g 以上。

(2) 将试样过 2mm 筛，分别称量筛上和筛下土质量。当筛下的试样质量小于试样总质量的 10% 时，不作细筛分析；当 2mm 筛上的试样质量，小于试样总质量的 10%，则可省略粗筛筛析。

(3) 取 2mm 筛上试样倒入依次叠好的粗筛的最上层筛中；取 2mm 筛下试样倒入依次叠好的最上层细筛中，进行筛析。细筛宜放在振筛机上震摇，震摇时间一般为 10~15min。

(4) 由最大孔径筛开始，再按由上而下的顺序将各筛取下，在白纸上方轻叩摇晃筛，当仍有土粒漏下时，应继续轻叩摇晃筛，直至无土粒漏下为止，漏下的土粒全部放入下级筛内。称各级筛上及底盘内试样的质量，应准确至 0.1g。

(5) 筛后各级筛上和筛底上试样质量的总和与筛前试样总质量的差值，不得大于试样总质量的 1%。

(6) 对含有黏土粒的砂砾土按第(1)条取样后，将土样置于盛有清水的瓷盘中，用搅棒搅拌，使试样充分浸润和粗细颗粒分离。

(7) 将浸润后的混合液过 2mm 细筛，边搅拌边冲洗边过筛，直至筛上仅留大于 2mm 的土粒为止。然后将筛上的土烘干称量，准确至 0.1g，然后按照(2)~(4)条的规定进行粗筛筛析。

(8)用带橡皮头的研杵研磨粒径小于 2mm 的混合液，待稍沉淀，将上部悬液过 0.075mm 筛。再向瓷盆加清水研磨，静置过筛。如此反复，直至盆内悬液澄清。最后将全部土料倒在 0.075mm 筛上，用水冲洗，直至筛上仅留粒径大于 0.075mm 的净砂为止。

(9)将粒径大于 0.075mm 的净砂烘干称量，准确至 0.01g，然后按照(3)～(4)条规定进行细筛筛析。

(10) 当粒径小于 0.075mm 的试样质量大于试样总质量的 10% 时，应按标准密度计法或移液管法测定小于 0.075mm 的颗粒组成。

8.3.4 计算与制图

(1) 计算小于某粒径的试样质量占试样总质量的百分数：

$$X=\frac{m_A}{m_B}\times d_x \tag{8-3}$$

式中 X——小于某粒径的试样质量占试样总质量的百分数,%；

m_A——小于某粒径的试样质量，g；

m_B——当细筛分析时所取的试样质量(粗筛分析时则为试样总质量)，g；

d_x——粒径小于 2mm 或粒径小于 0.075mm 的试样质量占试样总质量的百分比，如试样中无大于 2mm 粒径，在计算粗筛分析时 $d_x=100\%$。

(2) 绘制颗粒大小分布曲线，以小于某粒径的试样质量占试样总质量的百分比为纵坐标，以颗粒粒径为横坐标在单对数坐标图上绘制土的颗粒大小分布曲线，见图 8－10。然后求出各粒组的颗粒质量的百分数。

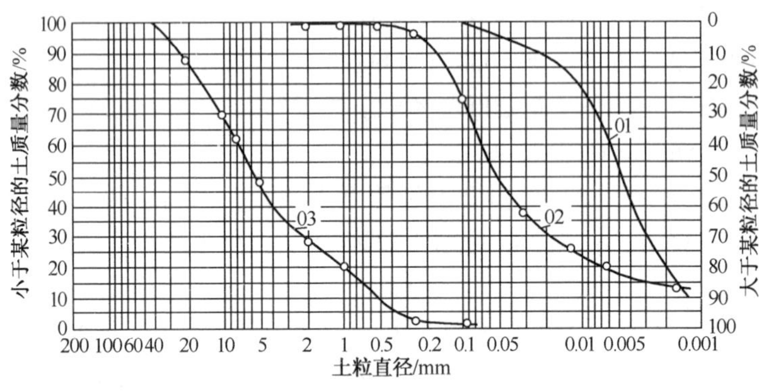

图 8－10 土的颗粒大小分布曲线

(3) 计算级配指标：

$$C_u=\frac{d_{60}}{d_{10}} \tag{8-4}$$

$$C_c=\frac{d_{30}^2}{d_{10}\cdot d_{60}} \tag{8-5}$$

式中 C_u——不均匀系数，无单位；

C_c——曲率系数，无单位；

d_{60}——颗粒大小分布曲线上的某粒径，小于该粒径的土含量占总质量的 60%，也称为限制粒径，mm；

d_{10}——颗粒大小分布曲线上某颗粒小于该粒径的土含量占总质量的10%，也称为有效粒径，mm；

d_{30}——小于该粒径的土含量占总质量的30%，也称为中值粒径，mm。

工程上对土的级配是否良好可按如下规定：对于级配连续的土 $C_u>10$，级配良好；反之，$C_u<5$，属于均粒土。对于级配不连续的土，级配曲线呈台阶状，采用单一指标 C_u 难以全面有效的判断土的级配好坏，则需同时满足 $C_u>5$ 和 $C_c=1\sim3$ 两个条件时，才为级配良好，反之则级配不良。工程中用级配良好的土作为路堤、堤坝的填土用料时，比较容易获得较大的密实度。

从曲线的形态上，可评定土颗粒大小的均匀程度。如曲线平缓表示粒径大小相差悬殊，颗粒不均匀，级配良好(曲线02)；反之则颗粒均匀，级配不良(曲线01、03)。表8－5为土的粒度成分示例。

表8－5　土的粒度成分示例　　%

粒径/mm	10～2	2～0.05	0.05～0.005	<0.005	d_{60}	d_{10}	d_{30}	C_u	C_c
01	0	99	1	0	0.65	0.11	0.15	1.5	1.24
02	0	66	30	4	0.115	0.012	0.044	9.6	1.40
03	44	56	0	0	3.00	0.15	0.25	20	0.14

8.3.5　实验记录格式

表8－6为筛析法实验记录格式。

表8－6　筛析法实验记录格式

风干土质量/g		小于0.075mm的土占总土质量百分数/%		
2mm筛上土质量/g		小于2mm的土占土总土质量百分数 d_x/%		
2mm筛下土质量/g		细筛分析时所取试样质量/g		
筛孔径/mm	累计留筛土质量/g	小于该孔径土质量/g	小于该孔径土质量百分数/%	小于该孔径总土质量百分数/%
60.0				
40.0				
20.0				
10.0				
5.0				
2.0				
1.0				
0.5				
0.25				
0.075				
底盘				

8.3.6 注意事项

(1) 实验前必须检查筛的顺序是否按孔径的大小顺序放好，并检查筛孔上有无土粒堵塞，如有用手轻敲筛侧边使土粒落下，请勿用指甲抠筛眼儿，否则会改变其直径，使实验误差增大。

(2) 在实验过程中严禁任何某个筛中一次装超过500g的实验土样，否则容易压坏筛网。

(3) 在操作过程中，应小心勿使土粒损失。

8.3.7 思考题

(1) 什么是颗粒分析？颗粒大小分布曲线的陡缓程度说明什么问题？

(2) 实验室进行颗粒分析的方法有几种？各自的适用条件是什么？

(3) 为什么要用“四分法”取土样？

(4) 在筛析法中，需要在ZBSX-92A震击式标准振筛机上筛析几分钟？

(5) 在筛析法进行颗粒分析时，如何保证实验精度？

8.4 土粒比重实验

8.4.1 实验目的、原理及方法

测定土粒比重，为计算土的孔隙比、饱和度以及土的其他物理力学实验(如颗粒分析的密度计法实验、固结实验等)提供必要的数据。土粒比重是土的物理性质的基本指标之一。

根据土粒粒径不同，土粒比重实验可采用密度瓶法、浮称法或虹吸筒法。比重瓶法适用于粒径小于5mm的土，浮称法适用于粒径不小于5mm的土且其中大于20mm的颗粒含量小于10%，虹吸筒法适用于粒径不小于5mm的土且其中大于20mm的颗粒含量不小于10%。

本实验针对粒径小于5mm的土采用《土工试验方法标准》(GB/T 50123—2019)中比重瓶法。土粒比重是土粒在105~110℃温度下烘至恒量时的质量与同体积4℃时纯水质量的比值。

本实验属于验证性实验。

8.4.2 实验主要设备

比重瓶，容量100mL或50mL，瓶盖有一毛细管，分短颈和长颈两种，本实验用短颈比重瓶，见图8-11；sc404-2.4电热砂浴器，见图8-12；LP203A电子天平，称量200g，分度值0.001g，见图8-13；DK-S22电热恒温水浴锅，恒温度为5~99℃，分度值为0.5℃，见图8-14；量筒，见图8-15；筛子和漏斗，见图8-16；其余如温度计、电热恒温鼓风干燥箱、纯水、筛子、漏斗、滴管等。

图8-11 短颈比重瓶

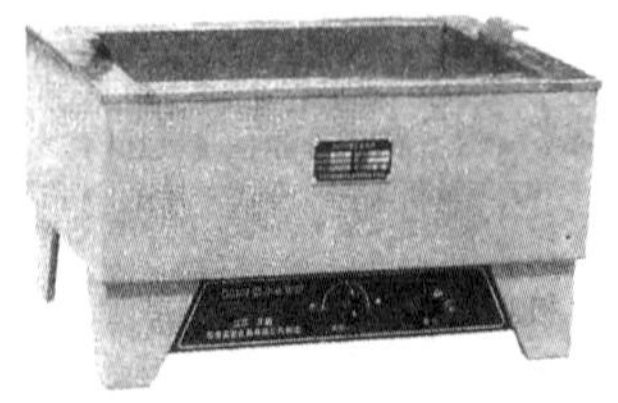

图8-12 sc404-2.4电热砂浴器

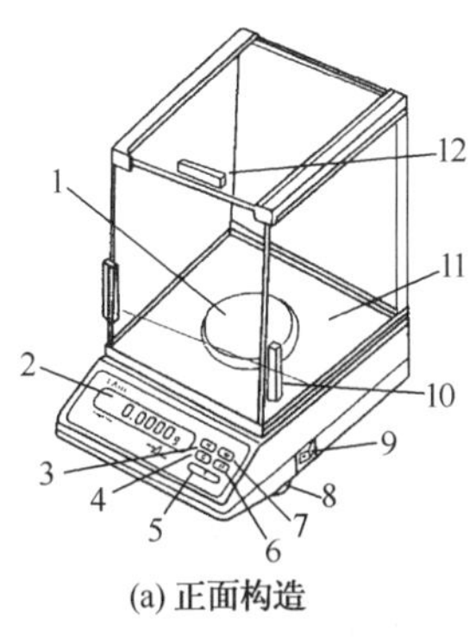

(a) 正面构造

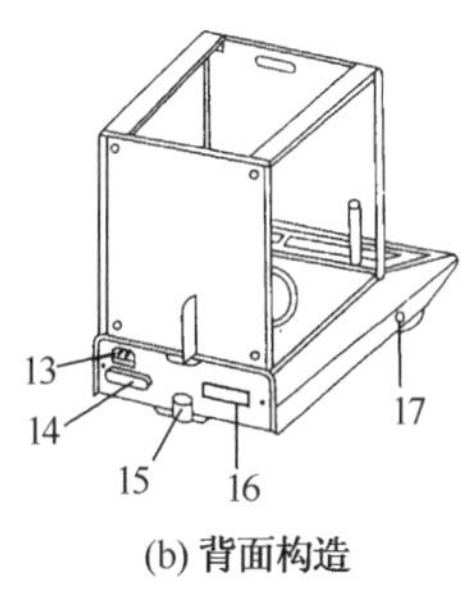

(b) 背面构造

图 8－13　LP203A 电子天平

1—秤盘组件；2—称重显示窗；3—计数键；4—校正键；5—去皮键；6—量值转换键；7—开机键；8—水平调正脚；9—电源开关；10—左右移门；11—面盖板；12—顶面移门；13—电源插座(带保险丝)；14—R232 接口；15—水准器；16—厂牌；17—程序调用开关

图 8－14　DK－S22 电热恒温水浴锅

图 8－15　量筒

图 8－16　筛子和漏斗图片

8.4.3　实验步骤

(1) 取样称量。将 100mL 比重瓶烘干，称粒径小于 5mm 的烘干试样 m_0 约 15g(用 50mL 的密度瓶时，称粒径小于 5mm 的烘干试样 12g) 装入密度瓶内，称试样和瓶总质量，精确至 0. 001g。

(2) 煮沸排气。为排出土中的空气，将已装有干土的比重瓶，注纯水至比重瓶一半处，摇动比重瓶，并将瓶放在 sc404－2. 4 电热砂浴器上煮沸。煮沸时间：自悬液沸腾时算起，砂类土不应少于 30min，黏土及粉土不应少于 1h。煮沸后应注意调节砂浴温度不使土悬液溢出瓶外。

(3) 注水称量。将煮沸并冷却的纯水注入有试样悬液的比重瓶。当用长颈比重瓶时注纯水至略低于瓶的刻度处；当用短颈比重瓶时将纯水注满，塞紧瓶塞，多余水分自瓶塞毛细管中溢出，将比重瓶置于恒温水槽内至温度稳定，且瓶内上部悬液澄清，取出比重瓶将瓶外水分擦干后称瓶、水、土的总质量 m_2，精确至 0. 001g。

(4)测取瓶内水的温度，准确至 0. 5℃。根据测得的温度，从比重瓶的校准过程绘制的温度与瓶、水总质量关系曲线(图 8－17)中查得各实验温度下瓶、水的总质量 m_1，或做实验找出相同温度下瓶加水质量。

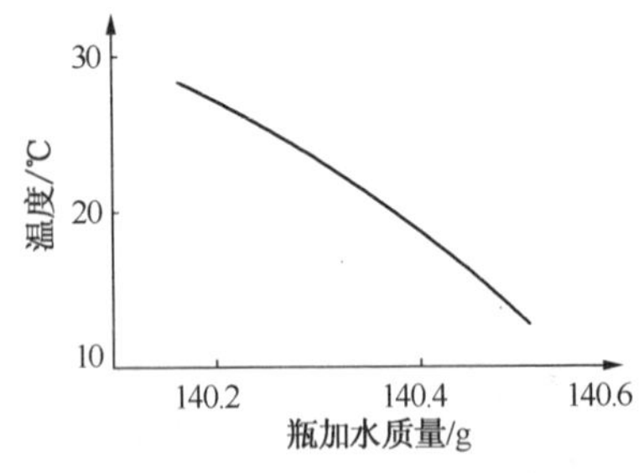

图 8－17　温度与瓶、水总质量关系曲线

(5) 当土粒中含有易溶盐、亲水性胶体或有机质时，测定其土粒比重应用中性液体代替纯水，用真空抽气法代替煮沸法，排除土中空气。抽气真空度应接近一个大气压负压值（－98kPa），抽气时间为 1～2h，直至悬液内无气泡溢出时为止，其余步骤与比重法一致。

8.4.4　计算与结果评定及实验记录格式

土粒比重按下式计算：

$$G_s = \frac{m_0}{m_1 + m_0 - m_2} G_{wt} \tag{8-6}$$

式中　G_s——土粒比重，精确至 0.01，无单位；

m_0——干土质量，g；

m_1——瓶、水质量，可查瓶、水质量关系曲线（由实验室提供），g；

m_2——瓶、水、土质量，g；

G_{wt}——T℃时纯水的比重，实测称量时精确至 0.001，不同温度时水的比重可从附录 5 中查出，采用中性液体时 G_{wt} 更换为中性液体的比重 G_{wt}。

本实验需进行两次平行测定，其最大平行差值为 ±0.02，取其算术平均值。表 8－7 为比重实验记录格式。

表 8－7　比重实验记录格式（比重瓶法）

实验编号	比重瓶号	温度/℃	纯水比重 G_{wt}	瓶质量/g	瓶、干土总质量/g	干土质量 m_0/g	瓶、水、土总质量 m_2/g	瓶、水总质量 m_1/g	与干土同体积的液体质量 $(m_0+m_1-m_2)$/g	土粒比重 G_s	平均值
1											
2											

8.4.5　实验注意事项

(1) 第一次比重瓶加水半瓶，过多煮开的时间过长，过少则容易将瓶内水烧干。

(2) 第二次比重瓶恒温前的水位要加满至水能从瓶塞的毛细管中溢出。

(3) 温度与瓶、水总质量关系曲线可由实验室人员提供，有兴趣的同学可以按照步骤来做，比重瓶的校准参照附录 44 进行。

8.4.6　思考题

(1) 土粒比重实验是根据什么基本原理来进行实验的？

(2) 实验中为什么土溶液要进行煮沸或抽气？

(3) 实验中碰到哪些问题及对本次实验的意见和建议?

8.5　击实实验

8.5.1　实验目的

用标准的击实方法，测定试样在一定击实次数下或某种压实功能下的土的密度与含水率的关系，从而确定土的最大干密度与最优含水率。

击实实验分轻型击实和重型击实。轻型击实实验的单位体积击实功约为 592.2kJ/m^3，重型击实实验的单位体积功约为 2684.9kJ/m^3。土样粒径应小于 20mm。

本实验针对粒径小于 5mm 的黏性土采用《土工试验方法标准》(GB/T 50123—2019)中击实实验方法，仪器采用轻型击实仪。本实验属于综合性实验。

8.5.2　实验仪器设备

(1) 击实仪，由击实筒(图 8－18)、底板、套筒和击锤(图 8－19)组成。击实仪分为重型击实仪和轻型击实仪。

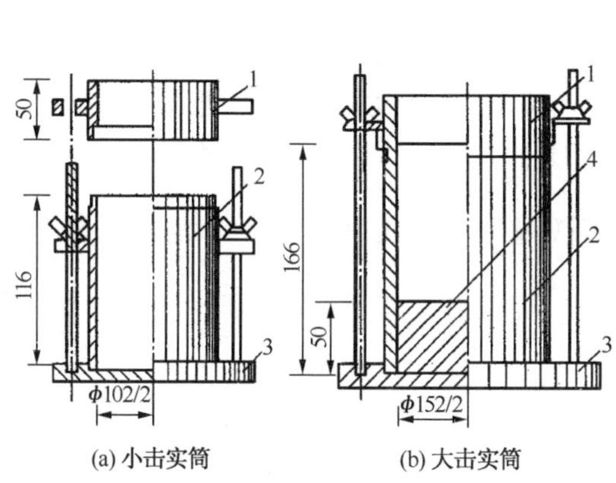

图 8－18　击实筒

1—套筒；2—击实筒；3—底板；4—垫块

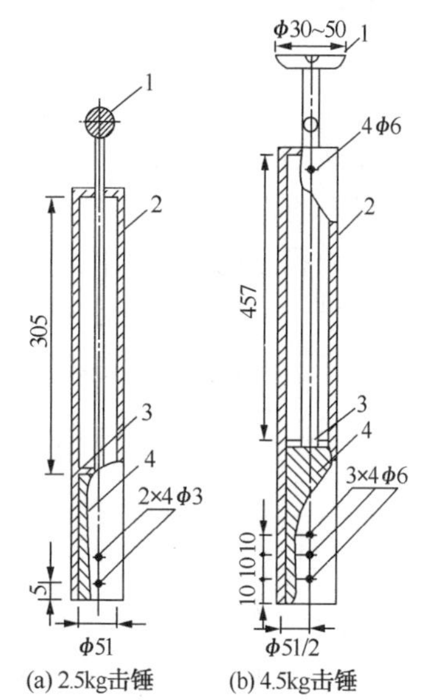

图 8－19　击锤

1—提手；2—导筒；3—硬橡皮垫；4—击锤

(2) LP502A 电子天平，称量 500g，感量 0.01g。

(3) DT10K 电子天平，称量 10kg，感量 1g。

(4) 孔径为 20mm、5mm 的土样标准筛。

(5) 试样推出器，有手动液压脱模器(图 8－20)、DTM－150 电动脱模器(图 8－21)。

(6) 其他有 DHG－9140 电热恒温鼓风干燥箱、喷水设备、碾土设备、盛土器、削土刀和保湿设备(干燥器)等。

图 8－20　TYT－3 手动液压脱模器

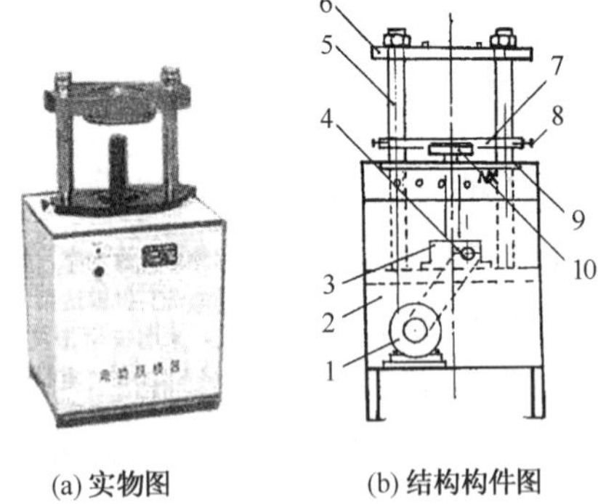

(a) 实物图　　(b) 结构构件图

图 8－21　DTM－150 电动脱模器

1—电机；2—动力柜；3—动力座；4—手动摇把插孔；5—导柱；6—上托盘；7—下托盘；8—调整螺钉；9—止动板；10—推动座

8.5.3　实验操作步骤

试样制备分为干法制备和湿法制备。

(1) 干法制备。用四分法取代表性土样 20kg(大筒约为 50kg)，放在橡皮板上用木碾碾散，也可用碾土器碾散，过 5mm(重型过 20mm)筛，将筛下土样拌匀，并测定土样的风干含水率。湿法制备，取天然含水率的代表性土样 20kg(大筒为 50kg)碾碎、过 5mm(重型过 20mm)筛，将筛下土样拌匀，并测定土的天然含水率。本实验采用干法制备。

(2) 根据土的塑限预估最优含水率，按依次相差约 2% 的含水率制备一组(不少于 5 个)试样，轻型击实中 5 个含水率中应有 2 个含水率大于塑限，2 个含水率小于塑限，1 个含水率接近塑限。并按下式计算应加的水量：

$$m_w = \frac{m_0}{1+0.01w_0} \times 0.01(w_1 - w_0) \tag{8-7}$$

式中　m_w——制备试样所需加水质量，g；

m_0——湿土(或风干土)质量，g；

w_0——湿土(或风干工)含水率,%；

w_1——制样要求的含水率,%。

(3) 将一定量的土样平铺于不吸水的盛土盘内(轻型击实取土约 2～5kg)，按预定含水率用喷水设备往土样上均匀喷洒所需加水量，拌匀并装入塑料袋内或密封于盛土器内静置备用。静置的时间分别为：高液限黏土不得少于 24h，砂土的润湿时间可酌情缩短，但不应少于 12h。

(4) 实验仪器检查。将击实仪平稳置于刚性基础上，击实筒与底板连接好，安装好套筒，在击实筒内壁和底板涂一薄层润滑油。检查仪器各部件及配套设备的性能是否正常，并做好记录。

(5) 称量并击实。轻型击实法从制备好的试样中称取 2.5kg，分 3 层倒入击实筒内并将土面整平分层击实，每层 25 击，每层高度宜相等；两层交接面处的土应刨毛；手工击实时应保证使击锤自由铅直下落，锤击点必须均匀分布于土面，机械击实时，可将定数器拨到所需击数，击实完成时，超出击实筒顶的试样高度应小于 6mm。重型击实称取试样为 5kg，分 5 层击，每层 56 击，若分三层每层 94 击。

(6) 卸下套筒，用直刮刀修平击实筒顶部的试样，拆除底板，如试样底面超出筒外，亦应修平。擦净筒外壁称量，准确至1g，并计算试样湿密度。

(7) 推出试样。用脱模器从击实筒内推出试样，取2个代表性土样(细粒土为15～30g，含粗粒土为50～100g)，平行测定土的含水率，称量准确至0.01g。两个含水率的最大允许差值应为±1%。

(8) 按上述(5)～(7)的操作步骤对其他含水率的土样进行击实。

8.5.4 计算与制图

(1) 计算击实后各试样的含水率：

$$w = \left(\frac{m_0}{m_d} - 1\right) \times 100 \tag{8-8}$$

式中　w——某点土的含水率,%；

m_0——湿土质量，g；

m_d——干土质量，g。

(2) 计算击实后各试样的干密度ρ_d，计算精确至0.01g/cm^3：

$$\rho_d = \frac{\rho_0}{1 + 0.01w} \tag{8-9}$$

式中　ρ_d——土的干密度，g/cm^3；

ρ_0——土的湿密度，g/cm^3；

w——某点土的含水率,%。

(3) 计算土的饱和含水率：

$$w_{sat} = \left(\frac{\rho_w}{\rho_d} - \frac{1}{G_s}\right) \times 100 \tag{8-10}$$

式中　w_{sat}——土的饱和含水率,%；

ρ_w——水的密度，g/cm^3；

ρ_d——土的干密度，g/cm^3；

G_s——土粒比重，无单位。

(4) 计算土的饱和含水率，以干密度为纵坐标，含水率为横坐标，绘制干密度与含水率的关系曲线，即击实曲线，见图8－22。曲线峰值点的纵、横坐标分别为击实土的最大干密度和最优含水率。如果曲线不能得出峰值点，应进行补点实验，土样不宜重复使用。

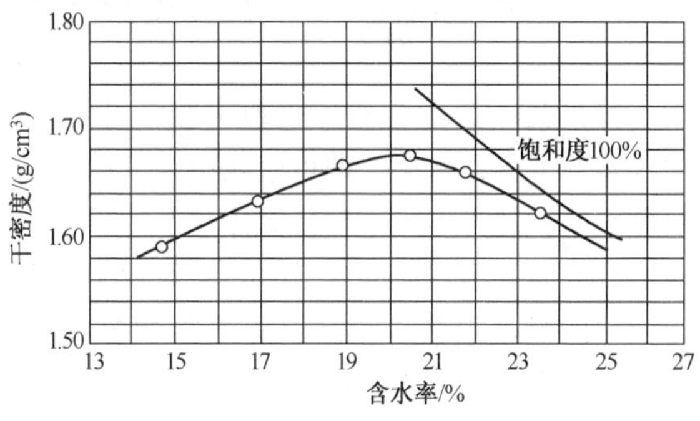

图8－22　击实曲线

（5）表8-8为击实实验记录格式。

表8-8 击实实验记录格式

实验编号	干密度/(g/cm³)					含水率/%							
	筒+土质量/g	筒质量/g	湿土质量 m/g	湿密度 ρ_0/(g/cm³)	干密度 ρ_d/(g/cm³)	盒号	盒+湿土质量/g	盒加干土质量/g	盒质量/g	湿土质量 m/g	干土质量 m_d/g	含水率 w/%	平均含水率/%
最大干密度 = g/cm³				最优含水率 = %					饱和度 = %				
大于5mm颗粒含率 = %				校正后最大干密度 = g/cm³					校正后最优含水率 = %				

8.5.5 注意事项

（1）制备试样时必须使土样中含水率分布均匀。

（2）在实验过程中一般不得重复使用已用过的土样。

8.6 界限含水率实验

8.6.1 实验目的、原理及实验方法

实验目的是测定黏性土的液限 w_L、塑限 w_P，计算塑性指数 I_P、液性指数 I_L，给土分类定名，供计算、施工使用。塑性指数能综合反映土的矿物成分和颗粒大小的影响，常作为工程上对黏性土分类的依据。

黏性土的含水率不同，分别处于流塑状态、软塑状态、可塑状态、硬塑状态和坚硬状态。液限是细粒土呈可塑状态的上限含水率，即可塑状态和流动状态的界限含水率；塑限是细粒土呈可塑状态的下限含水率，即可塑状态与半固体状态的界限含水率。液塑限联合测定法是根据圆锥仪的圆锥入土深度与其相对应的含水率在双对数坐标上具有线性关系的特性来进行的。利用圆锥质量为76g的液塑限联合测定仪测得的土在不同含水率时的圆锥入土深度，并绘制其直线关系图，在图上查得圆锥下沉深度为17mm所对应的含水率即为液限。圆锥下沉深度为10mm所对应的含水率即为10mm液限。

对于土的液塑限实验，目前很多实验室采用液塑限联合测定法，该法适于粒径小于

0.5mm 以及有机质含量不大于干土质量 5% 的土。对土的塑限实验，目前国内外均采用搓滚塑限法(图 8－23)；对土的液限实验，目前国内外主要采用瓦氏圆锥仪法和碟式仪法(图 8－24)。

本实验针对粒径小于 0.5mm 及有机质含量不超过干土质量 5% 的土，采用《土工试验方法标准》(GB/T 50123—2019) 中液塑限联合测定法，属于综合性实验。

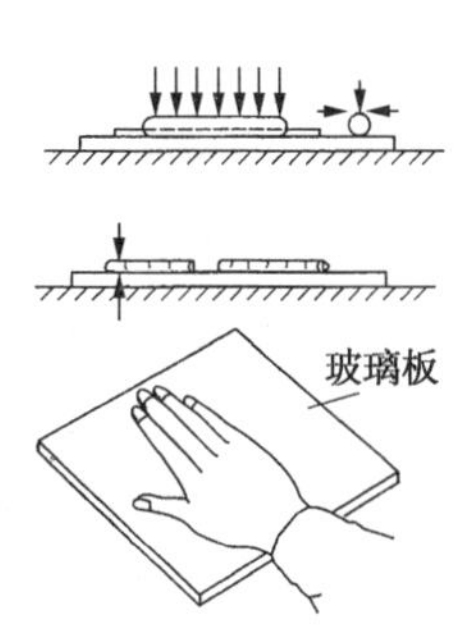

图 8－23 搓滚塑限法

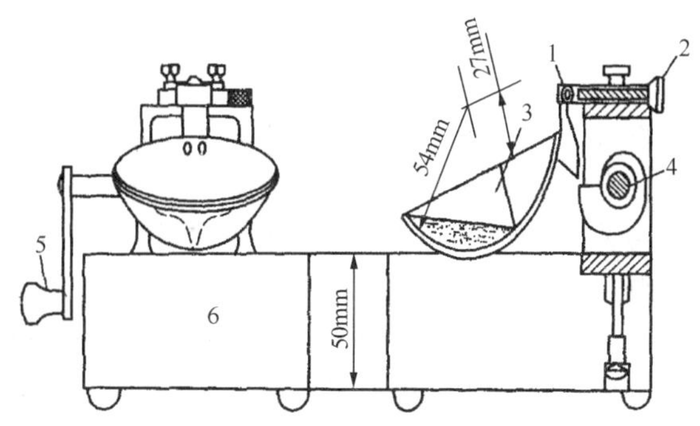

图 8－24 碟式液限仪

1—销子；2—支架；3—土碟；4—蜗轮；5—摇柄；6—底座

8.6.2 仪器设备

GYS－2 型光电式液塑限联合测定仪，见图 8－25，包括带标尺的圆锥仪、电磁铁、显示屏、控制开关和试样杯。圆锥仪锥体质量为 76g，锥角为 30°。读数显示采用光电式。

试样杯，内径 40mm，高 30mm，刻度范围 0～22mm。

LP502A 电子天平，称量 500g，感量 0.01g。

其他：DHG－9140 电热恒温鼓风干燥箱、干燥器、铝盒、调土刀、孔径 0.5mm 的筛、凡士林、喷水壶等。

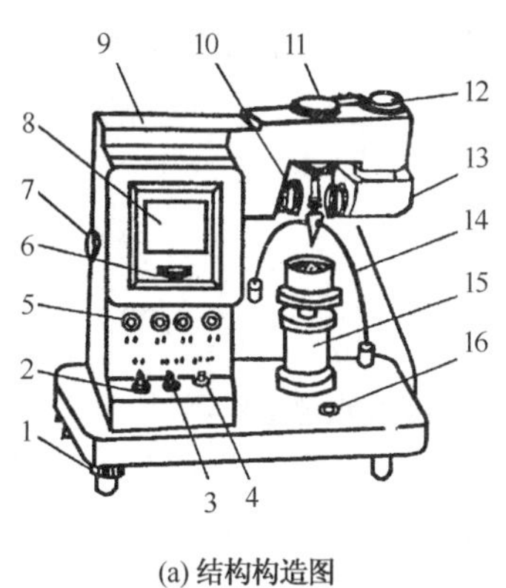

(a) 结构构造图

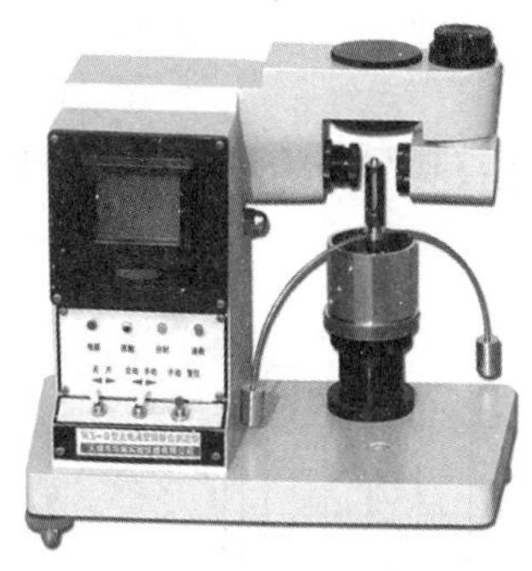

(b) 实物图

图 8－25 GSY－2 型光电式液塑限联合测定仪

1—水平调节螺丝；2—电源开关；3—功能开关；4—复位按钮；5—指示灯；6—零线调节旋钮；7—反射镜调节螺杆；8—屏幕；9—机壳；10—物镜调节座；11—电磁装置；12—光源调节座；13—光源装置；14—圆锥仪；15—升降台；16—水准泡

8.6.3 操作步骤

液塑限联合实验，宜采用天然含水率的土样制备试样，也可用风干制备试样。当试样中含有粒径大于 0.5mm 的土粒和杂物时，应过 0.5mm 筛。

(1) 土样制备。当采用天然含水率的土样时，取代表性土样 250g，然后分别按接近液限、塑限和二者之间状态制备不同稠度的土膏，静置湿润。静置时间可视原含水量的大小而定。当采用风干土样时，取过0.5mm筛的代表性土样约200g，分成3份，分别放入3个盛土皿中，加入不同数量的纯水，使分别接近液限、塑限和二者中间状态的含水量，调成均匀土膏，然后放入密封的保湿缸中，静置24h。

（2）装入土杯。将制备好的土膏用调土刀调拌均匀，填入试样杯中，填样时不应留有空隙，较干的试样应充分揉搓，密实地填入试样杯中。填满后刮平表面，随即将试样杯放在仪器升降座上。

（3）接通GYS－2型光电式液塑限联合测定仪电源，将仪器调平，仪器水平时，仪器底座上面的水准泡处于中间的位置。取圆锥仪，在锥体上涂一薄层凡士林，插上仪器电源，将电源键拌至右手边“开”的位置，仪器的电源指示灯亮，然后将圆锥仪放入“电磁装置”下，使电磁铁吸稳圆锥仪。

（4）测量下沉深度。左右旋调GYS－2型光电式液塑限联合测定仪显示屏下的旋钮，使屏幕上最上方的长准线初读数为零，初读数不容易调零的记长准线的初始读数。将GYS－2型光电式液塑限联合测定仪电源键右边的按钮扳到“自动”挡，向右旋调节升降座旋钮，使升降座上升，当圆锥仪锥尖刚好接触试样表面时，圆锥即下落并沉入试样内，经5s后仪器发出“长鸣声”提示，此时按一下“复位”键，立即在屏幕上读最长线对应的读数即圆锥下沉深度。

（5）取出试样杯，挖除锥尖入土处的凡士林，取锥体附近试样不少于10g以上的试样2个，按照含水率的方法测定含水率。

（6）按以上(2)～(5)的步骤，测试其余2个试样的圆锥下沉深度和含水量。原则上液塑限联合测定应不少于3点(本实验由于时间有限仅测3点，圆锥入土深度要求3～4mm，7～9mm，15～17mm之间各一个试样)

（7）实验结束，扶住圆锥仪后，将仪器上的电源按钮扳向“关”的一边，此时圆锥仪自动下落扶住并拿下圆锥仪，然后将电源插座接头拔下，将仪器铜盒和仪器主机清理干净，圆锥仪放好。

8.6.4 计算制图与结果评定及实验记录格式

（1）计算含水率：

$$w_0 = \left(\frac{m_0}{m_d} - 1\right) \times 100 \tag{8-11}$$

式中 w_0——土的天然含水率,%；

m_d——干土质量，g；

m_0——湿土质量，g。

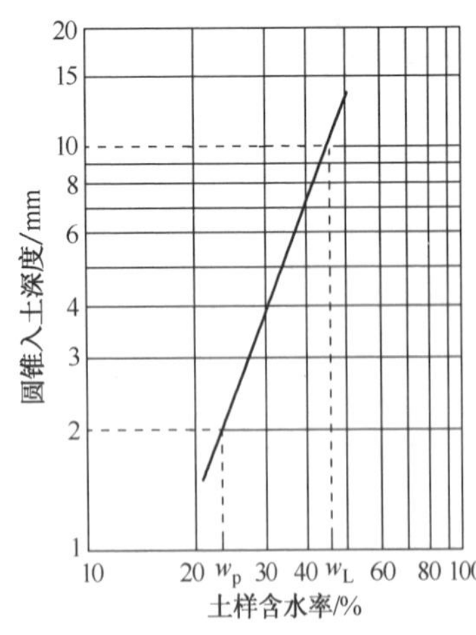

图8－26 圆锥入土深度与含水率关系曲线

（2）绘制圆锥入土深度 h 与含水率 w 的关系曲线。

以含水率为横坐标，圆锥下沉深度为纵坐标，在双对数纸上(图8－26)绘制 $h \sim w$ 的关系曲线。各下沉深度对应的含水率三点应连成一条直线；当三点不在一直线上，通过高含水率的点分别和其余两点连成两条直线，在圆锥下沉深度为2mm处查得相应的2个含水率，当两个试样含水率的差值小于2%，取两点含水率平均值与高点含水率的点连成一直线。当两个含水率的差值大于或等于2%时，应重做实验。

(3) 确定液限、塑限

在圆锥下沉深度 h 与含水率 w 关系图上，圆锥下沉深度为17mm所对应的含水率即为液限 w_L，查得下沉深度为10mm所对应的含水率为10mm液限；查得下沉深度为2mm所对应的含水率为塑限 w_P，以百分数表示，准确至0.1%。

(4) 计算塑性指数和液性指数

$$I_P = (w_L - w_P) \tag{8-12}$$

$$I_L = \frac{(w_0 - w_P)}{I_P} \tag{8-13}$$

式中　w_L——土的液限,%；

w_P——土的塑限,%；

I_P——塑性指数,%；

I_L——液性指数，计算精确至0.01，无单位。

(5) 确定土的名称

《建筑地基基础设计规范》(GB 50007—2011)规定，黏性土的分为黏土和粉质黏土，其标准见表8-9。黏性土根据液性指数可划分为坚硬、硬塑、可塑、软塑及流塑五种软硬状态，其划分标准见表8-10。液塑限联合测定实验记录格式见表8-11。

表8-9　黏性土的分类

土的名称	黏　土	粉质黏土
塑性指数 I_P	$I_P > 17$	$10 < I_P \leq 17$

表8-10　黏性土的状态

状　态	坚　硬	硬　塑	可　塑	软　塑	流　塑
液性指数	$I_L \leq 0$	$0 < I_L \leq 0.25$	$0.25 < I_L \leq 0.75$	$0.75 < I_L \leq 1.0$	$I_L > 1.0$

表8-11　界限含水率实验记录格式

实验编号						
圆锥下沉深度/mm						
盒　号						
盒质量/g						
盒+湿土质量/g						
盒+干土质量/g						
湿土质量/g						
干土质量/g						
水的质量/g						
含水率/%						
平均含水率/%						
液限 ω_L/%						
塑限 ω_P/%						
塑性指数 I_P/%						
液性指数 I_L						
土的名称						

8.6.5 注意事项

（1）拿下圆锥仪时，必须首先右手扶住圆锥仪，再用左手将电源按键扳向“关”的一边拿下圆锥仪，切不可先将电源键按向“关”的一边再拿下圆锥仪，因为关掉电源后电磁装置没有磁性，则圆锥仪自由落在升降座上，易砸坏或折断锥尖。

（2）目前各个行业不同规范中锥体质量和下沉深度尚未统一。《土工实验方法标准》（GB/T 50123—2019）采用锥体质量76g，入土深度有10mm和17mm两种液限标准；《公路土工实验规程》（JTGE 40—2007）中界限含水率用的是100g锥，入土深度20mm；《公路桥涵地基与基础设计规范》（JTGD 63—2007）中用76g锥；《建筑地基基础设计规范》（GB 50007—2011）确定黏性土承载力标注时按10mm液限计算，水利部门普遍采用76g锥、入土深度17mm液限和100g锥、入土深度20mm两种液限标准。

（3）在实验过程中，若使土变干些，只可在空气中晾干或用吹风机冷风吹干，为加速水分蒸发，可以用调土刀搅拌或用手揉搓，绝不能加干土或用烈火烘烤。

（4）若试样需重调含水率时需将已做过测定的与锥尖接触部分的土样去除掉。

8.6.6 思考题

（1）什么是土的界限含水率？土有几种界限含水率？其物理意义是什么？

（2）拿下圆锥仪时为什么要手先扶住圆锥仪才可关电源？

（3）能否用电吹风中的热风将土中的含水率降低？

（4）为什么在液塑限联合测定法中，圆锥入土深度宜为3～4mm、7～9mm、15～17mm？

（5）在重新调整含水率时，为什么要把已做过下沉深度测定的与锥尖接触的部分土样去掉？

（6）为什么下沉前锥尖要刚好与土样表面接触？

（7）界限含水率实验适用于什么土？

（8）w_0 为土的天然状态下含水率，取得土样后需立即测试吗？

实验9 土的力学性质实验

9.1 固结实验

9.1.1 实验目的、原理及实验方法

本实验的目的是测定试样在侧限与轴向排水条件下的压缩变形 Δh 和荷载 P 的关系、孔隙比和压力的关系、变形和时间的关系，以便计算土的单位沉降量，压缩系数 a、压缩指数 C_c、压缩模量 E_s、固结系数及原状土的先期固结压力等。

实验原理：土的压缩性主要是由于孔隙中水和气向外排出引起孔隙体积缩小产生的，由于水和气的排出不是瞬时完成的，而是随时间发展逐渐趋于稳定，因此土的压缩需要一定时间才能完成。土的压缩随时间而发展的过程称为固结。室内实验时由于金属环刀及刚性护环所限，土样在压力作用下只能产生竖向压缩变形，而不会发生侧向变形，故室内固结实验是完全侧限条件下的单向压缩实验。

固结实验适用于饱和的细粒土（当只进行压缩实验时，允许用于非饱和土），实验方法有三种。标准固结实验方法即在每级荷重下24h内土样厚度不再变化，才认为稳定，继续加下一级荷重，这种方法花费时间太长，除科学研究外，一般不常采用；稳定固结实验方法即1h内

土样厚度变化不超过0.005mm即可认为稳定(对土样高度为2cm的试样)，或以满24h为标准，继续加下一级荷重，实验证明按此规定所测的结果满足要求，是规程所规定的常规标准；快速固结实验方法即规定试样在各级压力下的固结时间为1h，仅在最后一级压力下，除测记1h的量表读数外，还应测读达压缩稳定时的量表读数，根据最后一级变形量校正前几级荷重下的变形量。对渗透性较大的细粒土或当要求精度不高或教学时，可采用快速固结实验方法。

本实验针对非饱和黏土采用《土工试验方法标准》(GB/T 50123—2019)中的标准固结实验方法，该实验属于综合性实验。

9.1.2 仪器设备

(1) 固结仪，试样面积30cm^2，高20mm，加压砝码杠杆比采用1∶12；当试样面积为50cm^2，高20mm，加压砝码杠杆比采用1∶10。图9-1为WG型中压单杠杆固结仪，图9-2为WG型中压单杠杆固结仪构件固结筒。

(2) 变形测量设备：百分表，量程10mm，最小分度为0.01mm，见图9-3，或者是允许最大误差应为±0.2%F.S的位移传感器。

(3)秒表，见图9-4；透水板，见图9-5，是由氧化铝或不受腐蚀的无机金属材料制成，其渗透系数应大于试样的渗透系数，用固定式容器时，顶部透水板直径应小于环刀内径0.2~0.5mm，用浮环式容器时上下端透水板直径相等，均应小于环刀内径。

(4)刮土刀、天平、DHG-9140电热恒温鼓风干燥箱、铝盒、环刀等。

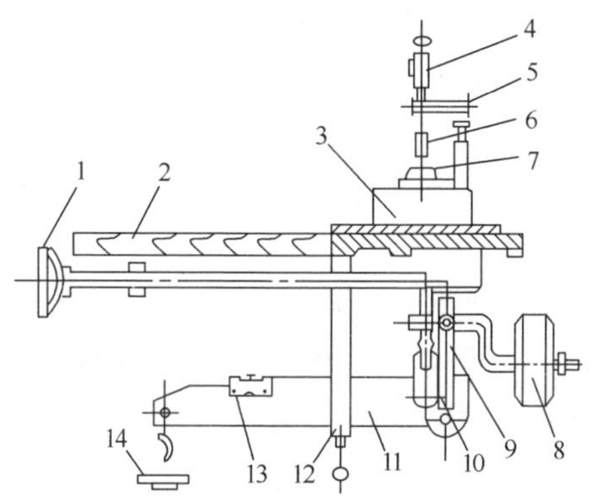

图9-1 WG型中压单杠杆固结仪

1—手轮；2—台板；3—固结筒；4—百分表；5—表夹；6—横梁；7—传压板；8—平衡锤；9—升降杆；10—拉杆；11—杠杆；12—平衡架；13—长水准泡；14—砝码盘

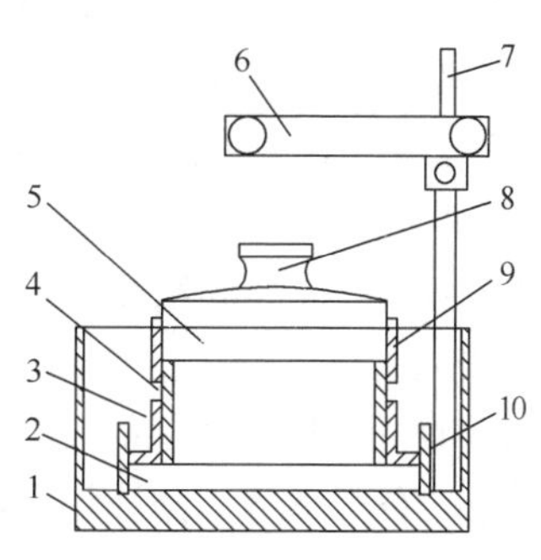

图9-2 WG型中压单杠杆固结仪构件固结筒

1—容器；2—透水板；3—小护环；4—小环刀；5—小透水板；6—表夹；7—表杆；8—小传压板；9—小导环；10—大护环

图9-3 百分表

图9-4 秒表

图9-5 透水板

9.1.3 实验步骤

(1) 根据工程需要，切取原状土试样或制备给定密度与含水率的扰动土试样，扰动土试样的备样和制样可参考附录48或附录49进行。

(2) 按照实验8的方法，测定试样的密度及含水率。然后将带试样的环刀内壁涂以薄层凡士林，试样需要饱和时按规范规定的方法(参照附录BHG型真空饱和装置使用)将试样抽气饱和。检查加压设备是否灵敏，顺时针旋转调整手轮将升降杆调到最高点(若已在最高点则不需调整，调整平衡锤使杠杆水平)。

(3) 在固结容器内放置护环、透水板和薄滤纸，将带有环刀的试样小心装入护环，然后在试样上放薄滤纸、透水板和加压盖板，置于加压框架下，逆时针方向旋转手轮1~2转，然后将加压框架的传压头对准传压板正中，调节安装百分表的支架，使百分表杆头有足够的伸缩范围并使百分表杆头底部刚好接触加压框架的顶部。

(4) 将预压砝码挂在杠杆比为1∶12的挂钩(即杠杆外面的挂钩)上施加1kPa的预压压力，使试样与仪器上下各部分之间接触良好，然后调整百分表支架高度，使百分表小表指针读数接近零，然后顺时针或逆时针拧转百分表外围使大表读数也为零。

(5) 确定需要施加的各级压力。压力等级宜为12.5kPa、25kPa、50kPa、100kPa、200kPa、400kPa、800kPa、1600kPa、3200kPa。第一级压力大小视土的软硬程度而定，宜为12.5kPa、25kPa或50kPa。最后一级压力应大于上覆土层计算压力100~200kPa。只需测压缩系数时，最大压力不小于400kPa。在加荷以后经常观察杠杆下沉情况，如果杠杆不平则逆时针旋转手轮调节升降杆来保持杠杆水平。

(6) 如系饱和试样，则在施加第1级压力后，立即向水槽中注水至满。如系非饱和试样，须用湿棉围住小传压板四周，避免水分蒸发。

(7) 测记稳定读数。标准固结法每级荷载加压后可按照下列时间顺序记录百分表读数：6s、15s、1min、2min15s、4min、6min15s、9min、12min15s、16min、20min15s、25min、30min15s、36min、42min15s、49min、64min、100min、200min、400min、23h和24h，至稳定为止。不需测定沉降速率时，则施加每级压力后24h测定试样高度变化作为稳定标准，只需测压缩系数的试样施加每级压力后，每小时变形达0.01mm时，测定试样高度变化做为稳定标准。再施加第2级压力。依次逐级加压至实验结束。

稳定固结法每隔1h读百分表一次，至每小时变形量不大于0.005mm(教学实验过程中可另行假定稳定时间)，即认为变形稳定。

快速固结法在加荷后每隔1h观察百分表后即加下一级荷载，但最后一级荷载应观察到压缩稳定为止。

(8) 拆除试样。实验结束后，按与安装试样相反的顺序迅速拆除试样，取出带环刀的试样(如系饱和试样，则用干滤纸吸去试样两端表面上的水，取出试样后测定试样实验后的含水量)。

(9) 仪器恢复原样。将仪器上固结容器内的所有部件、桌面及其他的器具清理干净，同时顺时针方向旋调手轮使升降杆恢复原位或顶点，然后前后移动平衡锤将杠杆调平。

(10) 仪器校正变形。考虑压缩仪器本身及滤纸变形所产生的变形，应做压缩量的校正。校正方法按前述标准固结方法步骤进行，以与试样相同大小的金属块代替土样放入容器中，然后与实验土样步骤一样，分别在金属上施加同等压力，每隔几分钟记录一次，测记各级荷重下量表读数，加至最大荷重，记下百分表读数后，按与加荷相反的次序，每几分钟退荷一次，测记量表读数，至荷重完全卸除为止。

按压缩实验步骤拆除试样，重新安装，重复以上步骤再进行校正，取平均值作为各级荷重下的仪器的变形量，其平行值不得超过0.01mm。

在生产中，每个仪器都事先做好变形校正曲线。初学者为练习仪器的使用，此步骤可在正式实验前做好。

9.1.4 计算与制图

（1）按下式计算试样的初始孔隙比 e_0：

$$e_0 = \frac{\rho_w G_s(1 + 0.01w_0)}{\rho_0} - 1 \tag{9-1}$$

式中 G_s——土粒比重，无单位，其范围在2.65～2.76之间，变化幅度不大，在无实验数据时参照表9-1土粒比重参考值取；

ρ_w——水的密度，g/cm^3；

w_0——试样的初始含水率，无单位；

ρ_0——试样湿密度，g/cm^3；

e_0——试样的初始孔隙比，无单位。

表9-1 常见土的土粒比重参考值[36]

土的种类	砂土	粉性土	粉质黏土	黏土
土粒比重	2.65～2.69	2.70～2.71	2.72～2.73	2.74～2.76

（2）按下式计算各级压力下固结稳定后的孔隙比 e_i：

$$e_i = e_0 - (1 + e_0)\frac{\Delta h_i}{h_0} \tag{9-2}$$

式中 Δh_i——在某一级荷载作用下试样稳定压缩量，即该级荷载下总变形量减去仪器变形量，精确至0.001mm，mm；

h_0——试样初始高度，即环刀高度，mm；

e_i——各级压力试样的孔隙比，精确至0.01，无单位；

（3）绘制 $e \sim P$ 的压缩关系曲线

以孔隙比 e 为纵坐标，压力 P 为横坐标(纵横坐标的网格数值可以根据做出实验的数据来调整)，将实验成果画在图上，连成一条光滑曲线，见图9-6。

（4）按下式计算某一级压力范围内的压缩系数 a，以 $e-P$ 的关系曲线确定压缩系数，见图9-7和某一级荷载压缩模量 E_s 及某一级压力范围内以 $e-\lg P$ 曲线求得的压缩指数 C_c，见图9-8。压缩指数按下式计算：

$$a_v = \frac{e_i - e_{i+1}}{P_{i+1} - P_i} \tag{9-3}$$

$$E_s = \frac{1 + e_0}{a_v} \tag{9-4}$$

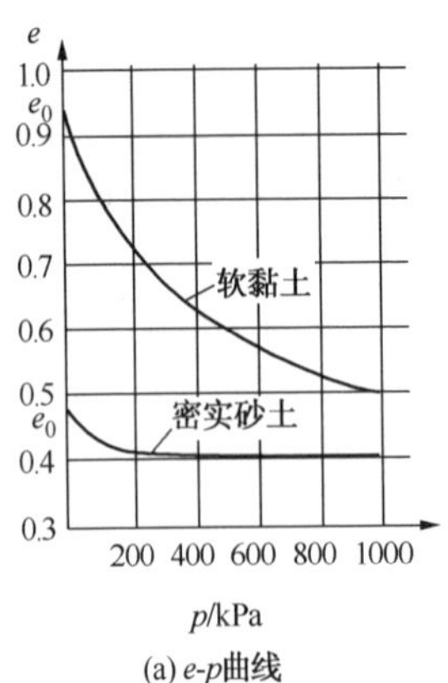

(a) e-p曲线

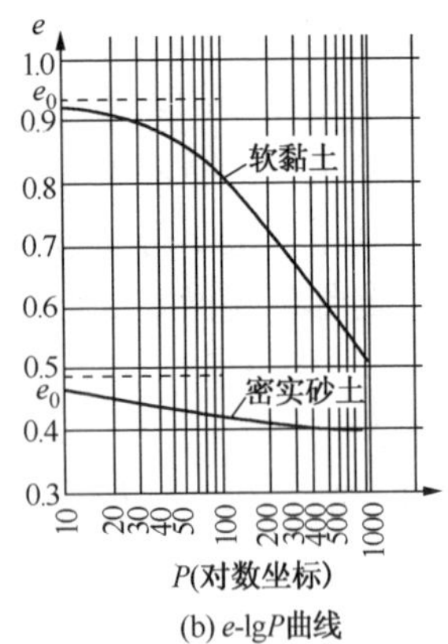

(b) e-lgP曲线

图 9-6 土的压缩曲线

$$C_c = \frac{e_i - e_{i+1}}{\lg P_{i+1} - \lg P_i} \tag{9-5}$$

式中 a_v——某一级压力范围内的压缩系数，计算精确至0.1，MPa^{-1}；

e_i——某一级压力试样的孔隙比，无单位；

P_i——某一级荷载施加的压力，MPa；

E_s——某一级压力范围内的压缩模量，计算精确至0.1，MPa；

C_c——某一级压力范围内的压缩指数，计算精确至0.1，无单位。

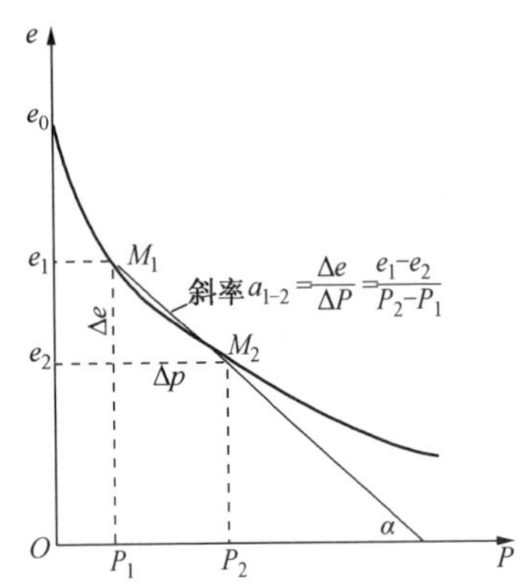

图 9-7 $e-P$ 曲线求压缩系数 $a_{i-(i+1)}$

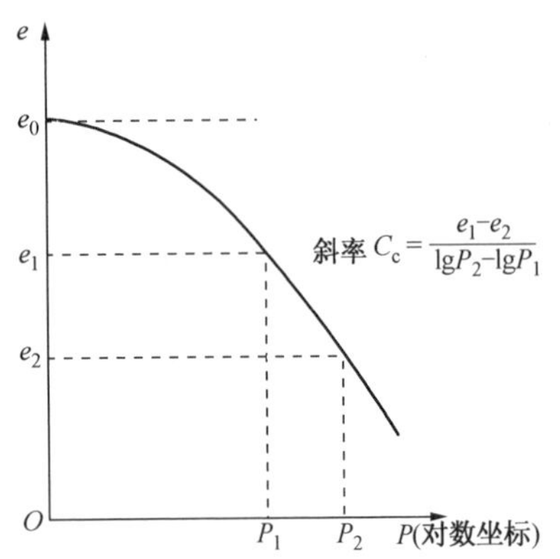

图 9-8 $e-\lg P$ 曲线求压缩指数 C_c

(5)判断土的压缩性。土的压缩性可以根据压缩系数来确定，压缩指数也用来确定土的压缩性，压缩模量是土的压缩性指标的又一个表达式。为了统一标准，根据《建筑地基设计规范》(GB 50007—2011)第4.2.5条采用压力间隔由 $P_1=100$ kPa (0.1MPa)增加到 $P_2=200$ kPa (0.2MPa)所得的压缩系数 a_v 或压缩指数 C_c 或压缩模量 E_s 来评定土的压缩性的高低，见表9-2。

表 9－2　土的压缩性判定

压缩指标	低压缩性土	中压缩性土	高压缩性土
压缩系数 a_v/MPa^{-1}	$a_v < 0.1$	$0.1 \leqslant a_v < 0.5$	$a_v \geqslant 0.5$
压缩指数 C_c	$C_c < 0.2$	$0.2 \leqslant C_c \leqslant 0.4$	$C_c > 0.4$
压缩模量 E_s/MPa	$E_s > 16$	$4 < E_s \leqslant 16$	$E_s \leqslant 4$

各级压力下试样校正后的总变形量按下式计算：

$$\sum \Delta h_i = (h_i)_t \frac{(h_n)_T}{(h_n)_t} = K(h_i)_t \tag{9-6}$$

$$K = (h_n)_T / (h_n)_t \tag{9-7}$$

式中　$\sum \Delta h_i$——某荷重校正后试样的变形量，mm；

K——校正系数；

$(h_i)_t$——某荷重压缩 1h 的总变形量剪去该荷重仪器变形量，mm；

$(h_n)_T$——最后一级荷重压缩 1h 的总变形量减去该荷重仪器变形量，mm；

$(h_n)_t$——最后一级荷重达到稳定时的总变形量减去该荷重仪器变形量，mm。

9.1.5　实验记录格式

表 9－3 为固结实验数据记录格式，表 9－4 为仪器校正实验数据记录格式。

表 9－3　固结实验数据记录格式

经过时间/min	压力及各试样表读数											
	0.05MPa			0.1MPa			0.2MPa			0.4MPa		
	表读数/mm			表读数/mm			表读数/mm			表读数/mm		
	1	2	3	1	2	3	1	2	3	1	2	3
0												
0.1												
0.25												
1												
2.25												
4												
6.25												
9												
12.25												
16												
20.25												
25												
30.25												
变形量 Δh/mm												
e_0												
e_i												
$e_i - e_{i+1}$												
$P_{i+1} - P_i$/MPa												
$\frac{e_i - e_{i+1}}{P_{i+1} - P_i}$/MPa^{-1}												

注：如果采用快速法与标准方法的区别是在各级压力下的压缩时间为 1h，仅在最后一级压力下，除测记 1h 的量表读数外，还应测读达压缩稳定时的量表读数。稳定标准为量表读数每小时变化不大于 0.005mm。

表 9－4　仪器校正实验数据记录格式

试样起始高度 h_0 = mm　$K=(h_n)_T/(h_n)_t$ =　初始孔隙比 e_0 =					
初始含水率 = %，试样密度 = g/cm³，试样比重 = ，试样净高 $h_s=h_0/(1+e_0)$ =					
加压历时/h	压力/kPa	校正前试样总变形量/mm	校正后试样总变形量/mm	压缩后试样高度/mm	压缩稳定后孔隙比/无单位
	P	$(h_n)_t$	$\Sigma\Delta h_i=K(h_n)_t$	$h=h_0-\Sigma\Delta h_i$	$e_i=h/h_s$
稳定					

9.1.6　注意事项

(1) 实验过程中，不要振碰压缩台及周围地面，加荷时应按照顺序加砝码，加荷或卸荷时均应轻拿轻放砝码。

(2) 在切削土样过程中，不允许用刀来回涂抹上面，避免孔隙堵塞。

(3) 安装量表的过程中，如果百分表读数不易调零，则尽可能使百分表小表指针读数置于尽可能大的位置，以使百分表杆头有足够的伸缩范围，固定在量表架上。

(4) 将固结实验数据记录格式写在实验原始记录中，将仪器校正实验数据记录格式写在数据整理计算栏中，其中的数据由实验室提供。

(5) 在实验加载的过程中，表格中记录百分表数值时间是从零开始的累计时间而不是间隔时间。

(6) 记录格式中中的变形量是该级荷载下累积时间变形量而不是相邻两时间间隔的变形量。

(7) 在数据结果处理计算中，要计算出实验目的中指出的各种压缩指标。

(8) 在实验过程中，如果是连续加荷，Δh_i是某级荷载下变形量的总和，即 100kPa 的 Δh = | 100kPa 末读数 －100kPa 初读数 |；200kPa 的 Δh = | 200kPa 末读数 －100kPa 初读数 |。

(9) 在实验过程中，透水板和滤纸的含水率要接近试样的含水率。

(10) 透水板在做实验后，表面刷净、用开水煮沸保持其透水性。

9.1.7　思考题

(1) 什么是土的压缩性?

(2) 在实验过程中调整杠杆水平时能否顺时针转动手轮? 为什么?

(3) 固结实验按稳定条件分为几种，判别标准是什么?

(4) 为什么最后一级荷重应大于土层自重压力 0.1 ~0.2MPa?

(5) 量表读数是土的沉降量吗? 实验过程中如何把握稳定标准?

(6) 在各种类型的固结实验过程中，稳定的标准各是什么?

9.2　直接剪切实验

9.2.1　实验目的、原理及实验方法

直接剪切实验是测定土的抗剪强度的一种常用方法。通常采用 4 个试样，分别在不同的

垂直压力 P 下，施加水平剪切力进行剪切，测得剪切破坏时的剪应力 τ 即为土的抗剪强度 τ_f。然后根据库仑定律确定土的抗剪强度指标内摩擦角 φ 和黏聚力 c。

实验方法有三种，快剪实验(Q)是在试样上施加竖向压力后立即快速施加水平剪应力使试样剪切；固结快剪实验(CQ)是允许试样上施加竖向压力，待试样排水固结稳定后，快速施加水平剪应力使试样剪切；慢剪实验(S)是允许试样上施加竖向压力下排水，待固结稳定后，则以缓慢的速率施加水平剪应力使试样剪切。

快剪实验是在试样上施加垂直压力后快速施加水平剪力，以 0.8 ~ 1.2mm/min 的速率进行剪切，一般使试样在 3 ~ 5min 内剪坏。快剪实验和固结快剪实验适用于渗透系数小于 10^{-6}cm/s 的细粒土，渗透系数 k 大于 10^{-6}cm/s 的土不宜作快剪实验。直接剪切实验使用的仪器是直剪仪，根据施加剪力的方式不同，分为应力控制式和应变控制式两种。应变控制式是通过弹性钢环变形控制剪切位移的速率。应力控制式是通过杠杆施加砝码控制剪应力的速率，测得相应的剪切位移。

本实验针对渗透系数小于 10^{-6}cm/s 的细粒土采用《土工试验方法标准》(GB/T 50123—2019)中直接剪切实验中快剪实验方法，属于综合性实验，涉及库伦定律的验证实验、土的抗剪强度指标的测定等内容，是所有工程必做项目。应变控制式能准确地测定剪应力和剪切位移曲线上的峰值和最后值，且操作简单，一般施加剪力的方式采用应变控制式直剪仪。

9.2.2 仪器设备

(1) ZJ 型应变控制式直剪仪，见图 9 – 9，由剪切盒、垂直加压框架、剪切传动装置、测力计、位移测量系统组成，杠杆比 1∶10，土样面积为 30cm^2。

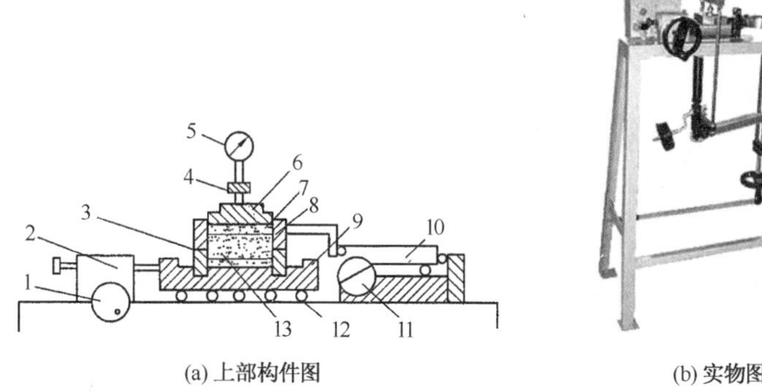

(a) 上部构件图　　(b) 实物图

图 9 – 9　ZJ 型应变控制式直剪仪

1—剪切传动机构；2—推动器；3—下盒；4—垂直加压框架；5—垂直位移计；6—传压板；7—透水板；8—上盒；9—储水盒；10—测力计；11—水平位移计；12—滚珠；13—试样

(2) 位移计(百分表)，量程 5 ~ 10mm，分度值 0.01mm。

(3) LP502A 电子天平，称量 500g，分度为 0.01g。

(4) 环刀、削土刀、饱和器、秒表、滤纸(或蜡纸)、2mm 筛、直尺、六角扭矩扳手(图 9 – 10)、捣棒等。

图 9 – 10　六角扭矩扳手

9.2.3 操作步骤

(1) 试样制备。切取原状土试样或制备给定干密度和含水率的扰动土试样，然后按照实验8测定试样的密度及含水率或称量过2mm筛的搅拌均匀的风干砂类土约113g。对于扰动土样需要饱和时，参照附录7使用BHG型真空饱和装置进行抽气饱和。

(2) 检查仪器。首先检查杠杆是否水平，杠杆水平时下沿应平齐立柱中间的红线。如果杠杆不水平，左右移动平衡锤使杠杆水平。同时检查剪切盒内是否干净，内有泥或砂的要先清理干净。

(3) 试样安装。对准剪切容器上下盒，插入固定销。快剪实验在下盒内按顺序从下往上放不透水板、尺寸和试样尺寸相同或略小于0.2~0.5mm硬塑料薄膜(慢剪、固快、将不透水板更换为透水板和滤纸，滤纸其湿润程度和试样的含水率接近，不透水板含水率也与试样接近)。将装有试样的环刀平口向下，放在剪切盒上盒口，在试样顶面放硬塑料薄膜和不透水板，然后用传压板将不透水板向下推，使试样徐徐推入剪切盒内，移去环刀(如果试样是砂类土称足够量的砂类土装入剪切盒内并用捣棒捣密实至预定干密度然后放上干滤纸和不透水板，对慢剪、固快实验将不透水板更换为滤纸和透水板)，依次放上传压板、加压框架，位移量测装置，调节垂直加压框架下钢珠与传压板接触并使杠杆下沿抬至上红线左右。杠杆下沿处于上下红线之间出力都在精度范围内。调整推进器与限位器约1mm后，选择调整挡位速率后，移动传动装置，使上盒前端钢珠与量力环接触，此时将百分表调零(方法是用六角扳手拧松连接件使百分表能沿着百分表支架移动，将百分表小表读数调整接近零，然后旋转百分表外围使大表读数也为零)。

(4) 施加垂直压力。一个垂直压力相当于现场预期的最大压力 P，一个垂直压力要大于 P，其他垂直压力均小于 P。但垂直压力的各级差值要大致相等。也可以取垂直压力分别为100kPa、200kPa、300kPa、400kPa，各垂直压力可一次轻轻施加，若土质软弱，也可以分级施加以防试样挤出。

如系饱和土试样，则在施加垂直压力5min后，往剪切盒水槽内注满水；如系非饱和土试样，仅在活塞周围包以湿棉花，以防止水分蒸发。

当为慢剪法和固结快剪法，在试样上施加规定的垂直压力后，测记垂直变形读数，并且当每小时垂直变形读数变化不超过0.005mm，认为已达到固结稳定。

当为快剪法，加垂直荷载后，立即进行剪切。

(5) 水平剪切。试样达到固结稳定后，拔去固定销，将电动按钮扳到右边“开”的位置，开动秒表，以0.8mm/min，每分钟四转，每转推进0.2mm，也可选择其他速率，使试样在3~5min剪损。本实验采用0.8mm/min(4r/min)的速度剪切。试样产生剪切位移0.2~0.4mm记录测力计读数和手轮转数 n，剪切位移 $\Delta L = 20n - R_0$(ΔL 和 R_0 都是以0.01mm为单位，R_0 为测力计初读数)。

慢剪法剪切速率应小于0.02~0.025mm/min，一般用电动装置。

剪损的标准：①当测力计的读数达到稳定或有明显后退时，应继续剪切至剪切位移为4mm时停机，记下破坏值；②若测力计的读数无峰值，则应剪切至剪切变形达到6mm时停机。

(6) 剪切结束后，测记百分表读数，吸去剪切盒中积水，倒转手轮，尽快退去剪切刀垂直压力、移动加压框架、传压板，取出试样，测定试样附近的含水率。

(7) 实验结束后，拆掉试样，将下剪切盒内的试样清理干净，请实验老师检查后按照顺序放好不透水板两块、上下剪切盒、传压板、加压框架及上下剪切盒的固定插销。

9.2.4　计算与制图及实验记录格式

按下式计算各级荷重土的剪应力：

$$\tau = \frac{CR}{A_0} \times 10 \qquad (9-8)$$

式中　τ——试样所受剪应力，kPa；

C——测力计率定系数，N/0.01mm，此系数由实验室提供；

R——测力计读数，0.01mm；

A_0——试样初始的面积，cm^2；

10——单位换算系数。

制图：①以剪应力为纵坐标，剪切位移为横坐标，绘制剪应力 τ 与剪切位移 ΔL 的关系曲线（图 9-11）。选取剪应力 τ 与剪切位移 ΔL 关系曲线上的峰值点或稳定值作为抗剪强度 S。若无明显峰值点，则可取剪切位移 $\Delta L=4$mm 对应的剪应力作为抗剪强度 S。②以抗剪强度 S 为纵坐标，垂直压力 P 为横坐标，绘制抗剪强度 S 与垂直压力 P 的关系曲线（图 9-12），直线的倾角为内摩擦角 φ，直线在纵坐标轴上的截距为土的粘聚力 c。表 9-5 为直接剪切实验记录格式。

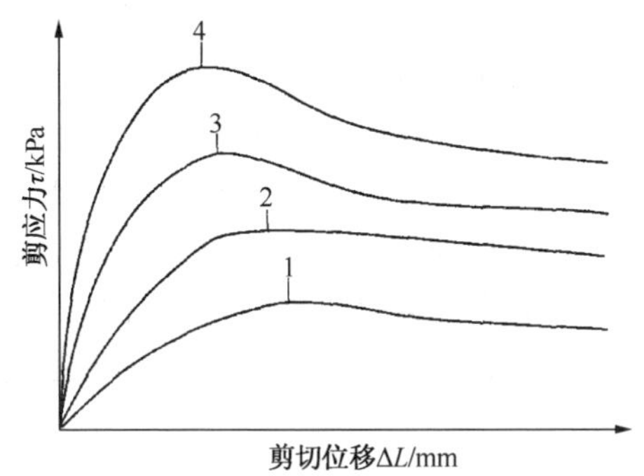

图 9-11　各垂直荷载剪应力和剪切位移的关系曲线

1—100kPa；2—200kPa；3—300kPa；4—400kPa

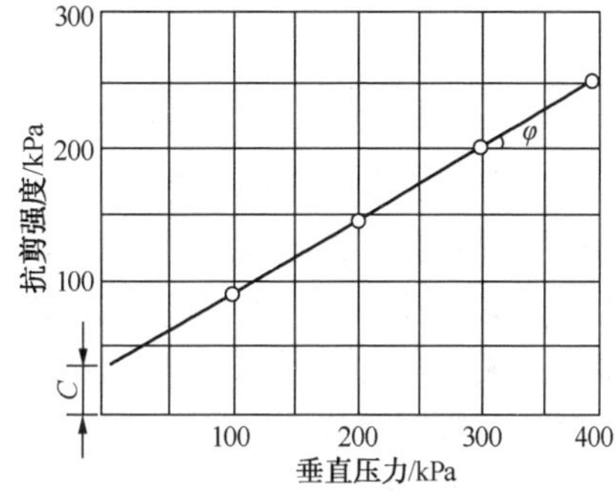

图 9-12　抗剪强度与垂直压力的关系曲线

表 9-5　直接剪切实验记录格式

试样编号＿＿＿ 剪切前固结时间＿＿＿min 仪器编号＿＿＿ 手轮转速＿＿＿r/min 剪切前压缩量＿＿＿mm

试样面积 30cm² 　剪切历时＿min＿s　测力计率定系数 C＿＿＿N/0.01mm

手轮转数 n	各荷载下测力计百分表读数 R 及与初值差值(2)/0.01mm						剪切位移/0.01mm $\Delta L=20n-R_0$			剪应力/kPa $\frac{C\times R}{A_0}\times 10$			抗剪强度 S/kPa			黏聚力 c/kPa	内摩擦角 φ/(°)
(1)	100kPa		200kPa		300kPa		100kPa	200kPa	300kPa	100kPa	200kPa	300kPa	100kPa	200kPa	300kPa		
0		(2)		(2)		(2)											
1																	
2																	
3																	

9.2.5 注意事项

(1) 由于改变剪切速度是通过调节换挡拉轴实现轮和电机啮合的，在换挡过程中如果齿轮和电机啮合不上，可左右转动手轮来调节，千万不可使很大力来推拉拉轴强行换挡，否则容易损坏电机。挡位在非零速挡位时，可以轻轻转动手轮，若手轮不能转动则档位挂好，若手轮能转动，则挡位没挂好。考虑到学生做实验都是初学者，为避免损坏电机，所以在做实验前由指导老师调节好挡位，实验过程中建议不要动换挡拉轴，剪切和回退通过电动按钮来实现，将按钮扳到最右边“进”的位置则开动电机剪切，要想停止电机则扳到中间“停”的位置，要想回退则扳到左边“退”的位置。

(2) 在安装土样时一定要将环刀平口朝下，刀口朝上，然后将传压板放在土样上向下压将土样推入剪切盒内，否则容易损坏环刀刀口。

图 9－13 测力计

(3) 同组试样应在同一台仪器上实验，以消除仪器误差。

(4) 测力计不得摔打，并应定期校验。每台仪器上的测力计对应的率定系数写实验室在黑板上。实验者在测力计(图 9－13)上的内侧找出其编号 A××××，然后在黑板上查找与该编号对应的率定系数 C。

(5) 对于一般黏性土采用峰值或最后值作为破坏点。但对高含水量、低密度的软黏土，应力－应变曲线峰值不明显，应采用剪切位移不大于 4mm 作为破坏点。由此应绘制剪应力与剪切位移关系曲线，选择抗剪强度。

(6) 由于实验者都是初学者，测力计在不受力时，由指导老师或实验室工作人员将与测力计接触的百分表读数调零。若百分表未调零，则公式中百分表读数为测力计百分表读数与初值之差。实验过程中将剪切盒轻轻往前微推进，看百分表读数是否增加，若增加则说明剪切盒前端钢珠刚好与测力计刚接触，然后微退回，使百分表读数重新回零。若微推进，读数没有增加说明剪切盒前端钢珠没有与测力计接触。

(7) 在剪切实验中，快剪的所选用的速率是 0.8mm/min(4r/min)，每一转向前推进 0.2mm。

(8) 在实验计算结果处理的过程中，要注意数值的单位。只要带入以公式中规定单位的数值，那么计算结果所得的数值即为公式中规定单位的数值。如果数值的单位与公式中规定的单位不一致，则数值需要转化为公式规定的单位才可直接代入数值。

9.2.6 思考题

(1) 在将实验土样推入剪切盒过程中环刀是应该平口朝上还是平口朝下将土样推入剪切盒内？为什么？

(2) 抗剪强度如何测定？剪切实验按排水条件如何分类？

(3) 终止实验的标准是什么？

(4) 如何检查剪切上盒前端钢珠与量力环刚好接触？

(5) 实验前土样安装好后是否要取出环刀？

(6) 在实验中遇到哪些问题及对本次实验的意见和建议？

9.3 常水头渗透实验

9.3.1 实验目的、原理及实验方法

本实验目的是测定一般土(黏性土或砂土)的渗透系数 k，通过稳定流条件下的渗透实

验，了解达西渗透实验装置，验证渗透定律 - 达西定律。加深理解渗透速度、水力坡度、渗透系数之间的关系，并熟悉实验室渗透系数 k 的测定方法，以了解土的渗透性能大小，用于土的渗透计算和供路堤土坝在渗透力作用下变形稳定和强度计算。根据大量的中小工程，可参考规范、文献提供的各类土的渗透系数变化范围经验数据，见表 9 - 6。

表 9 - 6 各类土渗透系数变化范围

土的种类	粗砂	中砂	细砂	粉砂	亚砂土	亚黏土	黏土
渗透系数/(cm/s)	2×10^{-2} ~ 6×10^{-2}	6×10^{-3} ~ 2×10^{-2}	1×10^{-3} ~ 6×10^{-3}	6×10^{-4} ~ 1×10^{-3}	1×10^{-4} ~ 6×10^{-4}	6×10^{-6} ~ 1×10^{-4}	$\leqslant6\times10^{-6}$

渗透是液体在多孔介质中运动的现象。渗透系数是反映渗透能力的定量指标。土的渗透是由于骨架颗粒之间存在孔隙构成水的通道所致，土的渗透系数变化范围很大(10^{-1} ~ 10^{-8})，室内渗透系数测定采用不同的方法。常水头法适用于粗粒土(砂土)。常水头法通常使用的仪器常水头仪根据供水位置分为达西仪和戚母仪，实验方法大体相同，所不同的是达西仪由底部供水，低水头固定，调节高水头；戚母仪是由顶部供水，高水头固定，调节低水头。由底部供水的优点是容易排出试样中的气泡，缺点是试样易被冲动。由顶部供水的优缺点与前一种恰好相反。实验室使用的是戚母仪。变水头法适用于细粒土(黏土和粉土)。

本实验针对粗粒土采用《土工试验方法标准》(GB/T 50123—2019)中常水头法，仪器选用戚母仪，属于综合性实验。

9.3.2 仪器设备

TST - 70 型常水头渗透仪，见图 9 - 14，金属封底圆筒高 40cm，内径 10cm，圆测管间距 10cm，圆筒内径应大于试样最大粒径的 10 倍。

1000mL 量筒、DT10K 电子天平、温度计、秒表、凡士林、粒径 5 ~ 10mm 砾石、粒径 0.6 ~ 0.9mm 砂、吸耳球、纯水等。

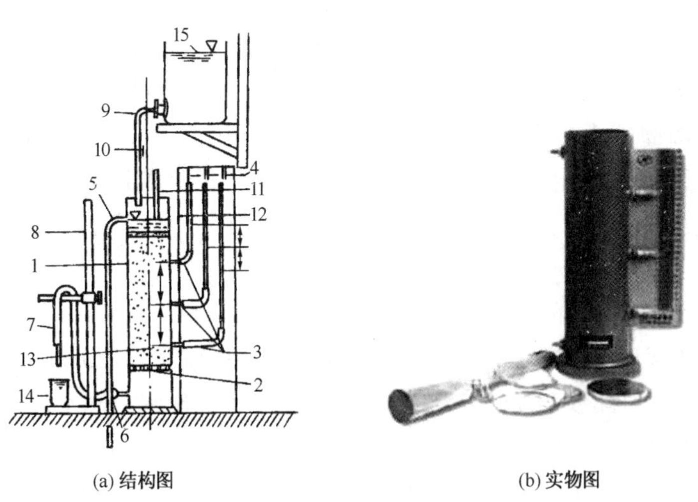

(a) 结构图　　(b) 实物图

图 9 - 14 TST - 70 型常水头渗透装置

1—金属圆筒；2—金属孔板；3—测压孔；4—测压管；5—溢水孔；6—渗水孔；7—调节管；8—滑动架；9—供水管；10—止水夹；11—温度计；12—砾石层；13—试样；14—量杯；15—供水瓶

9.3.3 操作步骤

(1) 测量。分别测量金属圆筒的内径 d，计算出过水断面面积($A=\pi d^2/4$)和各测压管的间距 L，测量金属圆筒的顶面至金属圆筒内的大孔径的金属板的高度，金属板下垫一个小孔径的过滤筛网，所得 A、L 数据填入实验原始记录表中。

(2) 取样。取具有代表性的风干试样 3～4kg，称量准确至 1.0g，并测定试样的风干含水率。

(3) 装样。试样要分层装入 TST－70 型常水头渗透仪圆筒，根据要求孔隙比控制试样厚度；当试样中含有黏粒时，应在滤网上铺 2cm 厚的粗砂过滤层，防止细粒流失，然后将欲实验的试样装入金属圆筒，然后再将试样用木锤轻轻击实使其尽量接近天然状态的结构，然后自下而上进行充水至试样顶面，注水时首先将调节管和供水管相连，打开并调节上供水阀阀门，让水从下慢慢渗入试样至试样饱和(此过程中渗水速度一定要慢)，当试样饱和时(饱和时水面不得高出试样顶面)关闭上供水阀阀门。如此继续分层重复装试样并将试样饱和的过程，至试样高出上测压管 3～4cm 为止。再在试样上装厚 2cm 砾石作缓冲层，防止冲动试样。当水面高出试样顶面时，应继续充水至溢水孔有水溢出。此时调节管顶面高度要高出溢水孔高度，然后将调节管的供水源去掉，将供水瓶的水源由顶部注入仪器至水面与溢水孔齐平即水从溢水孔流出并等水流稳定后，关掉供水瓶阀门。测量试样顶面至筒顶高度并与大孔径金属圆板滤网至筒顶高度相减，计算试样高度。静置数分钟，称剩余试样质量(准确至 1.0g)，计算装入试样总质量。

(4) 检查。检查三个测压管中水位与金属圆筒溢水孔水位是否保持水平，如水平，说明管内无气泡可开始做实验。如不平，说明试样中或测压管接头处有集气阻隔。排气泡的方法是用吸耳球对准水头偏高的测压管缓慢吸水，使管内的气泡和水流一起排出。使用该方法使 3 个测压管中水面水平后方可进行实验。

(5)降低调节管至试样上部 1/3(即到圆筒顶面距离为 13.3cm 的距离位置)高度处，形成水位差，使水渗入试样，经调节管流出。此时要保持溢水管持续有水溢出(调节供水瓶阀门的大小使进入圆筒的水量多于溢出的水量，保持圆筒内水位不变，试样处于常水头渗透)。当3 个测压管水头稳定后，测记各测压管的水位，并计算出相临两测压管之间水位差。

(6)开动秒表，按规定时间记录渗出水量，并重复 1 次。接取水量时，调节管管口不可没入水中。

(7) 测记进水与出水处的水温，取其平均值。

(8) 降低调节管管口至试样中部及下部 1/3(即距圆筒底面 13.3cm 的距离位置)处，改变 3 个测压管的水头值读数，按(5)～(7)步骤重复测定渗出水量和水温，当不同水力坡降下测定的数据接近时，结束实验。

(9) 实验结束后，将试样从仪器内倒入指定筒内，并将仪器内部砂样清理干净。

9.3.4 计算与实验记录格式

(1) 按下列公式计算试样的干密度和孔隙比：

$$m_d=\frac{m}{1+0.01w} \tag{9-9}$$

$$\rho_d = \frac{m_d}{Ah} \tag{9-10}$$

$$e = \frac{\rho_w G_s}{\rho_d} - 1 \tag{9-11}$$

式中 A——试样的断面积，cm^2；

h——试样的高度，cm；

G_s——试样(土粒或砂粒)比重，无单位，无实验数据时，可查固结实验中常见土的土粒比重参考值表 9 -1；

m——湿试样的质量，g；

w——试样的含水率,%；

m_d——烘干试样的质量，g；

ρ_d——试样的干密度，g/cm^3。

(2) 按下列公式计算渗透系数 k_T 及 k_{20}：

$$k_T = \frac{QL}{HAt} \tag{9-12}$$

$$k_{20} = k_T \frac{\eta_T}{\eta_{20}} \tag{9-13}$$

式中 k_T——水温 T℃时试样的渗透系数，cm/s；

k_{20}——标准温度(20℃)时的渗透系数，cm/s；

Q——时间 t 秒内的渗出水量，cm^3；

L——渗径，等于两测压管中心间的试样高度，cm；

H——平均水位差，即$(H_1 + H_2)/2$，cm；

t——时间，s。

η_T，η_{20}——水温分别为 T℃与 20℃时水的动力黏滞系数，10^{-6}kPa · s，η_T/η_{20}其比值可从表 9 -7 查出或可查《土工实验方法标准》(GB/T 501213—2019)表 8. 3. 5 -1。表 9 -8 常水头渗透实验记录格式。

表 9 -7 动力黏滞系数比 η_T/η_{20}与温度的关系

温度/℃	5.0	5.5	6.0	7.0	8.0	8.5	9.0	9.5	10.0	10.5
η_T/η_{20}	1.501	1.478	1.455	1.414	1.373	1.353	1.334	1.315	1.297	1.279
温度/℃	11	11.5	12.0	13.0	14.0	14.5	15.0	15.5	16.0	16.5
η_T/η_{20}	1.261	1.243	1.227	1.194	1.168	1.148	1.133	1.119	1.104	1.090
温度/℃	17.0	17.5	18.0	19.0	20.0	20.5	21	21.5	22.0	22.5
η_T/η_{20}	1.077	1.066	1.050	1.025	1.000	0.988	0.976	0.964	0.958	0.943
温度/℃	23.0	24.0	25.0	27.0	29.0	30.0	31.0	32.0	33.0	34.0
η_T/η_{20}	0.932	0.910	0.890	0.850	0.815	0.798	0.781	0.765	0.750	0.735

在测得的结果中取 3 ~4 个在允许差值范围内的数据，取其平均值，作为试样在该孔隙比 e 时的渗透系数(允许差值不得大于 2×10^{-n}cm/s)。

表 9-8 常水头渗透实验记录格式

土样编号： 试样面积：70cm^2 试样说明： 土粒比重：

干土质量： 孔隙比： 测压管间距：10cm

实验编号				1	2	3	4	5	6	7
经过时间/s		(1)								
测压管水位/cm	Ⅰ管	(2)								
	Ⅱ管	(3)								
	Ⅲ管	(4)								
水位差/cm	H_1	(5)	(2)-(3)							
	H_2	(6)	(3)-(4)							
	平均 H	(7)	$\frac{(5)+(6)}{2}$							
水力坡降 I/cm		(8)	1/(7)·L							
渗水量 Q/cm^3		(9)								
渗透系数 k_T/(cm/s)		(10)	$\frac{(9)}{A\times(8)\times(1)}$							
平均水温/℃		(11)								
校正系数 η_T/η_{20}		(12)								
水温20℃渗透系数 k_{20}/(cm/s)		(13)	(10)×(12)							
平均渗透系数 k_{20}/(cm/s)		(14)	$\frac{\Sigma(13)}{n}$							

9.3.5 实验注意事项

(1) 装试样前要检查仪器的测压管及调节管是否堵塞。

(2) 实验时水源要直接流入圆筒里，保持水位与溢水孔平齐。

(3) 实验过程中要及时排除气泡，实验要保持常水头。

9.4 变水头渗透实验

9.4.1 实验目的及原理

测定黏性土的渗透系数 k，以了解土层渗透性的强弱，作为选择填土料和进行强度变形稳定计算的依据。

实验原理，细粒土由于孔隙小，若渗透压力较小，则不足以克服黏滞水膜的阻滞作用，因而必须达到某一起始坡降后，才能产生渗流。变水头实验适用于细粒土。

本实验针对细粒土采用《土工试验方法标准》(GB/T 50123—2019)中变水头渗透法，属于综合性实验。

9.4.2 仪器设备

(1)变水头渗透装置，见图 9-15，由 55 型渗透仪、水头装置组成。55 型渗透仪由环刀、透水板、套环及上、下盖组成，环刀内径 61.8mm，高 40mm，透水板的透水系数应大于 10^{-3}cm/s；水头装置的长度宜为 2m，变水头管内径应均匀，且管径不宜大于 1cm，管外壁分度值为 1.0mm。

(2)真空饱和装置及真空抽气机，见图 9-16。

(3)其他：切土器、100mL 量筒、秒表、温度计、削土刀、凡士林等。

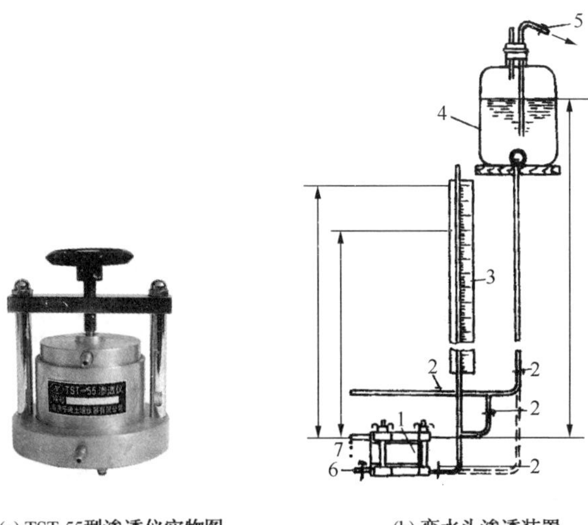

(a) TST-55型渗透仪实物图　　(b) 变水头渗透装置

图 9 – 15　TST – 55 型变水头渗透装置

1—渗透容器；2—进水管夹；3—变水头管；4—供水瓶；5—接水源管；6—排气水管；7—出水管

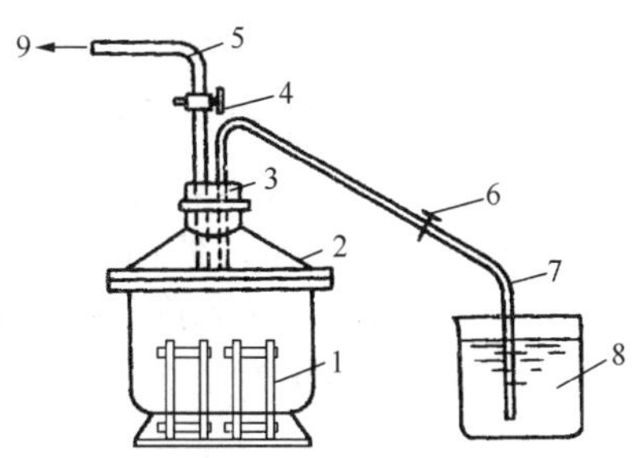

图 9 – 16　真空饱和装置

1—装试样的饱和器；2—真空缸；3—橡皮塞；4—二通阀；5—排气管；6—管夹；
7—引水管；8—盛水器；9—接真空抽气机

9.4.3　操作步骤

(1) 制备土样。根据需要用环刀在垂直或水平土样层面切取原状土样或扰动土制备成给定密度的试样，切原状土时应尽量避免扰动土的结构，并禁止用削土刀反复涂抹试样表面。将容器套桶内壁涂一薄层凡士林，将装试样的环刀连同上下放置的透水板及上下垫圈一起放入渗透容器，用螺母旋紧，要求密封至不漏水不漏气，把挤出的多余凡士林刮净。对不易透水的试样放入真空饱和装置中，然后加负压至 0.1MPa 稳定 12h 即可取出装样。对饱和试样和较易透水的试样，直接用变水头装置的水头进行试样饱和。

(2) 把渗透容器的进水口与变水头管连接。利用供水瓶中的纯水向进水管注满水，并渗入渗透容器。开排气阀，将容器侧立，排出渗透容器底部的空气，直至溢出水中无气泡，关排气阀，放平渗透容器，关进水管夹。

(3) 向变水头管注纯水。使水升至预定高度，水头高度根据试样结构的疏松程度确定，一般不应大于 2m，待水位稳定后，切断水源，开进水管夹，使水通过试样，当出水口有水溢出时开始测记变水头中起始水头高度和起始时间，按预定时间间隔测记水头和时间的变化，并测记出水口水温。如此连续测记 2 ~ 3 次。

(4) 将变水头管中的水位变换高度，待水位稳定再进行测记水头和时间变化，重复试验

5～6 次。当不同开始水头下测定的渗透系数在允许差值范围内时，结束实验。

9.4.4 计算与实验记录格式

(1) 按下式计算渗透系数 k_T：

$$k_T = 2.3\frac{aL}{At}\lg\frac{H_1}{H_2} \tag{9-14}$$

式中 k_T——渗透系数，cm/s；

a——变水头管截面积，cm^2；

L——渗径，等于试样高度，cm；

A——试样面积，cm^2；

H_1——开始水头，cm；

H_2——终止水头，cm；

t——测记水头的时间，s；

2.3——ln 和 lg 的换算系数。

(2) 标准温度下的渗透系数 k_{20} 可根据式(9－13)计算得出。

(3) 将实验数据填入实验记录表中。

(4) 抄录其他小组另外两种不同试样的实验数据(有时间，可自己动手做)，在同一坐标系内，以 v 为纵坐标，i 为横坐标，绘制试样的土的渗透速度 v 与水力梯度 i 的关系曲线(图 9－17)，验证达西定律。

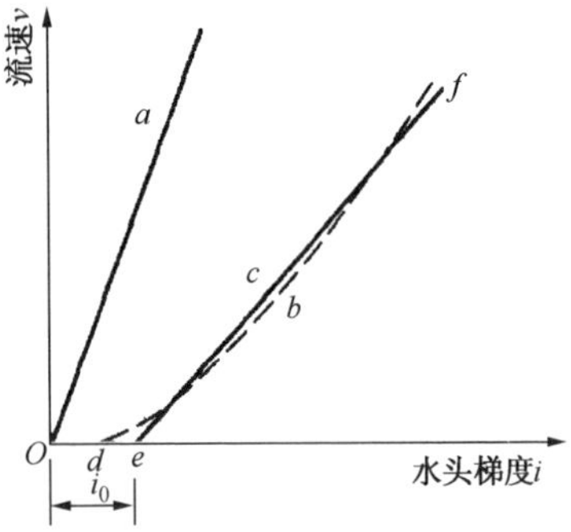

(5) 平均渗透系数的确定是在测得的结果中取 3～4 个在允许差值范围以内的数值，取其平均值，作为试样在该孔隙比 e 时的渗透系数(允许差值不得大于 2×10^{-n}cm/s)。

(6) 表 9－9 为变水头渗透实验记录格式。

图 9－17 土的渗透渗透速度与水力梯度的关系曲线

a—砂土关系曲线；

dbf—黏性土实际关系曲线；

ec—黏性土通常替代关系直线

9.4.5 注意事项

(1) 环刀取土时，应尽量避免扰动土样结构，并禁止用削土刀反复涂抹试样表面。

(2) 当测定黏性土时，须特别注意不能允许水从环刀与土之间的孔隙中流过，以免发生假象。

(3) 环刀边要套橡皮圈或涂一层凡士林以防漏水，透水石要用开水浸泡煮沸。

表 9－9 变水头渗透实验记录格式

土样编号________ 试样高度 4.0cm 试样面积 30.0cm^2

仪器编号________ 孔隙比________ 测压管截面积________

开始时间 t_1/(d h min)	终止时间 t_2/(d h min)	经过时间 t/s	开始水头 H_1/cm	终止水头 H_2/cm	$2.3\frac{aL}{At}$	$\lg\frac{H_1}{H_2}$	水温 T℃时的渗透系数 k_T/(cm/s)	水温/℃	校正系数 $\frac{\eta_T}{\eta_{20}}$	渗透系数 k_{20}/(cm/s)	平均渗透系数/(cm/s)
(1)	(2)	(3)	(4)	(5)	(6)	(7)	(8)	(9)	(10)	(11)	(12)
		(2)－(1)					(6)×(7)			(8)×(10)	$\frac{\Sigma(11)}{n}$

9.4.6　思考题

(1) 试样的 $v-i$ 曲线是否符合线性渗透规律？试分析其原因？

(2) 比较不同试样的渗透系数 k 值，分析影响 k 值的因素？

(3) 为什么要在测压管水头稳定后测定流量？

(4) 变水头渗透实验适用于哪种土类？

(5) 变水头实验使用什么仪器？

(6) 在实验中碰到哪些问题以及对本次实验的建议和意见？

9.5　三轴压缩实验

9.5.1　实验目的、原理、实验方法

土的抗剪强度是指土本身具有抵抗剪切破坏的极限强度，即土体在各项土应力的作用下，在某一应力面上的剪应力与法向应力之比达到某一比值，土体就沿该面发生剪切破坏。三轴压缩实验是在三向应力状态下，测定土的抗剪强度参数的一种实验方法。此实验适用于粒径小于20mm的土样，通常用3～4个圆柱体试样，分别在不同的恒定围压下，施加轴向压力至试件剪切破坏，然后根据极限应力圆包络线，求得抗剪强度参数。

土的三轴压缩实验是用橡皮膜包封一圆柱体试样，置于透明密封容器中，然后向容器中注入液体并加压力，使试样各方向受到均匀的液体压力(即最小主应力)σ_3，此后在试样两端通过活塞杆逐渐施加竖向压力 σ_v，则最大主应力 $\sigma_1=\sigma_3+\sigma_v$，一直加到试样破坏为止。根据极限平衡理论，此时试样内部应力状态可以用破裂时的最大和最小主应力绘制摩尔圆表示。同一土样可取3个以上的试样，分别在不同周围压力(即最小主应力 σ_3)不同的垂直压力(最大主应力 σ_1)下剪坏，并在同一坐标中绘制相应的摩尔圆，这些摩尔圆的包络线即为该土的抗剪强度曲线通常以近似的直线表示，其倾角为 φ 为摩擦角，在纵轴上的截距 c 为黏聚力。

三轴压缩实验和直接剪切实验相比具有如下优点：可以控制试样排水条件，特别是对含水率高的黏性土的快剪实验；受力状态表明，可以控制大小主应力，以避免仪器本身摩擦阻力的影响；剪切面能沿最薄弱面剪断；能准确地测定土的孔隙水压力及体积的变化。然而，三轴剪切实验也存在一些缺点，如操作复杂、所需土样较多，其次如主应力方向固定不变以及实验是在 $\sigma_2=\sigma_3$ 的轴对称情况下进行的，这些都是与实际情况有所不同的。

三轴仪根据试样不同分为岩石三轴仪和土的三轴仪。土的三轴剪切仪按加荷方式不同分为动三轴仪和静三轴仪。静三轴剪切仪又分为应力控制式和应变控制式两种，前者操作简便，应用广泛，后者除施加轴向应变不同外，主要部件与前者相同，操作比较麻烦，难以测定应力－应变曲线上的峰值，但对于测土的固结排水抗剪强度以及测定土的长期强度及静变形模量等有一定用途。根据排水条件不同，三轴压缩实验分为3种类型，即不固结不排水剪(UU)，固结不排水剪(CU)、固结排水剪(CD)。实验方法的选择应根据工程情况、土的性质、建筑物施工和应用条件及所采用的分析方法而定。不固结不排水剪实验是在整个实验过程中，从施加周围压力和增加轴向压力直到剪坏为止，均不允许试样排水。对饱和试样可测得总抗剪强度参数 c_u、φ_u 或有效抗剪强度参数 c'、φ' 和孔隙水压力系数 u。固结不排水剪实验是先使试样在某一周围压力下固结排水，然后保持在不排水情况下，增加轴向压力直到剪坏，可以测得总抗剪强度指标 c'、φ' 和孔隙水压力系数。固结排水剪实验是在整个实验过程中允许试样充分排水，即在某一周围压力下排水固结，然后在充分排水的情况下增加轴向压

力直到破坏为止，可以测定有效抗剪强度指标 c_d、φ_d。应力控制式三轴仪比应变控制式三轴剪切仪操作更为简便，可测定有效抗剪强度指标外还能测定变形指标。固结标准可采用两种方法，一种是以排水固结量达到稳定作为固结标准，另一种是以孔隙水压力完全消散或 $\Delta V-\sqrt{t}$（或 $\Delta V-\log t$）曲线估算主固结完成时间标准，根据国内外的经验，一般以固结度达到固结的 95% ~100% 作为主固结标准。

本实验针对细粒土采用《土工试验方法标准》(GB/T 50123—2019)三轴实验方法。该实验所用仪器是土的应变控制式三轴仪，主要测定黏性土的抗剪强度指标。实验涉及库仑定律的验证实验、土的抗剪强度指标的测定等内容，是大型、重点工程的必做项目。本实验属于演示性实验。

9.5.2 仪器设备

（1）应变控制式三轴仪，见图 9-18，由压力室、轴向加压设备、周围压力系统、反压力系统、孔隙水压力量测系统、轴向变形和体积变化量测系统组成。本实验采用用 TSZ30-2.0 型应变控制式三轴仪。

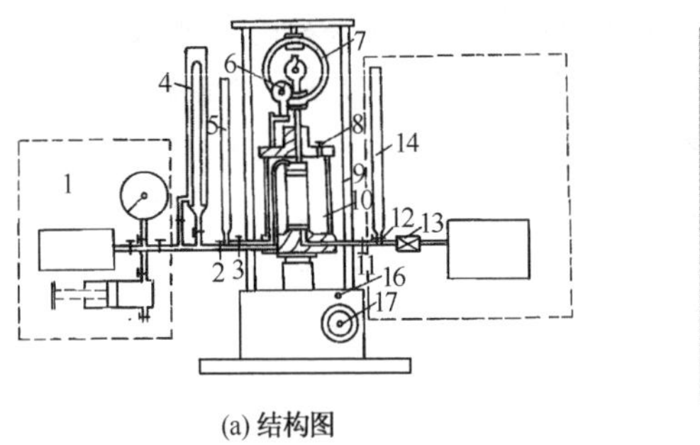

(a) 结构图

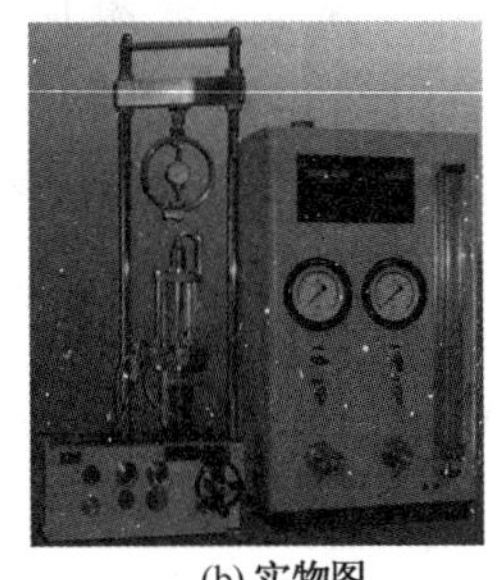

(b) 实物图

图 9-18 应变控制式三轴仪

1—周围压力系统；2—周围压力阀；3—排水阀；4—体变管；5—排水管；6—轴向位移表；7—测力计；8—排气孔；9—轴向加压设备；10—压力室；11—孔压阀；12—量管阀；13—孔压传感器；14—量管；15—孔压量测系统；16—离合器；17—手轮

（2）附属设备，包括击实器（图 9-19）、饱和器（图 9-20）、切土器、原状土分样器、切土盘（图 9-21）、承膜筒（图 9-22）和对开圆膜（图 9-23）。

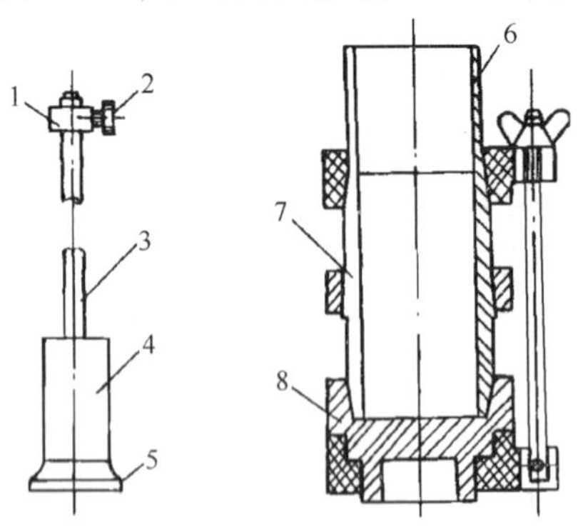

图 9-19 击实器

1—套环；2—定位螺丝；3—导杆；4—击锤；5—底板；6—套筒；7—击样筒；8—底座

（3）LP502A 天平，称量 500g，感量 0.01g；LP2001A 电子天平，称量 2kg，感量 0.1g。

（4）橡皮膜：是具有弹性的乳胶膜，对直径 39.1mm 和 61.8mm 的试样，厚度以 0.1 ~

0.2mm 为宜，对直径 101mm 的试样，厚度以 0.2～0.3mm 为宜。

(5)透水板：直径与试样直径相等，其渗透系数宜大于试样的渗透系数，使用前在水中煮沸并浸泡于水中。

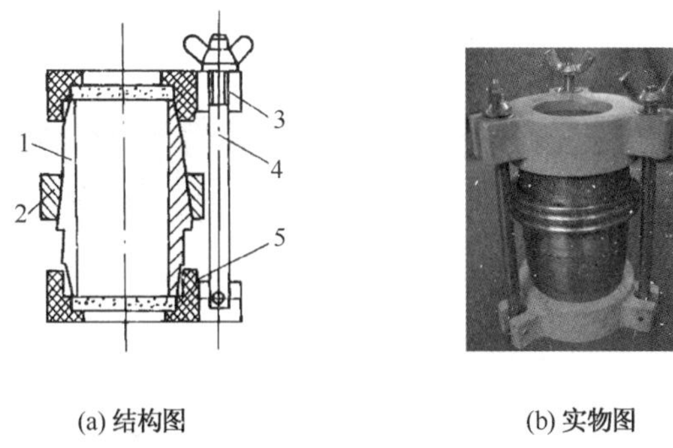

(a) 结构图　　(b) 实物图

图 9－20　饱和器

1—圆模(3 片)；2—紧箍；3—夹板；4—拉杆；5—透水板

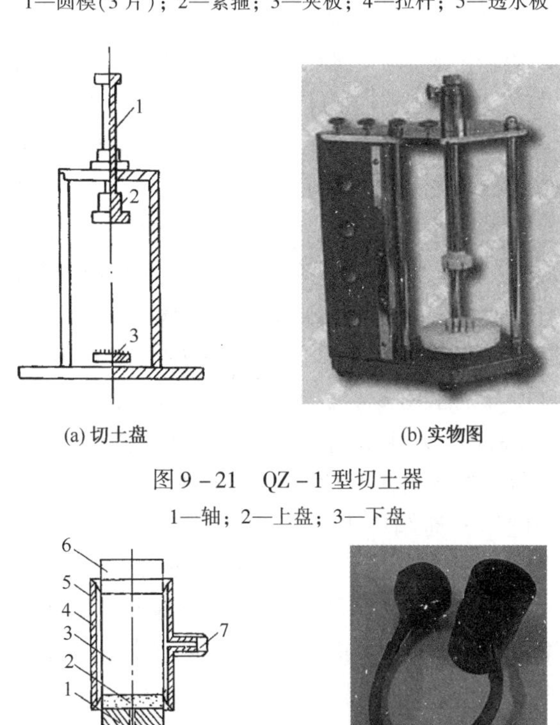

(a) 切土盘　　(b) 实物图

图 9－21　QZ－1 型切土器

1—轴；2—上盘；3—下盘

(a) 结构图　　(b) 实物图

图 9－22　承膜筒

1—压力室底座；2—透水板；3—试样；4—承膜筒；5—橡皮膜；6—上帽；7—吸气孔

9.5.3　检查仪器

(1) 周围压力测读分值一般可达 0.1kPa，根据试样强度的大小，选择不同量程的测力计，应使最大轴向压力的最大允许误差为 ±1%。

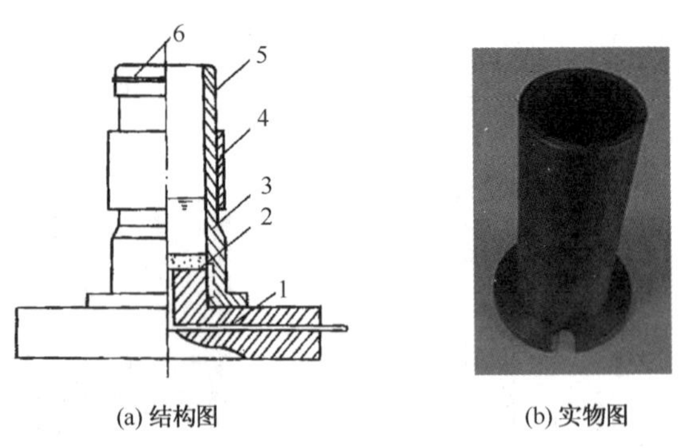

(a) 结构图　　(b) 实物图

图 9-23　对开圆模

1—压力室底座；2—透水板；3—制样圆模（两片合成）；4—紧箍；5—橡皮膜；6—橡皮圈

（2）孔压三通阀管路检查。首先检查孔压三通阀传感器内是否有气泡，将量管内注满无气水，将孔压三通阀与压力室关闭、量管与传感器连通，将孔压三通阀与传感器相连的连接头松开来，看管路是否通畅(若有水流出则通畅)，然后拧紧，再将传感器上的十字螺母松开来直到有水溢出，看是否有气泡，没有气泡时将十字螺母拧紧，然后将孔压三通阀量管与压力室连通，孔压传感器关闭，至水流出，排出孔压三通阀管路中的气泡，直至没有气泡将孔压三通阀关紧。孔隙压力测量系统的体积因数应小于 1.5×10^{-5}cm/kPa。

（3）排水管路检查。首先检查排水阀是否有气泡且是否畅通，打开排水阀，使排水试样帽中充水，看管路是否通畅（若有水流出则畅通），且将管路中的气泡排掉。试样帽及排水阀连接的细管两端不得有水泄漏，没有泄漏则关闭排水阀。

（4）围压三通阀管路检查。首先检查围压三通阀与压力表管相连的管内是否有气泡，将供水瓶内装入经过煮沸并冷却的水约多半瓶放至高处，首先将围压三通阀供水瓶与压力表连通与压力室关闭，关闭 σ_3 阀打开 σ_3 注水阀使水从供水瓶流向储水瓶排除管路中的空气，等管路中空气排净时且储水瓶中的水有多半瓶时，将 σ_3 注水阀关闭。

（5）检查完毕后，将围压三通阀压力室与压力表连通，供水瓶关闭，向压力室内加压 0.1MPa，若围压压力能加的上去并且能稳定住说明管路没有泄漏，且围压测量系统显示的压力是所加围压的 95% 即 0.095 MPa 就可进行实验，不满足要求需撤掉重新检查。

（6）检查完毕各个部位都正常后，关闭周围压力阀、孔隙压力阀和排水阀以备使用。

（7）检查橡皮膜是否漏气，扎紧两端，在膜内充气，然后在水下检查有无气泡溢出。

9.5.4　试样制备和饱和

（1）本实验需要 3～4 个试样，分别在不同周围压力下进行实验。

（2）试样直径为 39.1mm，高度为 80mm，或直径 61.8mm，高度 125mm，高度是直径的 2～2.5 倍。对于有裂缝、软弱面和构造面的试样，试样直径宜采用 101.0mm。

（3）对于较软弱的土样，则用钢丝锯或削土刀取一稍大于规定尺寸的土柱，放在切土盘的上下圆盘之间，用钢丝锯或削土刀紧靠侧板，由上往下仔细切削，边切削边转动圆盘，直到试样被削成规定的直径为止，然后削平上下两端。

（4）对较硬的土样，可先用削土刀切取一稍大于规定尺寸的土柱，上下两端削平。按试样所要求的层次、平放在切土器上，用切土器切削土样，边削边压切土器，直至切削到超出土样高度 2cm 为止。切好后将试样取出，按要求高度将两端削平。试样的两端面应平整、互相平行侧面垂直、上下均匀。试样切削时应避免扰动，当试样表面遇有砾石或凹坑时，允许用削下余土填补。

（5）扰动土试样制备的击实法应按下列步骤进行：选取一定数量的代表性土样，直径为 39. 1mm 的试样约取 2kg，直径为 61. 8mm 和 101. 0mm 试样分别取 10kg 和 20kg。经风干、碾碎、过筛、筛的孔径与土样粒径及试样直径的关系应符合下列规定：直径为 39. 1mm 和 61. 8mm 的试样，最大允许粒径为为试样直径的 1/10；直径为 101. mm 的试样，最大允许粒径为试样直径的 1/5。将需加的水量喷洒到土料上拌匀，稍静置后装入塑料袋，然后置于密闭容器内至少 20h，使含水率均匀。取出土料复测其含水率。含水率的最大允许差值应为 ±1%，当不符合要求时，应调整含水率至符合要求为止。击样筒的内径应与试样直径相同。击锤的直径宜小于试样直径，也可采用与试样直径的击锤。击样筒壁在使用前应先擦洗干净，涂一薄层凡士林。应根据预定的干密度和含水率，按规定备样后，在击实器内分层击实，粉质土宜3 ~5 层，黏土宜为 5 ~8 层，各层土料数量应相等，各层接触面应刨毛。击实最后一层，将击样器内的试样两端整平，取出称量质量，准确至 0. 01g（对试样直径为 39. 1 mm 或 61. 8mm）或 1g（对试样直径为 101mm），用卡尺测量并按式计算试样平均直径 D_0

$$D_0 = \frac{D_1 + 2D_2 + D_3}{4} \tag{9-15}$$

式中 D_1——试样上部位的直径，mm；

D_2——试样中部位的直径，mm；

D_3——试样下部位的直径，mm。

（6）砂类土的试样制备。根据实验要求的试样干密度和试样体积称取所需风干砂样质量，分 3 等份，在水中煮沸，冷却后待用；开孔隙压力阀及量管阀，使压力室充水。将煮沸过的透水板滑入压力室底座上，并用橡皮带把透水板包扎在底座上，以防砂土漏入底座中。关孔隙压力阀及量管阀，将橡皮膜的一端套在压力室底座上并扎紧，将对开模套在底座上，将橡皮模的上端翻出，然后抽气，橡皮模紧贴对开模内壁；在橡皮膜内注脱气水约达试样高得 1/3。用长柄小勺将煮沸冷却得一份砂样装入膜中，填至该层要求高度。对含有细粒土和要求高密度得试样，可采用干砂制备，用水头饱和或反压力饱和；

第 1 层砂样填完后，继续注水至试样高度得 2/3，再装第 2 层砂样。如此继续装样，直至模内装满为止。如果要求干密度较大，则可在填砂过程中轻轻敲打对开模，使所称出的砂样填满规定的体积。然后放上透水板、试样帽，翻起橡皮模，并扎紧在试样帽上。开量管阀降低量管，使关内水面低于试样中心高程以下约 0. 2mm，当试样直径为 101mm 时，应低于试样中心高度以下约 0. 5m，在试样内产生一定负压，使试样能站立。拆除对开模，测量试样高度与直径，复核试样干密度。

（7）取余土，测定含水率。对于同一组原状土取三个试样，密度平行差值不宜大于 0. 03g/cm^3，含水率差值不大于 2% 。

（8）根据土的性质和状态以及对饱和度的要求，可采用不同的方法进行试样饱和。如抽气饱和法、水头饱和法和反压力饱和法等。

抽气饱和法是将装有试样的饱和器置于无水的抽气缸内，进行抽气，当真空度接近当地 1 个大气压后，应继续抽气，抽气时间粉土大于 0. 5h，黏土应大于 1h，密实的黏土应大于

2h，当抽气时间达到规定后，徐徐注入清水，并保持真空度稳定。待饱和器完全被水淹没即停止抽气，并释放抽气杠的真空，试样在水下静置时间应大于10h，然后取出试样并称其质量。

水头饱和法适用于粉土或粉质砂土，按照步骤安装好试样，试样顶用透水帽，然后施加20kPa的周围压力，并同时提高试样底部量管的水面和降低试样底部固结排水管的水面，使两管水面差在1m左右。打开量管阀、孔隙压力阀和排水阀，让水自下而上通过试样，直至同一时间间隔内量管流出的水量与固结排水管内的水量相等为止。当需要提高试样的饱和度时，宜在水头饱和前，从底部将二氧化碳气体通入试样，置换孔隙中的空气，二氧化碳的压力宜为5～10kPa，再进行水头饱和；当试样要求完全饱和时，可采用反压力饱和法，在试样装好后装上压力室罩，关孔隙压力阀和反压力阀，测记体变管读数。先对试样施加20kPa的周围压力压力预压，并开孔隙压力阀待孔隙压力稳定后记下读数，然后关孔隙压力阀。反压力应分级施加，并同时分级施加周围压力，以减少对试样的扰动，在施加反压力过程中，始终保持周围压力比反压力大20kPa，反压力和周围压力的每级增量对软黏土取30kPa，对坚实的土或初始饱和度较低的土，取50～70kPa。操作时，先调周围压力至50kPa，并将反压力系统调至30kPa，同时打开周围压力阀和反压力阀，再缓缓打开孔隙压力阀，待孔隙压力稳定后，侧记孔隙压力计和体变管读数，再施加下一级的周围压力和反压力。计算每级周围压力下的孔隙压力增量Δu，并与周围压力增量$\Delta\sigma_3$比较，当孔隙水压力增量与周围压力增量之比大于0.98时，认为试样饱和，否则按反压力饱和法重复施加反压力，直至试样饱和为止。

9.5.5　不固结不排水三轴实验操作步骤

（1）对压力室底座充水，在底座上放置不透水板，并依次放置试样、不透水板、试样帽。将橡皮膜放入承膜筒内，两端翻出筒外。从吸耳球吸气，使橡皮膜紧贴承膜筒内壁，然后套在试样上，放气，翻起橡皮膜两端，取出承膜筒。用橡皮圈将橡皮膜两端与底座及试样帽分别扎紧。

（2）将压力室罩顶部活塞提高，放下压力室罩，将活塞对准试样帽中心，并均匀地拧紧底座连接螺母，打开排气孔，向压力室内注满纯水，待压力室顶部排气孔有水溢出时，拧紧排气孔，并将活塞对准测力计和试样顶部。

（3）将离合器至粗位，转动粗调手轮；当试样帽与活塞及测力计接近时，离合器调至细位，改用细调手轮，使试样帽与活塞及测力计接触，当测力计的测微表微动，表示活塞已与试样帽接触，然后将测力计的测微表或轴向位移计的读数调到零位。

（4）关体变管阀及孔隙压力阀，关排水阀，开周围压力阀，施加周围压力。周围压力的大小应与工程的实际小主应力σ_3大致相等，也可按100kPa、200kPa、300kPa、400kPa施加。

（5）剪切应变速率宜为每分钟应变0.5%～1.0%。

（6）将离合器调至电动升降位，启动电动机，开始剪切。试样每产生0.3%～0.4%的轴向应变（或0.2mm变形值），测记一次测力计读数和轴向位移读数。当轴向应变大于3%时，试样每产生0.7%～0.8%的轴向应变（或0.5mm变形值），测记一次。

（7）当测力计读数出现峰值时，再继续剪切至3%～5%轴向应变；轴向力读数无明显减少时再继续剪切到轴向应变为15%～20%。

（8）实验结束，关电动机，关周围压力阀，离合器调至粗调位，转动粗调手轮，将压力室降下，打开排气孔，排除压力室内的水，拆卸压力室罩，拆除试样，描述试样破坏形状，称试样质量，并测定含水率。对于直径 39.1mm 的试样宜取整个试样烘干测定，对直径 61.8mm 和 101mm 的试样可取剪切面附近的代表性土样烘干、测定含水率。

（9）对其余几个试样，在不同周围压力作用下按上法进行剪切实验。

9.5.6　不固结不排水三轴实验结果整理及数据记录

（1）轴向应变应按下式计算：

$$\varepsilon_1 = \frac{\Delta h_1}{h_0} \times 100 \tag{9-16}$$

式中　ε_1——轴向应变，%；

Δh_1——剪切过程中试样的高度变化，mm；

h_0——试样初始高度，mm。

（2）试样面积的校正应按下式计算：

$$A_a = \frac{A_0}{1 - \varepsilon_1} \tag{9-17}$$

式中　A_a——试样的校正断面积，cm^2；

A_0——试样的初始断面积，cm^2。

（3）主应力差应按下式计算：

$$\sigma_1 - \sigma_3 = \frac{CR}{A_a} \times 10 \tag{9-18}$$

式中　$\sigma_1 - \sigma_3$——主应力差，kPa；

σ_1——大总主应力，kPa；

σ_3——小总主应力，kPa；

C——测力计率定系数，N/0.01mm；

R——测力计读数，0.01mm；

10——单位换算系数。

（4）以主应力差为纵坐标，轴向应变为横坐标；绘制主应力差与轴向应变关系曲线（图 9－24）。取曲线上主应力差的峰值作为破坏点，无峰值时，取 15% 轴向应变时的主应力差值作为破坏点。

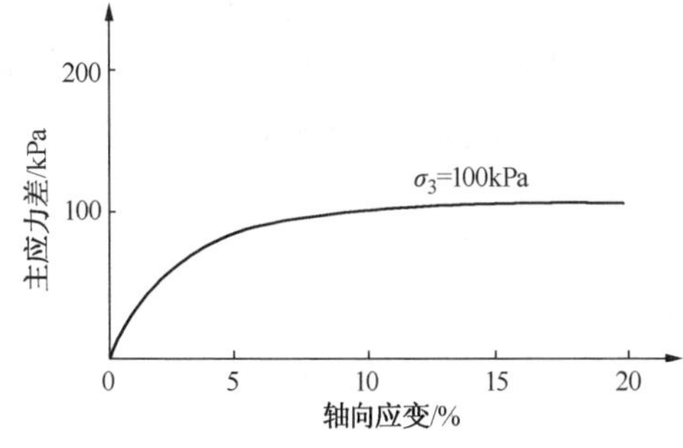

图 9－24　主应力差与轴向应变关系曲线

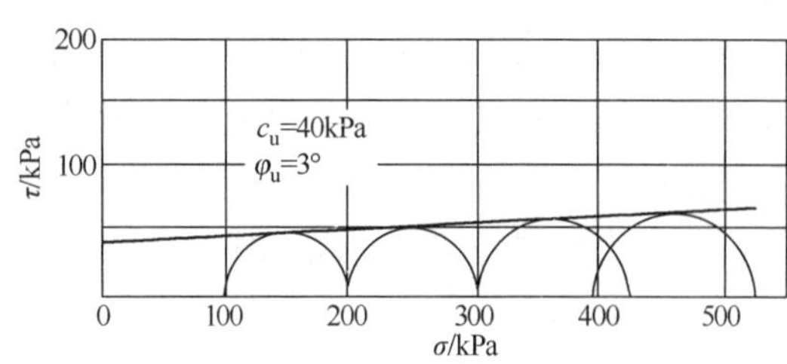

图 9－25　不固结不排水强度包线

（5）以剪应力为纵坐标，法向应力为横坐标，在横坐标轴上以破坏时的 $(\sigma_{1f} + \sigma_{3f})/2$ 为圆心，以 $(\sigma_{1f} - \sigma_{3f})/2$ 为半径，在 $\tau - \sigma$ 应力平面上绘制破损应力圆，并绘制不同周围压力下破损应力圆的包线，求出不固结不排水强度参数，见图 9－25。

（6）表 9－10 为不固结不排水三轴实验记录格式。表 9－11 为不固结不排水三轴实验含水率和密度记录格式。

表 9－10　不固结不排水三轴实验记录格式

钢环系数 C ______（N/0.01mm）		剪切速率______（mm/min）		周围压力______kPa
轴向变形/0.01mm	轴向应变 ε_1/%	校正面积 A_a/cm^2	钢环读数 R/0.01mm	主应力差（$\sigma_1-\sigma_3$）/kPa
Δh_1	$\varepsilon_1=\dfrac{\Delta h_1}{h_0}$	$A_a=\dfrac{A_0}{1-\varepsilon_1}$		$\sigma_1-\sigma_3=\dfrac{CR}{A_a}\times 10$
……				

表 9－11　不固结不排水三轴剪切实验含水率和密度记录格式

盒号				试样面积/cm^2	
湿土质量/g				试样高度/cm^2	
干土质量/g				试样体积/cm^3	
含水率/%				试样质量/g	
平均含水率/%				密度/（g/cm^3）	

9.5.7　固结不排水三轴实验步骤

（1）开孔隙水压力阀和量管阀，对孔隙水压力系统及压力室底座充水排气后，关孔隙水压力阀和量管阀。压力室底座上依次放上透水板、湿滤纸、试样、湿滤纸、透水板，试样周围贴浸水的滤纸条 7～9 条。滤纸条宽度应为试样直径的 1/5～1/6，滤纸条两端与透水石连接，当要施加反压力饱和试样时，所贴的滤纸条必须中间断开约试样高度的 1/4，或自底部贴至试样高度的 3/4 处。将橡皮膜用承膜筒套在试样外，并用橡皮圈将橡皮膜下端与底座扎紧。用软刷子或双手自下向上轻轻按拂试样以排除试样与橡皮膜之间的气泡，对于饱和软黏土，打开孔隙压力阀和量管阀，使水缓慢地从试样底部流入，排除试样与橡皮膜之间的气泡，关闭孔隙压力阀和量管阀。打开排水管阀，使试样帽中充水，以排除管路中的气泡，放在透水板上，用橡皮圈将橡皮膜上端与试样帽扎紧，降低排水管，使管内水面位于试样中心以下 20～40cm，吸除试样与橡皮膜之间的余水，关排水阀。需要测定土的应力应变关系时，应在试样与透水板之间放置中间夹有硅脂的两层圆形橡皮膜，膜中间应留有直径为 1cm 的圆孔排水。

（2）压力室罩安装、充水及测力计调整应按不固结不排水三轴实验的步骤进行。

（3）调节排水管使管内水面与试样高度的中心齐平，打开排水管阀测记排水管水面起始读数，并关闭排水管阀。

（4）使量管水面位于试样中心高度处，开量管阀，测读传感器，记下孔隙压力初始读数，关闭量管阀。

（5）施加周围压力后，再打开孔隙压力阀，待孔隙水压力稳定后测定孔隙压力、读数，减去孔隙压力计初始读数，即为周围压力与试样的初始孔隙压力。

（6）打开排水阀。在打开排水管阀的同时开动秒表，按第6s、第15s、第1min、第4min、第6min15s、第9min、第12min15s、16min、20min15s、25min、30min15s、36min、42min15s、49min、64min、100min、200min…测记固结排水管水面及孔隙压力读数。直至孔隙压力消散95%以上。

（7）固结完成后，关排水管阀，记下体变管排水管水面和孔隙压力读数。微调压力机升降台使活塞与试样接触，此时轴向变形指示计的变化值即为试样固结的高度变化 Δh，以此算出固结后试样高度 h_c，然后将量力环测微表和垂直变形测微表调至零。

（8）固结完成后才可开始剪切，剪切应变速率黏土宜为每分钟应变0.05%~0.1%；粉土为每分钟应变0.1%~0.5%。

（9）将测力计、轴向变形指示计及孔隙水压力读数均调整至零。

（10）离合器调至电动升降位，启动电动机，开始剪切。测力计、轴向变形、孔隙水压力应按不固结不排水三轴实验中步骤进行测记。

（11）实验结束，关电动机，关各阀门，将离合器调至粗位，转动粗调手轮，将压力室降下，打开排气孔，排除压力室内的水，拆卸压力室罩，拆除试样，描述试样破坏形状，称试样质量，并测定试样含水率。

9.5.8　固结不排水剪实验数据整理及记录格式

（1）试样固结后的高度，应按下式计算：

$$h_c = h_0 \left(1 - \frac{\Delta V}{V_0}\right)^{1/3} \tag{9-19}$$

式中　h_c——试样固结后的高度，cm；

ΔV——试样固结后与固结前的体积变化，cm^3。

（2）试样固结后的面积，应按下式计算：

$$A_c = A_0 \left(1 - \frac{\Delta V}{V_0}\right)^{2/3} \tag{9-20}$$

式中　A_c——试样固结后的断面积，cm^2。

（3）试样面积的校正，应按下式计算：

$$A_a = \frac{A_0}{1 - \varepsilon_1} \tag{9-21}$$

$$\varepsilon_1 = \frac{\Delta h}{h_0} \tag{9-22}$$

（4）主应力差按不固结不排水实验中给出的公式计算。

（5）有效主应力应按下式计算：

$$\sigma'_1 = \sigma_1 - u \tag{9-23}$$

$$\sigma'_3 = \sigma_3 - u \tag{9-24}$$

式中　σ_1'——有效大主应力，kPa；

u——孔隙水压力，kPa；

σ_3'——有效小主应力，kPa。

（6）有效主应力比按下式计算：

$$\frac{\sigma'_1}{\sigma'_3}=\frac{\sigma_1-u}{\sigma_3-u}=1+\frac{\sigma'_1-\sigma'_3}{\sigma'_3} \tag{9-25}$$

（7）孔隙水压力系数，应按下式计算：

$$B=\frac{u_0}{\sigma_3} \tag{9-26}$$

$$A_f=\frac{u_f}{B(\sigma_1-\sigma_3)} \tag{9-27}$$

式中 B——初始孔隙水压力系数，无单位；

u_0——施加周围压力产生的孔隙水压力，kPa；

A_f——破坏时的孔隙水压力系数，无单位；

u_f——试样破坏时，主应力差产生的孔隙水压力，kPa。

（8）以轴向应变 ε_1（%）为横坐标，以主应力差（$\sigma_1-\sigma_3$）、有效主应力比 $\frac{\sigma_1'}{\sigma_3'}$、孔隙压力 μ 为纵坐标，绘制（$\sigma_1-\sigma_3$）$-\varepsilon_1$、$\frac{\sigma'_1}{\sigma'_3}-\varepsilon_1$、$\mu-\varepsilon_1$ 关系曲线，如图 9－26、图 9－27 所示。

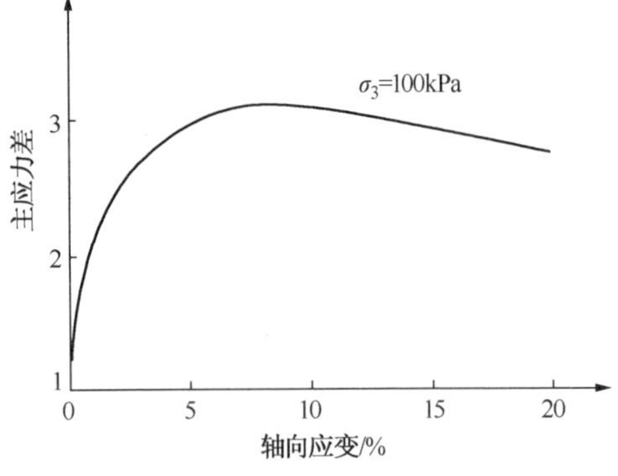

图 9－26 有效应力比与轴向应变关系曲线

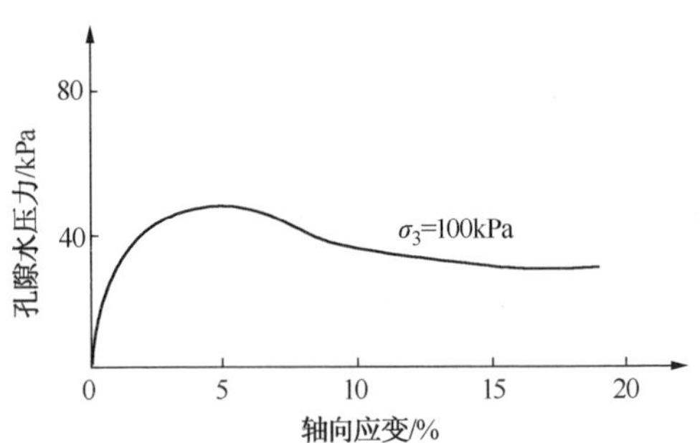

图 9－27 孔隙压力与轴向应变关系曲线

（9）以 $\frac{\sigma_1'-\sigma_3'}{2}\left[\frac{(\sigma_1-\sigma_3)}{2}\right]$ 为纵坐标，$\frac{\sigma_1'+\sigma_3'}{2}\left[\frac{(\sigma_1+\sigma_3)}{2}\right]$ 为横坐标，绘制应力路径关系曲线，见图 9－28，并计算有效内摩擦角和有效黏聚力：

$$\varphi'=\sin^{-1}\tan\alpha \tag{9-28}$$

$$c'=\frac{d}{\cos\varphi'} \tag{9-29}$$

式中 φ'——有效内摩擦角，（°）；

α——应力路径图上破坏点连线的倾角，（°）；

c'——有效黏聚力，kPa；

d——应力路径上破坏点连线在纵轴上的截距，kPa。

（10）以主应力差或有效主应力比的峰值作为破坏点，无峰值时，以有效应力路径的密集点或轴向应变 15% 时的主应力差值为破坏点，以剪应力为纵坐标，法向应力为横坐标，在横坐标轴以破坏时的$\frac{\sigma_{1f}+\sigma_{3f}}{2}$为圆心，以$\frac{\sigma_{1f}-\sigma_{3f}}{2}$为半径，在$\tau-\sigma$应力平面上。绘制破损应力圆及不同周围压力下的破损应力圆包线，并求出总应力强度参数；有效内摩擦角和有效黏聚力，应以$\frac{\sigma_1+\sigma_3}{2}$为圆心，$\frac{\sigma'_1-\sigma'_3}{2}$为半径绘制有效破损应力圆确定，见图 9－29。

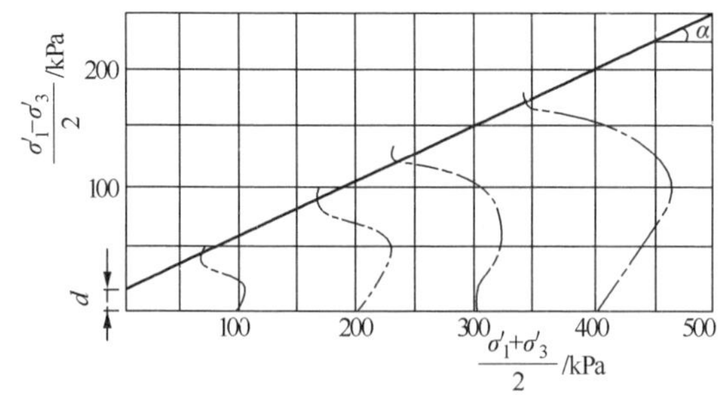

图 9－28　应力路径关系曲线

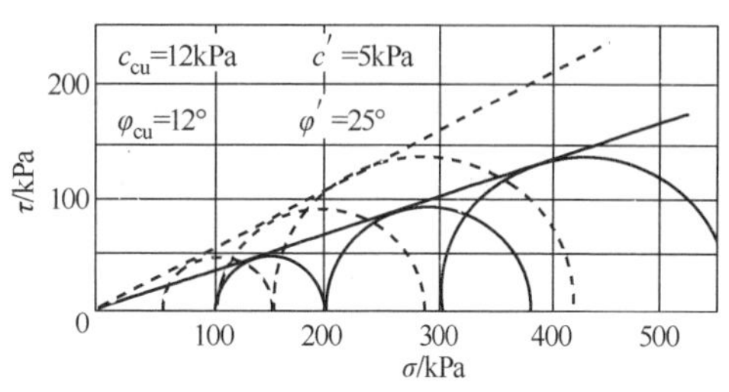

图 9－29　固结不排水剪强度包络线

9.5.9　固结排水三轴实验步骤

（1）试样的安装、固结、剪切应按固结不排水三轴实验中的步骤进行。但在剪切过程中应打开排水阀。剪切速率宜为 0.003%/min～0.012%/min。

（2）试样固结后的高度、面积，应按式(9－19)、式(9－20)进行计算。

（3）剪切时试样面积的校正，应按下式计算：

$$A_a=\frac{V_c-\Delta V_i}{h_c-\Delta h_i} \tag{9-30}$$

式中　ΔV_i——剪切过程中试样的体积变化，cm^3；

Δh_i——剪切过程中试样的高度变化，cm。

（4）主应力差按式(9－18)计算，有效应力比及孔隙水压力系数按式(9－23)～式(9－27)计算。

（5）主应力差与轴向应变关系曲线应按不固结不排水三轴实验的规定绘制，主应力比与轴向应变关系曲线应按固结不排水三轴实验的规定绘制。

（6）以体积应变为纵坐标，轴向应变为横坐标，绘制体积应变与轴向应变关系曲线。

（7）破损应力圆，有效内摩擦角和有效黏聚力应按固结不排水三轴实验中步骤绘制和确定，见图 9－30。

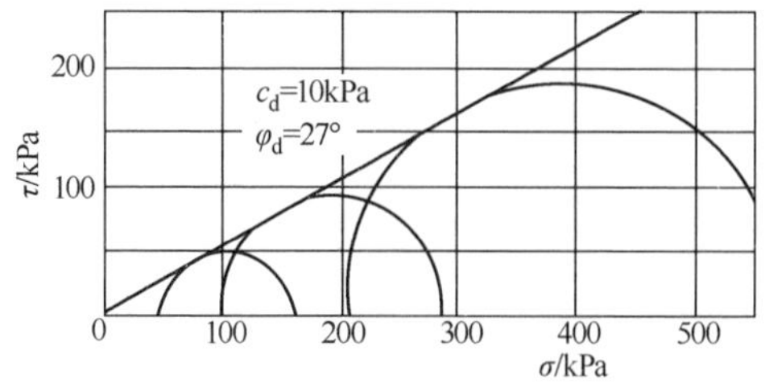

图 9－30　固结排水剪强度包络线

9.5.10 注意事项

(1) 实验前，透水板要煮沸腾以便排出气泡，橡皮膜要检查是否有漏洞。

(2) 实验时，压力室里要充满纯水，确保没有气泡。

(3) 实验前，首先要检查管路，查看管路中有没有气泡，有气泡的话要排除后才可安装试样。

(4) 实验结束，首先要关掉电动机按钮然后再关掉仪器电源。

9.5.11 思考题

(1) 三轴实验和直接剪切实验有什么不同？为什么三轴实验更接近真实情况？

(2) 在实验过程中，施加围压后，压力稳定大概需要长时间？

附　　录

附录 1　DHG－9140 电热恒温鼓风干燥箱的使用

附 1.1　仪器参数

电源电压为 220V、50Hz，功率 1540W，控温范围 50～200℃，温度波动 ±1℃，跟踪报警 ±10℃，工作尺寸 450mm×550mm×550mm，不锈钢工作室，带观察窗。

附 1.2　使用操作步骤

（1）把需要干燥的物品放入干燥箱内，关好箱门。

（2）把电源开关拨至"1"处，此时电源指示灯亮。

（3）初次使用需设定温度。温度设定过程即先按控温仪的功能键"set"进入温度设定状态，SV 设定显示一闪一闪，再按移位键"▷"，将光标移动到准备设定的位上，按加键"▲"或减键"▼"选好该位上需要的数字，该位即设定好，然后将光标移动到其他位置上设定好数字后设定结束，再按功能键"set"键确认。此仪器设定温度通常为 105℃或 65℃。

（4）设定结束后，各项数据长期保存，此时仪器进入升温状态，加热指示灯亮。当箱内温度接近设定温度时，加热指示灯忽亮忽熄，反复多次，控制进入恒温状态。

附录 2　ϕ400mm 干燥器使用

附 2.1　技术参数

内径 400mm。

附 2.2　操作步骤

（1）在磨口的盖子边上涂凡士林，干燥器内底部放无水氯化钙或变色硅胶或浓硫酸等干燥剂，干燥剂的上面放一个带孔的圆形瓷盘。干燥器是保持物品干燥的仪器，所以凡已干燥但又易吸水或需长时间保持干燥的固体都应放在干燥器内保存。

（2）打开干燥器时，将一只手扶住干燥器，另一只手从相对的水平方向小心移动盖子即可打开，并将其斜靠在干燥器旁，谨防滑动。

（3）取出物品后，按同样方法盖严，使盖子磨口边与干燥器吻合。

(4) 搬动干燥器时，必须用两手的大拇指按住盖子，以防滑落而打碎。长期存放物品或在冬天，磨口上的凡士林可能凝固而难以打开，可以用湿的热毛巾温一下或用电吹风热风吹干燥器的边缘，使凡士林熔化再打开盖。注意打开时不要把盖子往上提。

附录3 LP203A 电子分析天平使用

附 3.1 技术参数

最大称量 200g，最小分度值 0.001g，线性误差≤0.002，校准砝码质量 200g，标准偏差 0.001g，四角误差≤ ±0.004，检定标尺分度值 $e=10d$，去皮范围 0～200g，稳定时间 3～5s，使用环境温度 10～40℃，使用 RS232 输出，秤盘尺寸，圆盘 φ86mm，外形尺寸 290mm×210mm×315mm，净重 7kg，电源交流电压 220V，允许电压波动 -15%～+10%，功耗 8W。

附 3.2 操作使用说明

(1) 将盖板安装到天平主体上，安装好秤盘组件，连接电源线到天平电源插座上。

(2) 通过调整水平支座旋钮将水准器气泡调到中心位置。

(3) 将仪器面板后部电源线插头接入外部 220V 交流电源上，按“开关”键，天平显示全亮并扫描显示 CH1～CH9，稳定后显示 0.000g，天平开机后应有 30min 的预热时间。

(4) 去皮操作，按“T”键，秤盘上被称的物体质量显示清零，此时天平显示 0.000g，此时去除被称物体，则显示负值，表示去除物体的质量值。

(5) 天平读数，当天平“ ± 号”下面的稳定性符号“o”出现时表示天平还未稳定，只有当“o”消失时表示示值已稳定可以进行读数。

(6) 底部称量操作，将天平底部盖板旋转 180℃，即可见天平底部称量吊钩，并可进行天平底部称量操作。

(7) 天平校准操作。清除天平秤盘上的被称物体，按去皮键“T”键，天平显示 0.000g，按校准键“C”键，天平显示“C”和“g”，把校准砝码 200g 放在秤盘上，待天平显示 CC，并发出“嘟”声，即表示校准完毕。去除砝码，按“T”键，待显示 0.000g，即可进行称量。

(8) 称量完毕，要将物体从秤盘上移去。按电源键关掉电源，拔掉外接电源。

(9) 注意事项。天平工作台应使用水平防振工作台，天平应放在无振动、气流、热辐射及含有腐蚀性气体的环境中。外接电源必须是 220V 交流电，用户必须保证天平电源具有良好的接地线。

附录4 sc404－2.4 电热砂浴器使用

附 4.1 技术参数

平板尺寸 35cm×45cm，电压 220V，功率 0.8～2.4kW，控温范围 360～420℃。

附 4.2　使用操作方法

(1) 将电热容器内放 7～8cm 的水洗砂，将比重瓶放在砂里，并将比重瓶底部有溶液的部分包裹在砂内。

(2) 插上外接电源，打开仪器前端下面的电源开关，电源指示灯亮。根据需要可以选择打开一个至三个电源开关，每个电源开关功率为 800W。

(3) 使用完毕将电源开关关闭，将仪器的外接电源拔掉。带上布手套将比重瓶取出。砂不必取出可重复使用，盖好仪器套。

附录 5　不同温度下洁净水的密度

g/cm³

温度/℃	0.0	0.1	0.2	0.3	0.4	0.5	0.6	0.7	0.8	0.9
5	0. 9999919	0. 9999902	0. 9999883	0. 9999864	0. 9999842	0. 9999819	0. 9999795	0. 9999769	0. 9999741	0. 9999712
6	0. 9999681	0. 9999649	0. 9999616	0. 9999581	0. 99999544	0. 9999506	0. 9999467	0. 9999426	0. 9999384	0. 9999340
7	0. 9999295	0. 9999248	0. 9999200	0. 9999150	0. 9999099	0. 9999046	0. 9998992	0. 9998936	0. 9998879	0. 9998821
8	0. 9998762	0. 9998701	0. 9998638	0. 9998574	0. 9998509	0. 9998442	0. 9998374	0. 9998305	0. 9998234	0. 9998162
9	0. 9998088	0. 9998013	0. 9997936	0. 9997859	0. 9997780	0. 9997699	0. 9997617	0. 9997534	0. 9997450	0. 9997364
10	0. 9997277	0. 9997189	0. 9997099	0. 9997008	0. 9996915	0. 9996820	0. 9996724	0. 9996627	0. 9996529	0. 9996428
11	0. 9996328	0. 9996225	0. 9996121	0. 9996017	0. 9995911	0. 9995803	0. 9995694	0. 9995585	0. 9995473	0. 9995361
12	0. 9995247	0. 9995132	0. 9995016	0. 9994898	0. 9994780	0. 9994660	0. 9994538	0. 9994415	0. 9994291	0. 9994166
13	0. 9994040	0. 9993913	0. 9993784	0. 9993655	0. 993524	0. 9993391	0. 9996258	0. 9993123	0. 9992987	0. 9992850
14	0. 9992712	0. 9982572	0. 9992432	0. 9992290	0. 9992147	0. 9992003	0. 9991858	0. 9991711	0. 9991564	0. 9991415
15	0. 9991265	0. 9991113	0. 9990961	0. 9990608	0. 9990653	0. 9990497	0. 9990340	0. 990182	0. 9990023	0. 9989862
16	0. 9989701	0. 9989538	0. 9989374	0. 9989209	0. 9989043	0. 9988876	0. 9988707	0. 9988538	0. 9988367	0. 9988195
17	0. 9988022	0. 9987849	0. 9987673	0. 9987497	0. 9987319	0. 9987141	0. 9986961	0. 9986781	0. 9986599	0. 9986416
18	0. 9986232	0. 9986046	0. 9985861	0. 9985673	0. 39985485	0. 9985295	0. 9985105	0. 9984913	0. 9984720	0. 9984326
19	0. 9984331	0. 9984136	0. 9983938	0. 9983740	0. 9983541	0. 9983341	0. 9983140	0. 9982937	0. 9982733	0. 9982529
20	0. 9982323	0. 9982117	0. 9981909	0. 9981701	0. 9981490	0. 9981280	0. 9981086	0. 9980695	0. 9980641	0. 9980426
21	0. 9980210	0. 9979993	0. 9979775	0. 99779556	0. 9979043	0. 9979114	0. 9978892	0. 9978669	0. 9978444	0. 9978219
22	0. 9977993	0. 9977765	0. 9977537	0. 9977308	0. 9977077	0. 9976846	0. 9976613	0. 9976380	0. 9976145	0. 9975918
23	0. 9975674	0. 9975437	0. 9975198	0. 9974959	0. 9974718	0. 9974477	0. 9974435	0. 9973991	0. 9973717	0. 9973502
24	0. 9983256	0. 9973009	0. 9972760	0. 9972511	0. 9972261	0. 9972010	0. 9971758	0. 9971505	0. 9971250	0. 9970995
25	0. 9970739	0. 9970432	9970225	0. 9969966	0. 9969706	0. 9969445	0. 9969184	0. 9968921	0. 9968657	0. 9968393
26	0. 9968128	0. 9967861	0. 9967594	0. 9967326	0. 9967057	0. 9966736	0. 9966515	0. 9966243	0. 9965970	0. 9965696
27	0. 9965241	0. 9965146	0. 9964869	0. 9964591	0. 9964313	0. 9964033	0. 9963753	0. 9963472	0. 9963190	0. 9962907
28	0. 9962623	0. 9952338	0. 9962052	0. 9961766	0. 9961478	0. 9961190	0. 9960901	0. 9960610	0. 9960319	0. 9960027
29	0. 9959735	0. 9959440	0. 9959146	0. 9958850	0. 9958554	0. 9958257	0. 9957958	0. 9957659	0. 9957359	0. 9957059

附录 6　DK－S22 电热恒温水浴锅使用

附 6.1　技术参数

电源电压 220V，50Hz，功率 500W，控温范围为 $RT+5\sim99$℃，准确度 0.1℃，温度波动为 ±0.5℃，跟踪报警 ±3℃，工作尺寸为 300mm × 150mm × 110mm。

附 6.2　使用操作步骤

（1）在水浴锅内加入清洁温水至总高度的 1/2 ~ 2/3 处。

（2）把电源开关拨至"1"处，控温仪面板上即有数字显示表示电源接通。

（3）温度设定。先按控温仪的功能键"set"进入温度设定状态，SV 设定显示一闪一闪，再按移位键"▷"，将光标移动到准备设定的位上，按加键"▲"或减键"▼"选好该位上需要的数字该位即设定好，然后将光标移动到其他位置上设定好数字后设定结束，再按功能键"set"键确认。

（4）设定结束后，各项数据长期保存，此时水槽进入升温状态，加热指示灯亮。当箱内温度接近设定温度时，加热指示灯忽亮忽熄，反复多此，控制进入恒温状态。

附 6.3　使用注意事项

（1）水浴锅外壳必须有效接地，以保证使用安全。

（2）在未加水之前，切勿按下温控开关，以防烧毁电热管。

（3）控温仪参数设定功能的各项参数出厂前已调整好，请不要随意调整。

附录 7　BHG 型真空饱和装置使用

附 7.1　技术参数

采用 1Cr18Ni9Ti 不锈钢材料制作而成，容积 300mm × 300mm × 300mm。使用本装置饱和土样时，按照《土工试验方法标准》（GB/T 50123—2019）装样，接通电源前，将本装置用真空橡胶管（附件）与真空泵（抽气机）连接。

附 7.2　操作使用步骤

（1）将试样放入缸内，盖好盖子，将"盖"上的两阀门关闭（一只真空阀，一只注水阀）。

（2）对盖微加压力，启动真空泵，徐徐开启真空阀（过快开阀会导致真空泵喷油）。此时真空压力表上的值则表示真空值，将真空压力值加至 0.1MPa，然后将真空阀关闭。

（3）将注水阀管的另一端与水源连通，将注水阀打开，则水进入真空缸，水进入缸内水量满足实验要求时，将注水阀关闭，将试样在缸内饱和 12h 后即可使用。

附录8 LP502A电子天平使用

附8.1 仪器参数

最大称量范围500g，灵敏度0.01g，环境温度5～35℃，电源电压220V，功耗5W。仪器界面上的符号意义“c”表示校准键，“p”表示打印键，“N”表示计数键，“T”表示去皮键。

附8.2 使用方法

(1) 接通电源，仪器自检。插上电源线，打开电子天平后面的电源开关，打开显示屏，显示屏内绿色显示部分先显示全亮8888后，接着依次显示E－1至E－9，表示仪器正在检查天平的各个部分，然后显示0.00g后，即可进入正常称量工作(为保证称量稳定，天平应开机通电至少预热15min后称量)。

(2) 称量。盘上放置称量物，天平显示器末位g显示时，表示天平已稳定，可以读数。

(3) 称量结束后，关掉仪器后面的电源开关，关闭显示屏，再拔掉电源线。

附8.3 去皮称量方法

首先接通电源，仪器自检结束当仪器可以正常称量后，先放上皮重，然后按一下“T”去皮键，显示屏上显示值为0.00g，之后放称量物，显示屏上显示的是净重。如果去皮键显示0.00g后，拿掉皮重荷载，显示屏显示的是负值，再按一下去皮键，显示回零值。

附8.4 单位变换方法

(1) 仪器可以正常称量显示0.00g后，天平空盘。

(2) 按一下计数键N，显示屏显示－－－－，进入量制转化状态。

(3) 按去皮键T一次，即循环显示一次，依次显示克、克拉、盎司。

(4) 设置完成后，按计数键恢复至称量状态。

附8.5 仪器校正的操作方法

(1) 通电时间不少于15min。

(2) 空盘，显示屏显示0.00g，按校正键“c”，显示屏上显示“c”。

(3) 放标准砝码500g。

(4) 天平发出连续“嘟、嘟”声，并显示校准重量500g(如果显示CE则重新关－开电源开关，重复上述步骤(1)～(4)，校准完毕。

(5) 取下标准砝码，天平自动恢复零点，即可进行正常称量。

附8.6 仪器使用注意事项

(1) 仪器的最大称量范围500g，请不要称量大于500g物品。

(2) 使用过程中，不要在天平周围或上方开电扇或空调，要保持气流稳定，以免影响称量结果。

(3) 不要将仪器放置在具有振动、旋转或往复移动的装置附近。

(4) 使用前先将仪器调平。

附录9　SF－150水泥细度负压筛析仪使用

附9.1　技术参数

工作负压－6000～－4000Pa，喷气嘴转速(30±2)r/min，筛析时间120s，筛析测试细度0.080mm，电源电压为交流220V，整机功率900W，外形尺寸500mm×300mm×780mm，净重30kg。

附9.2　使用操作步骤

(1) 实验前，调节数显式时间继电器，按动时间显示框上下的"＋"或"－"键，将数字框内的数字设定为120即120s。按"＋"号键一次相对应位置框内数字增加1，按"－"键一次相对应位置框内数字减少1。

(2) 把负压筛放在筛坐上，盖上筛盖，将仪器的电源线与外接电源连通，按下仪器的开关键，打开电源，左右旋调负压旋钮使负压处于－6000～－4000Pa范围内，然后再次按下仪器的开关键关机。

(3) 称取试样25g，置于洁净的负压筛中，盖上筛盖，按下仪器的开关键启动仪器进行连续筛析。当筛析满120s后，仪器自动停止。

(4) 筛毕，用天平称筛上的余物。

(5) 使用一段时间后负压达不到国标要求－6000～－4000Pa时，此时需清洁吸尘器中的收尘袋。负压筛使用10次后即需用水清洗，但不可用弱酸浸泡。

附录10　NJ－160A水泥净浆搅拌机使用

附10.1　技术参数

慢速搅拌时公转速度(62±5)r/min，自转速度(140±5)r/min，一次自动控制程序时间120s。快速搅拌时公转速度(125±10)r/min，自转速度(285±10)r/min，一次自动控制程序时间为120s，停转时一次自动控制程序时间为15s，搅拌锅叶片宽度111mm，搅拌锅叶片与叶轴联结螺纹为M16×1，搅拌锅内径×最大深度为ϕ160mm×139mm，搅拌锅壁厚1mm，搅拌叶片与搅拌锅之间的工作间隙为2mm±1mm。

附10.2　实验操作步骤

(1) 先把两个三位开关(即"快、慢、停"开关和"手、停、自"开关)都处于停的位置，时间程控器插头接入面板的“程控输入”插座(初次使用时需插入，使用后无需拔下)。

(2) 将搅拌锅安装在搅拌锅基座上。基座上定位孔的凸槽和搅拌锅上的凹槽啮合好后用手轻轻左右旋转，若不能旋动则固定好。在安装的过程中将顺时针搅拌锅旋转直到旋进定位孔内。

(3) 然后将时间程控器的外接插头接入电源插座，红色电源指示灯亮表示电源已接通。若要进行自动控制操作，则将“手、停、自”三位开关扳至“自”的位置。

(4) 依次加入水和水泥。然后将机器右边的把手向外拔出向上提，将搅拌锅基座抬高至最高位置，然后再将把手向内推进至原位，搅拌锅即固定位置。按下时间控制器上面的“启动”开关，仪器自动执行一次操作，即慢搅 120s、停 10s 后报警 5s 共 15s、快搅 120s 的后，自动停止。若想再次操作，则再次按动时间控制器上面的开关键，又开始执行下一次操作。

(5) 操作分为手动和自动两种。若要进行手动操作，则将“手、停、自”三位开关扳至“手”的位置，然后依次加入水、水泥后，将“快、慢、停”三位开关置于慢、停、快、停分别完成各个动作，在此过程中人工计时。

(6) 实验结束后，两个三位开关都置于“停”的位置，拔下时间程控器上面的外接电源，然后将搅拌锅取下，搅拌叶片及搅拌锅都擦洗干净。

(7) 在取放搅拌锅时要轻拿轻放，以防搅拌锅变形。

附录 11　新标准水泥标准稠度及凝结时间测定仪使用

附 11.1　技术参数

滑动部分质量 300g ± 1g，稠度试杆直径为 ϕ10mm ± 0.05mm，有效长度为 50mm ± 1mm；初凝针直径 ϕ1.13mm ± 0.05 mm，有效长度为 50mm ± 1mm；终凝针直径 ϕ1.13mm ± 0.05mm，有效长度为 30mm ± 1mm。滑动部分最大行程 70mm。

附 11.2　使用操作步骤

(1) 将仪器垂直放平稳。检查滑动部分在支架中能否自由移动，同时检查试杆降至玻璃板表面时指针是否对准标尺零点，若不在零点应将调整至零点。

(2) 测定标准稠度前将标准稠度试杆安装在滑动杆的下端拧紧固定好(若是测定初凝时间，则将初凝针安装在滑动杆的下端拧紧固定好，若是测定终凝时间则将终凝针安装在滑动杆的下端)。

(3) 将净浆搅拌机内搅拌好的水泥迅速装入截锥圆模内，松开紧固螺钉，测定下沉深度。

(4) 实验结束将仪器工作表面擦拭干净，若实验完毕后暂时放置不用时则需涂防锈油保护，稠度试杆、初凝针、终凝针等易损部件装入包装盒内放好。

附录 12 DT10K 电子天平使用

附 12.1 仪器参数

最大称量范围 10000g，灵敏度 1g，环境温度 5～40℃，电源电压 220V，仪器界面上的符号意义“c”表示校准键，“⌈⌋”表示单位转换键，“N”表示计数键，“T”表示去皮键，“on/off”表示开机键。

附 12.2 使用方法

(1) 接通电源，仪器自检。插上电源线，打开电子天平后面的电源开关，按一下“on/off”开机键打开显示屏，显示屏内符号显示全亮后，然后显示 AZ(UNZA)，接着依次显示 CH1 至 CH9，表示仪器正在检查天平的各个部分，然后显示 0g 后，下面即可进入正常称量工作。

(2) 称量。放置称量物，天平显示器末位 g 显示时，表示天平已稳定，可以读数。

(3) 称量结束后，先按“on/off”键关掉显示屏，然后关掉仪器后面的电源开关，再拔掉电源线。

附 12.3 去皮称量方法

(1) 接通电源，仪器自检结束当仪器可以正常称量后，先放上皮重或容器，显示皮重或容器的重量。

(2) 按一下“T”去皮键，显示屏上显示值为“0”g。

(3) 放称量物，显示屏上显示的是净重。

(4) 拿掉称量物及皮重，显示屏显示的是负值，再按一下“T”键，显示回零值。

附 12.4 量值转换操作方法

天平基本单位是 g，每按“⌈⌋”键一次，显示一个单位，依次显示克(g)、格林(GN)、克拉(ct)、英钱(dwt)、香港两(tl)、盎司(ounce)、金衡盎司(Troy ounce)、磅(pound)。

附 12.5 仪器校正的操作方法

(1) 通电时间不少于 15min。

(2) 天平空盘，按 “T”键，显示 0g。

(3) 按“c”校正键，显示屏上显示“c－ － －o”。

(4) 再次按“c”校正键，显示“Hold”，等待显示 c－10。当显示 c－10 时不得干扰天平，此时天平正在等待一个稳定的称量读数，若有干扰则会影响校准精度。

(5) 放校准砝码 10kg，再按“c”键，显示“Hold”，几秒钟后显示 10000g。

(6) 校准完成，移除校准砝码，即可正常称量。

附录 13　HBY－40B 水泥恒温恒湿标准养护箱使用

附 13.1　技术参数

控制温度 20℃ ±0.8℃（温度可调 0～50℃），测温精度 ±0.2℃，控制湿度≥90%RH（湿度可调 40%RH～90%RH），测湿精度 ±3%RH，加热功率 600W，制冷功率 145W，增湿功率 35W，增湿量≥300mL/h，电压 220V ±10%，电源频率 50Hz，使用环境 －10～45℃，使用相对湿度≤85%RH。

附 13.2　使用操作步骤

（1）箱体就位后必须静止 24h 后方可开机（待压缩机内制冷剂和油分离后方能制冷）。

（2）调好水平，向水箱内加清洁自来水，水位超过加热管 2cm 即可。

（3）向温控传感器茧型塑料水盒内加满蒸馏水，将传感器的纱布一端放入小孔内，使其有效接触到水。

（4）打开侧门取下 YC－D205 超声波加湿器透明塑料水箱，翻转 360°，将水箱底盖拧开加满蒸馏水或冷却沉淀过滤后的水，水箱加满水后必须将底盖拧紧，否则滴水使水位升高造成水面与水箱底部的风道堵塞，雾产生而不能送入箱体内，加湿器如此长期工作容易损坏。

（5）打开增湿器开关，将雾量旋钮调至合适位置。

（6）打开仪器主机开关，使仪表进行控制，待箱体内温、湿度达到控制值后，重复一次恒温后，放入试件。

（7）日常使用过程中，保持水箱、增湿器水箱、温度传感器塑料水盒的水位和水质情况正常，以免影响使用。

（8）使用结束后，将电源关掉，从箱体内取出试件。

附录 14　YC－D205 超声波加湿器使用操作说明

附 14.1　技术参数

标准加湿量≥250mL/h，水箱容积 5L，电压 220V，额定功率 50Hz，功率 35W，噪声 35dB（A），使用工作温度 5～40℃，相对湿度小于 80%RH，使用温度低于 40℃的清洁水。

附 14.2　使用操作步骤

（1）初次使用加湿器应在常温下放置 0.5h 再开机使用。

（2）从机座上取下水箱，取出水槽中的喷嘴，然后旋转 360°打开水箱盖，将水箱注满水，旋紧水箱盖，平稳地放在机座上。

(3)将喷嘴放在水箱上部的槽内。

(4)打开电源开关，电源指示灯亮，开始喷雾。

(5)调节雾量选择旋钮，选择大小合适的雾量。

(6)使用结束后，关闭电源开关。长时间不用，应将水箱的水槽清洗干净。

附录 15 FZ－31A 型沸煮箱使用

附 15.1 技术参数

最高沸煮温度 100℃，煮箱容积 31L，升温时间(20℃升至 100℃)为 30min ±5min，恒沸时间 3h ±5min，管状加热器功率 4kW/220V(共两组，各为 1kW 和 3kW)。

附 15.2 使用操作方法

(1) 将经过养护的试饼或雷氏夹由玻璃板上取下，试饼平放在篦板上(雷氏夹两指针朝上，横放于篦板架上)。

(2) 将水箱内充洁净淡水 180 ~200mm，高度自篦板顶面算起，并将水封槽内盛满水以保证实验煮沸时起水封作用。

(3) 接通控制器电源，按下"启动"开关。将"手动自动"开关按在自动位置(若水箱内充水温度低于 20℃，需先将控制器上的"手动、自动"开关放在手动位置，"升温、保温"开关放在升温位置。将水温升至 20°，再将"手动、自动"开关切换到"自动"位置)，沸煮箱内的水。于 30min 左右后沸腾，一组 3kW 的电热器自动停止工作。指示灯灭，再煮 3h 沸煮箱内另一组 1kW 电热器自动停止工作指示灯灭。此时数字显示为 210min，电气控制箱内蜂鸣器发出声响，表示工作结束。

(4) 煮毕，拔掉控制器上的外接电源。将水由铜热水嘴放出，打开箱盖，待箱体冷却至室温，取出试件进行检测。

附录 16 雷氏夹膨胀值测定仪使用

附 16.1 技术参数

测定仪的测定范围为 ±2.5mm。

附 16.2 使用操作步骤

(1) 雷氏夹弹性要求检验。将测定仪上的弦线固定于雷氏夹根部，另一指针根部挂上 300g 砝码，在左侧标尺上读数。

(2) 膨胀值的测定。将煮沸箱中取出的带试件的雷氏夹放于垫块上，指针朝上，放平后在上端标尺读数。

(3) 计算增加的针尖距离即为膨胀值。

(4) 使用完毕后，标尺要妥善保护，避免生锈和碰撞。并要定期检查左臂架和支架杆的垂直度。

附录 17　JJ－5 水泥胶砂搅拌机使用

附 17.1　技术参数

慢速搅拌时公转速度(62 ±5) r/min，自转速度(140 ±5) r/min。快速搅拌时公转速度(125 ±10) r/min，自转速度(285 ±10) r/min。搅拌锅叶片宽度 135mm，搅拌锅叶片与叶轴连接螺纹为 M18 ×1.5，搅拌锅容积为 5L，搅拌锅壁厚 1.5mm，搅拌叶片与搅拌锅之间的工作间隙为 3mm ±1mm。

附 17.2　实验操作步骤

(1) 将时间程控器插头插入本机程控器插座。把三位开关和两位开关(即"手动、停、自动"开关，"高速、停、低速"开关，"加砂、停"开关)都处于停的位置。

(2) 再将时间程控器上的电源插座接入外接电源，时间程控器和本机程控器的红色电源指示灯亮表示电源已接通。将砂罐内装入标准砂，然后将搅拌锅顺时针旋转安装进搅拌锅基座，在安装的过程中将搅拌锅顺时针旋转直到旋进定位孔内。基座上定位孔的凸槽和搅拌锅上的凹槽啮合好后用手轻轻左右旋转，若不能旋动则固定好。搅拌锅内依次装入水、水泥。

(3) 搅拌锅安装好后，将机器右边的把手向外拔出向上提将基座抬高至最高位置然后再将把手向内推进至原位，搅拌锅即固定位置。

(4) 若要进行"自动"控制操作，则将"手动、停、自动"开关扳至"自动"的位置。按下时间控制器上的绿色"启动"键，仪器即启动完成一周期操作，低速转 30s，在第二个 30s 内低速转的同时加砂，然后高速转动 30s，停转 90s，高速旋转 60s，停止转动。

(5) 若要进行手动操作，则将"手动、停、自动"开关扳至"手动"的位置。然后根据需要将"高速、停、低速"开关扳至或低速或高速或停的位置，手动计时，在此过程中若要进行加砂，则将"加砂、停"开关扳至"加砂"的位置，不加砂则扳至"停"的位置。

(6) 实验结束，将三位开关和两位开关都扳至停的位置。拔下时间程控器上的外接电源。用干抹布将仪器擦干净，用湿布将搅拌叶片和搅拌锅擦洗干净。

(7) 若在使用过程中突然停电，则千万不可将手伸进搅拌锅，以免突然来电，造成事故。

附录 18 ZS－15 型水泥胶砂振实台使用

附 18.1 技术参数

振动部分总质量 20kg ±0.5kg，落距 15mm ±0.3mm，振动频率为 60 次/(60 ±2)s，电动机转速为 60r/min，电动机功率 70W，电源电压为交流 220V。

附 18.2 使用操作步骤

(1) 合上卡具，开机空转一个周期。按下模套合上卡具，插上电源，按一下数字显示器上面的“绿色”键，电机运转，电子计数器从零计数，60 次后停转。

(2) 打开卡具，将水泥胶砂试模中心对模套中心放好，合上卡具。将水泥胶砂装到试模容积一半，用水泥小刀来回刮一次，按下数字显示器上的“绿色”键，电子计数器开始从零计数。一个周期(60 次)后停转。

(3) 继续将水泥胶砂试模装满，用水泥小刀抹平。再次按数字显示器上的绿色“启动”键仪器自动跳转一个周期。打开卡具，将水泥胶砂试模取下，用水泥刮平尺以接近 90°的角度将水泥胶砂试模顶面刮平。

(4) 使用后清扫仪器上的各种水泥残留物，保持清洁，并将模套放于原位，以免台面受力而影响中心位置。

附录 19 水泥胶砂试模拆装及清理方法

水泥胶砂试模是一个可同时制作 3 个尺寸为 40mm ×40mm ×160mm 试件的不锈钢钢制模型。试模有一个底座，两个端板，三个长方体隔板组成，三个长方体的隔板恰好可以和端板上的凹槽啮合上。在制作水泥试模前，先将试模的固定顶杆拧松开，将底座的内表面清理干净，端板的内表面及凹槽处清理干净，三个长方体隔板内外表面都清理干净。清理干净后，将底座放在平整的地面上，然后将两个端板放在底座的两端，再将三个长方体隔板放在底座上，两端插入端板相对应的凹槽内，垂直放正后，然后将试模一端的固定顶杆拧紧使边模的另一侧紧靠固定钉。若试模不方正则调整方正后将试模的固定顶杆拧紧保证水泥胶砂试件尺寸不扭曲。安装好后涂一薄层隔离剂。装好水泥胶砂试样后要立刻将试模外边沾落在试模上的水泥胶砂用抹布擦干净。不同试模的隔板及端板不可随意互换。

附录 20 AEC－201(精巧型)
全自动水泥强度试验机使用

附 20.1 技术参数

抗压强度实验最大荷载 200kN，测量挡 30% 挡为 0 ~60 kN、100% 挡为 0 ~200 kN，恒

加荷速率(2.4 ±0.2)kN/s(16cm^{2}夹具)，示值相对误差1%，油液压最高压力10MPa，下承压台面直径ϕ100mm，上下承压板间净距175 ~ 240mm(可调)，下承压板最大行程15mm；抗折强度实验最大荷载200kN，恒加荷速率(50 ±5)N/s，示值相对误差1%，下承压台面直径ϕ140mm，上下承压板间净距118 ~ 180mm(可调)。下承压板最大行程15mm。电机功率750W/220V，使用环境10 ~ 35℃，湿度 <80% RH，无污染、无腐蚀的洁净环境。

附 20.2　使用操作步骤

(1) 将AEC－201(精巧型)全自动水泥强度试验机插上电源线，电源键按到“1”键开机即进入抗折实验等待状态。按“[▼]”、“[▲]”键，根据屏幕上提示选择抗折测试，在抗折夹具中放入试件将试件的一个侧面放在抗折机的支撑圆柱上，试体长轴垂直于支撑圆柱，按“运行”键，即可完成上升－加荷－破型－卸荷－下降－峰值保持全过程，以加荷速率(50 ±10)N/s将荷载垂直地加在棱柱体相对侧面上，直至折断，取下折坏的试块记录力值及强度。

(2) 将支撑圆柱上用抹布清理干净，不得留有渣子，重复抗折强度操作步骤完成3次抗折实验。

(3) 按“[▼]”或“[▲]”键循环显示100%抗压和30%抗压，可选择100%(最大测力值200kN)抗压或30%(最大测力值60 kN)抗压测试(尽可能使测值处于选择挡位的20%和80%之间)。将受压面清理干净，试体侧面放在抗压夹具上，将夹具定位销向下使其固定好，按“运行”键，以(2400 ±200)N/s的加荷速率均匀地将荷载垂直地加在棱柱体侧面上直至破坏，完成上升－加荷－破型－卸荷－峰值保持全过程，然后向上松开定位销取出压坏的试体，记录最大抗压破坏荷载，并将抗压面清理干净。

(4) 按照上述抗压步骤完成其他两个试块的抗压、抗折强度实验。

(5) 实验结束后电源键按到“o”键，然后电源线拔掉。将AEC－201(精巧型)全自动水泥强度试验机上的水泥渣清理掉，桌面清理干净。

附录21　SBY－32B型恒温恒湿水养护箱(分池式)使用

附 21.1　技术参数

控温精度20℃ ±0.5℃，仪表精度 ±0.2℃，均匀性≤ ±0.5℃，加热功率0.25kW，试件组数60件，电源220V/50Hz。

附 21.2　使用操作步骤

(1) 箱体就位24h后方可开机。

(2) 打开箱门，向箱里的水盘内加清洁自来水，水位以4 ~ 5cm为宜，测温盒内的水位控制在5 ~ 6cm。

(3) 打开工作开关，仪表自动进行控制，开机工作8h后放入试件。

(4) 测温盒一般不开启，在使用过程中10d内检查一次水位，水位偏低时，加入箱内的恒温水(即无试件水盘内的水)。

附录22　NLD－3水泥胶砂流动度测定仪使用

附22.1　技术参数

振动部分总重4.35kg±0.15kg，振动落距10mm±0.2mm，振动频率1Hz，振动次数25次，桌面材料是铸钢，工作台面镀硬铬，直径ϕ300mm±1mm。

附22.2　使用操作步骤

(1) 采用流动度标准样(JBW01－1－1)进行检定，测得流动度值如与给定的标样流动度值相差在规定范围内，则跳桌安装使用性能合格。

(2) 用检规检查落距。将检规放在推杆的部位，看落距是否和检规的尺寸一致，若一致则合格。

(3) 若跳桌在24h内未被使用，先空跳一个周期25次。

(4) 按照规定填装试样。填装好后将截锥圆模垂直向上轻轻提起移去。

(5) 立即按下控制器上的“启动”按钮，开动跳桌，完成一个周期的跳动。

(6) 跳动完毕，用300mm的游标卡尺测量胶砂底面互相垂直的两个方向扩展直径，计算平均值，取整数，用“mm”表示。

(7) 实验完毕，拔掉电源。将仪器擦净，清除周围残留胶砂，用油轻轻润滑推杆、桌面和凸轮表面。仪器长期不用，用防尘罩保护，控制器放置在包装盒内。

附录23　ZBSX－92A震击式标准振筛机使用

附23.1　技术参数

筛子直径300mm/200mm两种，筛子叠高400mm，筛座振幅8mm，筛摇动次数221次/min，振击次数147次/min，回转半径12.5mm，使用功率0.37kW，电动机转数1400r/min，外形尺寸600mm×400mm×880mm。

附23.2　使用操作步骤

(1) 加油。拧出主机加油口处的螺塞后加抗磨液压油5kg，再将螺塞拧紧。

(2) 将拧紧螺栓左旋以松开筛盖固定顶杆往上提，向右拧紧后，将带有筛顶盖的套筛放入筛托盘上，然后将拧紧螺栓左旋松开向下压至套筛盖上，右旋拧紧螺栓使之固定。

(3) 将仪器的外接电源线插入插座中。

(4) 设定工作时间，设定时间通常多于10min。将时间旋钮缓慢转过想要设定的分钟数对应的位置。

(5) 时间设定后，按下绿色的“开”键，启动机器开始左右及上下震击。定时钟自动转至停止位置后，仪器自动停止，工作完成。

(6) 若中途需要停机，则需按下“关”键来切断仪器电源，使定时钟自行转至停止位置。若需要常开，则将时间旋钮转至“常开”位。

附录 24 TGT－50/TGT－100 型磅秤的使用

附 24.1 技术参数

TGT－50 型最大称量 50kg，最小分度值 20g。TGT－100 型最大称量 100kg，最小分度值 50g。

附 24.2 使用操作步骤

(1) 磅秤要放在平坦坚硬的地面上，四轮同时着地，防止秤体倾斜。

(2) 使用时，先将承重板摆动一下，使其各刀刃和刀承接触良好，将秤砣挂挂于计量力点环上，将游砣移动到“0”位，使空秤达到平衡。

(3) 将物件轻轻放于承物板中央，在砣挂上放称量秤砣，使计量杠杆平衡后读数。

(4) 称量完毕后，将物件拿下来。为了避免秤体损坏和保持计量精度，必须注意称量物体时不得超过最大的称量。

(5) 在搬动过程中决不允许抬计量杠杆，否则造成秤体和部件损坏及计量杠杆变形而影响精度。

附录 25 HJD－60 单卧轴强制式混凝土搅拌机使用

附 25.1 技术参数

进料容量 96L，出料容量 60L，最大出料容量 66L，搅拌均匀时间≤45s，搅拌机转速 35r/min，电动机功率 1.5kW，电源电压 380V，仪器净重 300kg。

附 25.2 使用操作步骤

(1) 清除料筒内杂物。检查搅拌筒内铲片紧固情况，如有松动及时拧紧。

(2) 根据搅拌时间调整搅拌器的定时。

(3) 按下“启动”按钮，主轴便带动搅拌铲运转。

(4) 达到设定时间后自动停机。

(5) 停机后，打开锁定销，扳动手柄使料筒旋转到一定位置，再使锁紧销定位主轴旋转，使拌合料排出筒外。

(6) 拌合料卸净后手动使筒体复位，将搅拌筒用锁定销定位。

(7) 将干砂倒入料筒内清洗料筒，先设定好搅拌定时器时间，然后按下“启动”按钮，主轴旋转，达到设定时间后停机。打开锁定销将干砂卸净，然后将搅拌筒用锁定销定位。

(8) 搅拌过程中切勿将手和棒状物插入搅拌机筒内以免发生危险。

附录 26 坍落度仪的使用

附 26.1 技术参数

坍落度高度 300mm，上直径 100mm，下直径 200mm，捣棒直径 16mm，捣棒长度 600mm。适合测定骨料粒径不大于 40mm，坍落度值不小于 10mm 的混凝土拌合物稠度的测定。

附 26.2 使用操作步骤

(1) 首先用湿布把坍落度筒内润湿，并在筒顶加放好漏斗，放在平整的铁制拌板上，用双脚踩紧脚踏板，固定好位置。

(2) 按照规定添加混凝土拌合物并用捣棒振捣，振捣完毕，移去漏斗，刮去多余混凝土，并用抹刀抹平。

(3) 将坍落度尺安装在其支架上，并调整高度，使尺底面刚好和坍落度筒接触，读出刻度值并记录。

(4) 清除坍落度筒边的混凝土后，5 ~ 10s 内垂直平稳的提起，然后将坍落度尺底面降低到坍落后的混凝土拌合物试体最高点，然后读出刻度值并记录，计算两次的差值，即为坍落度值。

附录 27 HZ1000 型混凝土试验用振动台使用

附 27.1 技术参数

操作台规格为 1000mm × 1000mm，振动频率 2860 次/min，振幅(0.5 ± 0.02)mm，台面振幅不均匀度不大于 10%，振动功率 1.5kW，最大载重量 250kg，工作台面水平度 < 0.5/1000，台面中心振幅比不小于 0.7，可连续工作 6h，漏磁不超过 50GGS。

附 27.2 使用操作步骤

(1) 设定振动时间，首先设定“个”位，按下个位数字上面的向上拨码器，按动一次数值增加 1，按向下拨码器一次数字减小 1，拨动向上或向下拨码器设定好“个”位数字，再设定“十”位数字和“百”位数字。

（2）按下电源开关，打开仪器电源。按下“启动”按钮振动台开始振动，当显示时间与设定时间相等时，仪器便自动停止继而制动，完成一个工作周期。

（3）若需再工作，需再按下“启动”按钮即可。

（4）振动结束后，关闭仪器电源，并将振动台面清理干净，恢复原样。

附录28　HG－1000型混凝土贯入阻力测定仪使用

附28.1　技术参数

试料容器上口×下口×净高为ϕ160mm×ϕ150mm×150mm，最大贯入力1000N，贯入深度25mm，贯入速度2.5mm/s，贯入针截面100mm^2、50mm^2、20mm^2，贯入位置，外圈9点，内圈4点，测力方式是液压压力表测力，最小分度值5N，示值误差±2%。

附28.2　使用操作步骤

（1）将仪器安放在水平的平台上，试料容器中装满待测试的混凝土，试料抹平后放于仪器底盘上，松开调节螺套，初凝实验时用截面100mm^{2}贯入针，终凝实验时装入20mm^{2}的贯入针。

（2）旋动调节螺塞，使压力表指针对准刻度零线。

（3）将动作按钮开关置于“调整”位置，将“上升、下降”按钮开关置于上升位置，按“工作”按钮后试料容器在2s后开始上升，待停止以后，即可调整，调整时拧松调节螺套将贯入针调至刚好接触试料顶面，拧紧调节螺套固定贯入针，再按“工作”按钮，试料容器继续上升即开始做贯入运动，此时压力表将有示值，并逐渐增大，10s后试料容器升高25mm，即贯入到最深位置，压力表指示贯入阻力，读出阻力值并做好记录，试料容器停留4s以后，开始下降，7s后恢复原位，自动停机，一次测试完毕。

（4）作第二次贯入测试时必须变换贯入位置，推动手柄使其旋转一定角度，当听到钢球的弹跳声时，贯入点位置转换已完成，随即将手柄拉回原位，以后变换只需重复如上动作。贯入位置分内外两圈，外圈9点，内圈4点，如一圈贯入点已使完，必须转动仪器上部手柄，将贯入针位置转换到另一圈，这时亦有钢球弹跳后完成转换定位。

（5）当贯入测试点在外圈时，变换测点只需推动手柄1次；如贯入点在内圈，变换它则需推动手柄2次。

（6）在测试过程中，应经常注意压力表指针起始时是否在零位，如不在零位则应调整。

（7）不需调整贯入针高低时（即用同一个试料容器且不用更换贯入针进行连续测试时），可将动作按钮开关置于“自动”位置，这样在以后的测试中只要按“工作”按钮一次，即自动做一次测试循环，历时30s。在测试过程中，如发生贯入针与试件顶死，则需把“上升、下降”按钮开关置于“下降”位置，按“工作”按钮，使试料容器下降，贯入针上升，与试件脱离。

（8）压力表的表面刻度指示贯入针所受的作用力，即为贯入阻力，在表面刻度上有三处红线表示：350N刻线对应初凝贯入阻力（即2～3.5MPa，此时用100mm^{2}贯入针）；1000N刻线对应中间贯入阻力(即3.5~20MPa，此时用50mm²贯入针)；560N刻线对应终凝贯入阻力(即20~28MPa，此时用20mm²贯入针)。贯入阻力为力值除以贯入针截面面积。

(9) 使用日久，旋动调零螺塞到极限位置而不能将压力表指针调到零点，这是由于密封腔内油液难免有泄漏，油液逐渐减少所致，此时必须添加油液，用普通机油即可，冬季期间以黏度较小的机油为宜。

(10) 加油时首先拧开调零螺塞顶上的加油螺塞，然后将调零螺塞旋高至适当位置，从螺孔中将油加入，特别要注意不能将空气混入，加油至孔口，最后将加油螺塞拧上，挤出多余油液，拧紧，擦干即可。

(11) 仪器的底盘上有油杯，使用一段时间以后必须向油杯内注入一些润滑油，以利于升降套升降润滑。

(12) 仪器使用完毕各个部件必须擦拭干净，并在非油漆之金属表面上油以防锈漆。

附录29　SY-3型压力泌水仪使用

附29.1　使用操作步骤

(1) 将混凝土拌合物应分两层装入压力泌水仪的试样筒内，每层的插捣次数应为20次。捣棒由边缘向中心均匀地插捣，插捣底层时捣棒应贯穿整个深度，插捣第二层时，捣棒应插透本层至下一层的表面；每一层捣完后用橡皮锤轻轻沿容器外壁敲打5~10次，进行振实，直至拌合物表面插捣孔消失并不见大气泡为止，并使拌合物表面低于容器口以下约30mm处。

(2) 将容器外表擦干净，压力泌水仪按规定安装完毕后应立即给混凝土试样施加压力3.2MPa。并打开泌水阀门同时开始计时，保持恒压，泌出的水接入200mL的量筒里；加压至10s时读取泌水量 V_{10}，加压至140s时读取泌水量 V_{140}。

(3) 将下底座取走，上部放在脱模架上、加压，混凝土块体自行脱落。

附录30　HC-7L型混凝土含气量测定仪标定使用

附30.1　技术参数

适用于集料粒径不大于40mm、含气量不大于10%、有坍落度的混凝土拌合物含气量测定。

附30.2　容器体积的标定

(1) 擦净容器平放好，并将含气量测定仪全部安装好，测定含气量仪的总质量 m_1，精确至10g。

(2) 向容器内注水至上缘，安装好密封圈然后将盖体安装好，关闭操作阀和排气阀，打开排水阀和加水阀，通过加水阀，向容器内注入水。当排水阀流出的水流不含气泡时，在注水的状态下，同时关闭加水阀和排水阀，再测定其总质量 m_2，精确至 10g。

（3）容器的容积按下式计算，精确至 0.01L：

$$V = \frac{m_2 - m_1}{\rho_w} \times 1000 \qquad (附 30-1)$$

式中　V——含气量测定仪的容积，L；

m_1——干燥含气量测定仪的总质量，kg；

m_2——水、含气量测定仪的总质量，kg；

ρ_w——容器内水的密度，kg/m³。

附 30.3　含气量标定

（1）含气量 0% 点的标定。将含气量测定仪加水至接近满并调整水平，关闭加水阀和排水阀。

①开启 HC-7L 型混凝土拌合物含气量测定仪进气阀，用气泵注入空气至气室内的压力略大于 0.1MPa，待压力示值仪表示值稳定后，微开排气阀，调整压力至 0.1MPa，关闭排气阀。

②开启在 HC-7L 型混凝土拌合物含气量测定仪操作阀，使气室里的压缩空气进入容器，待压力示值仪稳定后测得压力值 P_{01}，然后开启排气阀，压力仪示值回零。

③重复以上第①步和第②步的步骤，对在 HC-7L 型混凝土拌合物含气量测定仪容器内的试样再检测一次记录表值 P_{02}。

④若 P_{01} 和 P_{02} 的相对误差小于 0.2% 时，则取 P_{01} 和 P_{02} 的算术平均值，作为 0% 的含气量压力值。

（2）含气量 1% 点的标定。含气量 0% 标定后，将标定管接在加水阀的上端。开启排气阀，压力示值器示值回零；关闭操作阀和排气阀，打开排水阀，在排水阀口用量筒接水；用气泵缓缓地向气室内打气，当排出的水恰好是含气量测定仪体积的 1% 时，按上述步骤测得含气量为 1% 时的压力值。

（3）如此继续测取含气量为 3%、4%、5%、6%、7%、8% 时的压力值。

（4）以上实验均应进行两次，各次所测得的压力值应精确至 0.01MPa。

（5）对以上各次的实验应进行检验，其相对误差均应小于 0.2%，否则应重新标定。

（6）对以上含气量为 0%、1%、2%、3%、4%、5%、6%、7%、8%（共 9 次）的测量结果，绘制含气量与气体压力值之间的关系曲线。

附录 31　TYW－2000 型微机控制电液式压力实验机使用

附 31.1　技术参数

最大实验力 2000kN，示值相对误差 ±1%，加荷速度 1.0～10kN/s，承压板尺寸 320mm

×260mm，上下压板的最大间距 310mm，活塞最大行程 40mm，活塞直径 ϕ250mm，液压泵额定压力 40MPa，电源功率三相 0. 75kW。

附 31. 2 使用操作步骤

（1）检查油箱内的油液是否充足，查看右侧油标，液面应处于油标内，如不足，应向油箱内添加液压油（当室温低于 20℃时使用 GB 7631. 1 抗磨液压油 L-HM46，当室温在 20℃及以上时使用 GB 7631. 1 抗磨液压油 L－HM68）。

（2）插上 TYW－2000 型微机控制电液式压力实验机（下简称实验机）电源，然后按下“绿色”按键启动油泵电机，将微机控制系统电源按键“1”按下打开电源。

（3）打开电脑双击电脑中的程序软件，选择“混凝土抗压强度实验”打开程序软件，填好“混凝土强度试块实验参数设置”中“混凝土标号”“试样编号”“试样龄期”“试样面积”，填写“加荷速度”及“每组混凝土试块数”。

（4）单击打开程序的下拉菜单“实验操作”，点击“开始实验”，然后根据计算机提示“第一个试块放好了吗”，将试件放在实验机的下承压板上，试件的承压面应与成型时的顶面垂直（即压侧面）。试件的中心应与实验机下承压板圆中心重合，通过转动手轮调整上承压板接近试件的承压面并调整上承压板水平，单击“确定”，上承压板即开始缓慢下沉，当上承压板与试件接近时，调整球座，使接触均衡，承压板以 0. 5 MPa/s 的加荷速度施加荷载直至破坏，当上承压板与试件接触的瞬间，荷值开始变大，直到试件破坏后，破坏荷载和抗压强度显示在电脑程序中的软件桌面上，同时上承压板不再下降，电机油泵自动停止工作，软件中自动记录并显示破坏荷载及最大抗压强度，取下压坏的试块。将上下承压板清理干净，不得留有残渣，以免影响其他试件强度测定结果。

（5）软件提示“继续下一个试块”选择“是”，“第二个试块放好了吗”，按照第一个试快放置要求放好第二个试块后，单击“是”，仪器自动开始第二个试块抗压，试件压坏后，记录破坏荷载和最大抗压强度，取下压坏的试块，并将上下压板清理干净。再根据提示，进行第三个试块抗压实验，放好第三个试块，压坏后计算机提示“该组实验结束保存该组数据”选择“是”，记录破坏荷载和最大抗压强度，取下压坏的试块，并将下压板清理干净，计算机提示“继续下一组实验”，选择“是”，重复上述(3)～(5)过程继续做下一组实验。

（6）实验完毕，将实验机微机控制系统电源键扳至“0”键关掉电源，按一下实验机“红色”停止按键关掉油泵电机，拔掉实验机外接电源，点击电脑软件程序中的下拉菜单“系统设置”中的“退出系统”，退出程序，关掉电脑。

（7）将实验机的上下承压板清理干净，将仪器擦拭干净后，将下承压板上碎石块收集清理掉并将其擦拭干净。

（8）不使用时，用塑料套将机器罩好。

附录 32 150mm×150mm×150mm 混凝土试模的拆装及清理方法

150mm×150mm×150mm 混凝土试模是指做出的试件长、宽、高都是 150mm 的铁制模型，试模由底板和两个侧板组成，底板和侧板及侧板和侧板的连接都是通过凹槽和凸槽啮合起来，然后通过连接螺扣固定起来的。在制作混凝土试块之前，先将固定螺扣拧松开然后将试模分成一个底板和两个侧板，分别检查底板的内表面上的是否干净，若有杂物，用抹刀将杂物清理干净。然后检查两个侧板的接槽处，看凹槽内和凸槽处是否有杂物，若有杂物将其清理干净，同时将侧板的内表面也清理干净。然后将底板和侧板处及侧板和侧板处的固定螺扣拧紧。若底板上有杂物或侧板接槽处有杂物，则底板和侧板的接触处将不能很好的啮合，此时要再次清理底板和侧板接槽处直至能啮合好。若固定螺扣没拧紧，试模放在振动台上振动的过程中可能会导致制作的试块变形。装好混凝土试样后要立刻将试模外边沾落在试模上的混凝土拌合物用抹布擦干净。

附录 33　SZ－145 型砂浆稠度仪使用

附 33.1　技术参数

沉入深度 0～14.5mm，沉入体积 0～229.3cm^3，最小刻度值 1mm，锥底直径 77.72mm，锥体与滑杆合重 300g±2g，仪器重量 20kg，外形尺寸 360mm×300mm×920mm。

附 33.2　使用操作方法

（1）将拌制好的砂浆放入锥形盛浆容器内。

（2）拧松支架螺母并上下移动支架使试锥的尖端与砂浆混合物表面接触，并将支架螺母拧紧使其紧固好。

（3）拧松滑杆的制动螺丝，向下移动滑杆，使齿条测杆下端刚接触滑桩端拧紧制动螺丝。

（4）拧松滑杆制动螺丝，试锥在自重作用下沉入砂浆混合物中。

（5）10s 时拧紧滑杆的制动螺丝，转动销母，使齿条测杆下端与试锥滑杆上端接触，此时在表盘上即可读出所测的沉入深度，以此深度可查的相应的沉入体积。

（6）实验完毕，将仪器清理干净，晾干涂上防锈油脂。

（7）试锥体存放或使用时，要注意保护，不得碰伤试锥的锥面和试锥尖端。

附录 34　UJZ－15 水泥砂浆搅拌机使用

附 34.1　技术参数

搅拌时旋转直径 ϕ200mm，搅拌速度（80±4）r/min，搅拌筒转速（60±2）r/min，搅拌叶片转向为顺时针，搅拌筒转向为逆时针，搅拌筒内径 ϕ380mm，搅拌筒深度 250mm，搅拌筒最大容量 28L，额定搅拌容量 15L，搅拌叶片与搅拌筒内壁间隙为 2mm±0.5mm，搅拌叶与搅拌筒底间隙 2mm±0.5mm，电机电压为三相 380V，电机功率 1.1kW，电机转速

1400r/min。时间控制器输入电压380V。

附34.2 使用操作步骤

(1) 设定搅拌时间120s。按动时间控制器上的时间拨码器，按动相应位置数字上面的“+”或下面的“-”号，使百为上的数字为1，十位上的数字为2，个位上的数字为0。

(2) 把按比例准备的待搅拌料投入筒内。

(3) 接入时间控制器上的外接电源，电源指示灯亮，打开其上的“启动”开关，搅拌叶片开始搅拌，120s后自动停机搅拌料被搅拌均匀。

(4) 手握翻筒架用力下按，将搅拌筒倾斜一定的角度，将搅拌好的搅拌料取出待用。

(5) 实验完毕，将时间控制器上的电源开关关掉，将外接电源线拔掉，将搅拌筒内壁和搅拌叶片用抹布清理干净。

(6) 在使用一段时间后检查润滑油的多少，根据不同的季节添加20~30号润滑油。

附录35 TZA-300型电液式抗折抗压实验机使用

附35.1 技术参数

最大实验力300kN，示值相对误差±1%，液压泵额定压力25MPa，抗折辊间最大间距165mm，两上抗折辊间中心距150mm，两下抗折辊间中心距450mm，承压板直径ϕ155mm，上下压板间最大间距230mm，活塞直径和最大量程ϕ125mm×90mm，电动机功率为三相0.75kW，外形尺寸长×宽×高为850mm×600mm×1340mm，净重约400kg。

附35.2 使用操作步骤

(1) 检查油箱侧面的油标是否充足，不得低于最低油标面也不得高于最高油标面。

(2) 打开箱体，检查各油管接头和紧固件是否松动，如有松动，则拧紧。

(3) 打开回油阀，关闭送油阀。按下“启动”按钮，接通电源，油泵开始工作，然后关闭回油阀，徐徐打开送油阀，使活塞上升一段距离，观察有无卡住现象，如无异常现象，再关闭送油阀，或按下“停止”按钮，活塞停止上升。打开回油阀，活塞则下降至原位。

(4) 接通测控系统电源，按下面板上“检测”键，即可开始实验。

(5) 将试件放在抗折辊上，对照辊上刻线使试件放在正中位置。

(6) 启动电机，关闭回油阀，操纵送油阀，使试件上升，按所需加荷速率使活塞平稳上升，至试件破碎，负荷下降，随即打开回油阀，使活塞下降至需要位置。

(7) 进行抗压实验时，将试件平放在下压板正中，启动电机，关闭回油阀操纵送油阀，按加荷速率使活塞平稳上升，试件压碎后打开回油阀，关闭送油阀。

(8) 实验结束后，按面板上“打印”键即可打印出该次实验的检测结果。清除破碎试块并将上下加压板上清除干净，切断所有电源。

(9) 操作过程中，活塞上升高度不要超过4cm。

附录 36　砂浆试模拆装及清理方法

砂浆试模可以同时制作 3 个长、宽、高尺寸都为 70.7mm 试件。在制作试件前首先将与底板相连并位于两侧板中间的蝶型螺母拧松开使底板脱开侧板和隔板，然后再将连接两个侧板的螺母拧松开，使两个侧板和隔板分离开，然后将侧板与隔板相连的所有凹槽内清理干净，若里面是干净的再将按拆模相反的顺序将其装好并将连接螺母拧紧以免在振动的过程中将试模振动变形，影响试块的形状和尺寸。

装好砂浆后，要立即将试模外表面用抹布擦干净。

附录 37　YNS300 微机控制全自动液压万能实验机使用

附 37.1　技术参数

测量最大力为 300kN，采用液压传感器，测量范围为实验机最大力的 1% ~100%，测量精度优于示值的 ±1%；采用引伸计测量试样标距内变形，变形测量范围为引伸计量程的 2% ~100%，变形测量精度优于 ±0.05% F.S 或示值的 0.5%，以大值为准；位移测量系统采用国产的位移传感器测量钳口间位移量，测量精度为 ±0.05% F.S；速度控制范围为 0.2 ~50mm/min，速度精度为 ±0.05%。

附 37.2　使用操作方法

（1）打开电源开关，接通主机油源，开启计算机开关，计算机启动后，预热 20min。

（2）按计算机“联机”按钮进入计算机控制状态，用鼠标双击实验程序图标“o”，启动实验程序，设置实验条件，输入实验参数。如定义实验方法（拉伸、压缩、弯曲），实验形状（板材、棒状），试件尺寸（板材输入宽度和长度、棒材输入长度和直径、弯曲时输入板材的跨距和直径或跨距和厚度），设备通道选使用引伸计或不使用引伸计设置最大力和屈服强度及抗拉强度、力和位移、最大弯折力和抗折强度。

（3）装夹试样，调整好上下钳口之间距离，按动夹具“夹紧”按钮夹紧试样，在装夹试样前，应根据试样尺寸选择适用的夹块以正确装夹试样。

（4）安装引伸计，拔下定位销，准备实验。

（5）选择好加荷速率及控制方式（控制方式可选用速度控制、力控制、位移控制、变形控制或位移力变形混合控制，速度控制设置实验速率、预负荷、间隙速率、实验终止条件，力控制设置力增加速率 kN/min、终止实验力值 kN，位移控制设置位移增加速率 mm/s、目标位移 mm，变形控制速率 mm/s、变形值 mm），点击“▲”开始实验，实验台上升，在实验过程中计算机屏幕上可直接显示实验曲线和实验力、变形等测量值，并可进行数据处理、存储。

（6）可打印实验报告、实验力－伸长、应力－应变、实验力－时间等曲线。根据实验要求还可自行设置打印格式及实验参量。点“o”结束实验，点“▼”键实验台下降至回复原位。

（7）关机顺序为退出实验程序，关闭主机油源电源，关闭 EDC 测控系统电源，关闭计算机。

（8）注意电脑软件控制程序中的“▲”和“▼”键是控制实验台的上升和下降，而液压夹具控制按钮上的“上”或“下”按钮是控制的移动横梁的升降。按下液压夹具控制盒上的“上夹紧”、“下夹紧”按钮，上下夹头应先后夹紧试样，按下“上松开”、“下松开”按钮，上下夹头自动松开。

（9）做拉伸实验时，应注意不使试样氧化皮或断裂后碎片进入夹头座的滑动面内，实验后必须将滑动面擦拭干净，并经常保持润滑良好。

附录 38　钢筋打点机使用

附 38.1　技术参数

标点距离为 10mm ± 1mm，全长分为 300mm 或 400mm，打印头滚珠轴承是圆钢做成，硬度不小于 55RC。

附 38.2　使用操作步骤

（1）将试样放入试样座槽内，并调节丝母座，拧开试样座上的固定螺钉，按试样长短及直径等前后调节试样座。

（2）将打印头对准试样直径的中心后，用左手将拉手向下拉动，直到打印头尖端触及试样，并固定紧，然后用右手顺时针摇动手柄，转动一周即可，对于表面较硬的试样可摇动三或四周。

附录 39　SYD－2801E 针入度试验器使用

附 39.1　技术参数

时控装置可选择 5s、60s，时间误差 ±0.1s，针入精度 ±1 针入度，最大针入深度 500 针入度，加热功率 220W（功率可调），控温精度 25℃ ±0.1℃（环境温度不应高于 20℃），恒温浴为硬质玻璃缸，标准针为 2.5g ±0.05g，升降支架可自由调节，设有反光装置，便于观察针尖对准试样面，有平台水平调节机构及水准器，确保工作面处于水平状态。

附 39.2　使用操作步骤

（1）观察仪器底座上面的圆水准泡，圆水准泡居中时，工作面水平，调节水平调节螺钉使工作面处于水平状态。

（2）在恒温浴缸内加水，在主机后盖板上插上恒温浴的电缆线插头后，接通仪器的外接电源并打开主机前面板的电源开关。

(3) 根据环境温度，微调加热功率旋钮使加热功率处于合适的位置(外界温度高时功率调大点温度低时功率调小点)，使恒温浴温度保持在25℃ ±0.1℃。

(4) 按规定取样后将其放置在恒温浴内的三角支架上。

(5) 松开升降支架背后的紧固螺钉，上下移动升降架至合适的位置，旋紧。再用两侧微调手轮，慢慢放下针连杆，利用反光镜来观察针尖刚好与试样表面接触，松手，升降架自锁。

(6) 按下测定面板上的电源开关键，使液晶屏显示并按下公英制转化键“mm/in”，按键一次交替显示 mm、in，使液晶屏显示处于“mm”模式。

(7) 按下测定表头上方的测杆，使之与针连杆接触，然后按下“置零”键，使液晶屏显示为零。

(8) 选择“5s”时控按钮后，按下“启动”按钮。

(9) 待针连杆下落并被锁定后，按下测杆，就可读出实验数据。

(10) 实验完毕，取下针入件，上油保护并装入护套内。

附录 40 DK－8B 电热恒温水槽使用

附 40.1 技术参数

电源电压 220V，50Hz，功率 1570W，控温范围为 *RT* + 5 ~ 99℃，温度波动为 ±0.5℃，跟踪报警 ±3℃，工作尺寸为 450mm × 300mm × 170mm。

附 40.2 使用操作步骤

(1) 在水槽内加入清洁温水至总高度的 1/2 ~ 2/3 处。

(2) 把电源开关拨至“1”处，控温仪面板上即有数字显示表示电源接通。

(3) 温度设定。先按控温仪表的功能键“set”进入温度设定状态，SV 设定显示一闪一闪，再按移位键“ ▷ ”，将光标移动到准备设定的位上，按加键“▲”或减键“▼”选好该位上需要的数字该位即设定好，然后将光标移动到其他位置上设定好数字后设定结束，再按功能键“set”键确认。

(4) 设定结束后，各项数据长期保存，此时水槽进入升温状态，加热指示灯亮。当箱内温度接近设定温度时，加热指示灯忽亮忽熄，反复多此，控制进入恒温状态。

附录 41 SYD－2806E 全自动沥青软化点实验器使用

附 41.1 技术参数

电源电压为 220V ± 10%、50Hz，测量范围 5 ~ 90℃，精度为 ±0.5℃，温度分辨率

0.01℃，搅拌器的搅拌速度连续可调，加热速率为3min后自动调整为(5±0.5)℃/min，加热功率800W，烧杯有效容积1000mL，环境温度要求室温小于35℃，相对湿度要求小于85%RH，整机功耗不大于850W。

附41.2 实验操作步骤

(1) 按照国家标准制备两个试样。

(2) 将两个试样小心的放入两个试样环中。

(3) 将两只钢球定位器罩在两只试样杯上，并把两只钢球放于试样的中央。

(4) 在烧杯中放入800~1000mL的蒸馏水，室内温度较低时可放少些，室内温度高时可放多些。

(5) 把试验器的温度传感器连接线插入控制主机相同颜色的对应孔内。试验器的电热管插座的电源线插入控制主机对应的孔内，将后面板电源线接入外接电源。

(6) 打开控制主机后面板上的电源开关，仪器处于“准备”状态，时间显示器显示累计开机的时间，温度显示器显示温度传感器所处位置的实际温度。

(7) 将后面板上的调速电位器调至适当位置，使烧杯中搅拌子的转动速度处于适合的速度(太快影响测试结果，太慢造成水温不均匀)。

(8) 按动“启动”开关，仪器进入测试状态。这时时间显示的是实验持续时间，温度显示器显示的是当前恒温浴的温度值，经过3min后，仪器的加热速率应为(5±0.5)℃/min。

(9) 如果水温在90℃以内，试样达到软化点的温度，当某一个小球落到下承板时，按一次“结果”键，当另一个小球也落到下承板处时，再按一次“结果”键，仪器发声表示实验结束。

(10) 如果水温达到90℃，仍然达不到试样的软化点，仪器将自动停止加热。

(11) 实验结束后，仪器进入“结果”状态，时间显示器显示为两个样品的平均下落时间。在温度显示器上显示测试结果的平均温度。

(12) 实验结束后，关掉仪器后面的电源开关，然后拔掉外接电源线。将烧杯中的水倒掉，烧杯和试样环清洗干净。若试样上沥青样过多，则可用煤油清洗干净。

附录42 封闭式可调电炉使用

附42.1 技术参数

电压220V，功率1kW。

附42.2 使用操作步骤

(1) 电炉放在耐热材料台面上。

(2) 调节加热器功率调节旋钮，调节到合适的功率上，顺时针方向增加，逆时针减小。

(3) 将仪器接入外接电源，然后打开仪器的电源开关，指示灯亮，电炉带电并开始加热。

(4) 使用结束关闭仪器电源开关，并断开仪器的外接电源。

附录 43　SYD－4508D 沥青延伸度实验器使用

附 43.1　技术参数

工作电源为 220V/55Hz，测量范围 2.0m，加热形式为电加热器加热，加热功率 3200W，浴液循环为强磁力循环泵循环浴液，控温范围 5～50℃，可调数字显示，控温精度为 ±0.5℃，拉伸速度为 10～50mm/min，变频无级可调，精度为 ±1mm，延度显示为单片机控制、数据处理后作数字显示。

附 43.2　操作步骤

（1）准备好实验材料。

（2）放水进入水浴槽，直至水浴槽的水面上升至水位标尺 30～35mm 处，再关闭水龙头并取走皮管。丝杆两端油眼内加注钟表油。

（3）按下控制面板上的“启动/停止”键开机。丝杆开始转动，机器空转 3～5min。若开机后循环泵不工作，则立即再次按下“启动/停止”键关机，进行检查。

（4）设定测试温度 25℃。首先按“设置”按键，然后按“►”“◄”按键移动到需要设置的数字上，然后按键“▼”“▲”将数字移动到需要设定的数字，再按“设置”键即可设置好。

（5）按下“拉伸”按钮，丝杆开始转动。此时可调节控制面板上的调速按钮，同时观察拉伸速度的显示，逆时针将调速旋钮旋转到 10mm/min 附近，速度即为 10mm/min，顺时针旋转调速旋钮到 50mm/min 附近，速度即为 50mm/min，实验速度通常选用 50mm/min。调速时一定要缓慢、均匀，不然会出现失速现象。

（6）待拉伸速度调速结束后，再按一下“拉伸”按钮，绿灯灭，丝杆停止转动。

（7）按下“制冷”按钮，制冷压缩机启动工作。按下“加热”按钮，加热系统启动工作。按钮打开后无需再次按动“加热”和“制冷”按钮，本仪器的加热系统和制冷系统受控于温度控制器，无需人为地开启或关闭。当水浴温度稳定在设定温度后，即可开始拉伸实验。

（8）打开开合螺母，小心地移动拖板至可安装试模的位置，把已按规定装好沥青试样的三个试模放入初始位，即将两端的安装孔套入固定柱。合上开合螺母、按下“清零”键，再按下“拉伸”按钮，拖板处于拉伸状态，开始拉伸实验。

（9）在实验过程中，应仔细观察拉伸情况，当每个试件拉断时，应立即按一下“延度记录”键，以保存该次的实验数据，对 3 个试样按 3 次，3 个试样完成后各“延度记录”窗口显示对应的延度值，如果测试数据符合标准规定，则“延度平均值”显示窗口会自动显示其平均值，否则其窗口显示 4 个“8”字以示要重新测定。

（10）实验完毕后，按所示方向旋转“停止/启动”键关闭电源，同时将拖板置于中间位置，以防丝杆下垂变形。

（11）工作结束后时，将水浴里的水放出并用清水冲洗三次将皮管取出，将控制箱一头略微抬高，使水浴里的水全部放出，温度传感器处的过滤网罩旋下清洗干净。

附录44 比重瓶关系曲线绘制

（1）将比重瓶洗净、烘干，置于干燥器内，冷却后称量，准确至0.001g。

（2）将煮沸经冷却的纯水注入比重瓶。对长颈比重瓶注水至刻度处；对短颈比重瓶应注满纯水，塞紧瓶塞，多余水自瓶塞毛细管中溢出，然后将比重瓶放入恒温水槽直至瓶内水温稳定。取出比重瓶，擦干外壁，称瓶、水总量，准确至0.001g。测定恒温水槽内水温，准确至0.5℃。

（3）调节数个恒温水槽内的温度，温度差宜为5℃。测定不同温度下瓶、水总质量。每个温度均应进行两次平行测定，两次测定的差值不得大于0.002g，取两次测定的平均值。绘制温度与瓶、水总质量的关系曲线。

附录45 轻型击实筒及重型击实筒使用

附45.1 技术参数

轻型击实仪适用于粒径为5mm的黏性土，重型击实仪适用于粒径为20mm的黏性土。轻型击实仪击实筒直径102mm，击实筒高116mm，套筒高50mm，容积947.4cm^3，轻型击锤重2.5kg、锤底直径51mm、落高305mm；重型击实仪击实筒直径152mm，试筒高166mm，套筒高50mm，垫块高50mm，垫块直径151mm，容积2103.9cm^3，重型击锤重4.5kg、锤底直径51mm、落高457mm。

附45.2 操作步骤

（1）称量击实仪质量并记录。将击实仪平稳置于刚性基础上，击实筒与底板连接好，装好套筒，在击实筒内壁和底板涂一薄层润滑油，将碟形钮拧紧。检查仪器各部件及配套设备的性能是否正常，并做好记录。

（2）称量并击实。从制备好的一份试样中称取一定量土样，分3层倒入击实筒内并将土面整平，将击锤放在土样上，提手锤至最顶处，然后落下，在击实过程中保证每个部位都能击到，每层25击。轻型击实法，每层土料的质量为600~800g，即土料量应使击实后的试样高度略高于击实筒的1/3，两层交接面处的土应刨毛。

（3）击实完成后，超出击实筒顶的试样高度应小于6mm，用修土刀沿护筒内壁削挖后，旋松蝶型螺母，扭动并取下护筒，测出超高(应取多个测值平均，准确至0.1mm)。沿击实筒顶细心修平试样，拆除底板。如试样底面超出筒外，亦应修平。擦净筒外壁，称量质量准确至1g。

附录46　DTM－150型电动脱模器及TYT－3型手动脱模器使用

附46.1　技术参数

DTM－150电动脱模器适用于沥青、混凝土、稳定土等击实试件的无损脱模，试样尺寸直径×高为ϕ150mm×230mm、ϕ152mm×170mm、ϕ102mm×116mm、ϕ100mm×127mm，最大轴力输出力150kN，脱模最大行程240mm，升降速度180mm/min，电源380V/50Hz，输入功率1100W，净重55kg。

TYT－3型手动脱模器适用于直径100～152mm、高度为170mm以内的试样，脱模力125kN，活塞最高上升极限距离为175mm，重量55kg，外形尺寸(宽×深×高)为360mm×310mm×660mm。

附46.2　手动脱模器操作步骤

(1) 将带有土试样的击实筒放在脱模器的中间层圆形支架上，调整好水平，使各个部位都吻合好，拧开上端三个定位螺母调整上层圆形支架高度使刚好接触击实筒，再拧紧三个定位螺母并使其均匀受力。

(2) 用液压手柄将支架最下层液压螺钉拧紧，拧紧之后，就可以上下压动液压手柄，使脱模器底部均匀上升，直至土样推出最上层的圆形支架，在接近最顶部的位置，一边缓慢使土样上升，一面要保护土样，尽可能避免损坏土样。

(3) 土样脱出后，用液压手柄拧松开液压螺钉，用力下压将升降杆恢复原来的位置，擦净脱模器，对没有上油漆的地方要涂油保护。

(4) 在使用的过程中，要注意不要将土或其他杂物落入升降杆下部的圆杆上，以免有杂质进入油缸内。

附46.3　电动脱模器操作步骤

(1) 首先调整好下托盘高度，将调整螺钉旋松，上下托盘间距略高于试样高度，然后将调整螺钉拧紧，用来脱出直径ϕ152的试样时，可将大推土板放在推土座上，将试样筒放在下托盘上，须放正，使试样筒落在下托盘的凹槽内，使各个部位都吻合好。

(2) 打开仪器电源，电源指示灯亮，打开“上升”挡位，使土样缓慢上升，在土样上升到上托盘下端时，先按停止键，检查土样击实筒中心是否正好与上下托盘的孔中心正对，若不正对，则需调整至正对才能保证土样完整脱出。在确认正对后按“上升”键，土样继续上升至脱出为止，立即按“停止”键。

(3) 土样脱出后，按“下降”按钮，将推动座自动恢复到原来位置。

(4) 用来脱出直径ϕ102mm的试样时，可将挡圈用固定螺钉固定在托盘上，相应的垫圈放在下托盘上，将推动座上的大推土板拿走，其余推土方法同上。

(5) 如停电，可将手动摇把插入手动摇把孔，即可手动脱模。

(6) 使用过程中，如出现电动机不动(即电动机转动，而推动座不上升)，立即关机然后打开动力柜后盖，适当调整电动机底板高度，使三角皮带张紧，即可正常转动。

(7) 使用完毕后，将导柱、上、下托盘，推动座等擦干净，套上防尘罩，如较长时间不用，可在表面涂上防锈油，以防零件锈蚀。

附录 47　GYS－2 型光电式液塑限联合测定仪使用

附 47.1　技术参数

圆锥仪重为 76g ±0.2g，圆锥角度 30°±0.2°，测读入土深度 0～22mm，标尺分度值为 0.1mm，圆锥下落至读数显示时间为 5s，电磁吸力不小于 1N。

附 47.2　使用操作步骤

(1) 调节水平调节螺丝使工作面水平，工作面水平时，水准泡居中。

(2) 接通电源，使电磁铁吸住圆锥仪，使微分尺垂直于光轴，放上测试试样。

(3) 调节物镜调节座，使微分尺影响清晰，再调节零线调节按钮，使屏幕上的零线与微分尺零线的影像重合。

(4) 转动升降台，当锥尖刚与试样顶面接触后延时 5s，读数计时指示灯亮，同时仪器发声。如要手动操作，可把开关扳向“手动”一侧。当锥尖与上面接触时，接触指示灯亮，而圆锥仪不下落，需按“复位”按钮，圆锥仪才自由下落。

(5) 读数后，再按“复位”按钮一次，以便下次进行实验。

(6) 实验结束，扶住圆锥仪后，将仪器上的电源按钮扳向“关”的一边，此时圆锥仪自动下落，扶住圆锥仪后拿下，然后将电源外接插座接头拔下，将仪器铜盒和仪器主机清理干净，圆锥仪放好。

(7) 注意光学元件，严禁用手和不干净、不柔软的物品擦抹，镜面和微分尺如有污秽、尘土，可用脱脂棉稍沾无水乙醇擦拭。

(8) 如屏幕零线与微分尺零线影像不重合，可旋动零线调节旋钮，使其重合。如发现不平行，则旋动反射镜调节螺杆，使仪器内反射镜转动，即可平行，再转动零线调节旋钮使其重合。

(9) 在使用过程中如果灯泡坏了，可逆时针旋动灯座调节螺母把灯座旋出，换上新灯泡再旋回原位置。

附录 48　扰动土试样的备样

扰动土试样的备样分为细粒土试样的备样和粗粒土试样的备样。细粒土试样的备样按下列规定进行：(1)对扰动土试样进行描述，描述内容可包括颜色、土类、气味及夹杂物；当有需要时，将扰动土充分拌匀，取代表性土样进行含水率测定。对砂土和进行密度实验的土样宜在 105 ～110℃温度烘干，对有机质含量超过 5% 的土、含石膏和硫酸盐的土，应在 65 ～

70℃烘干。(2)将块状扰动土放在橡皮板上用木碾或利用碎土器碾散，碾散时勿压碎颗粒，当含水率较大时，可先风干至易碾散为止。(3)根据试验所需试样数量，将碾散后的土样过筛，过筛后用四分对角取样法或分砂器，取出足够数量的代表性试样装入玻璃缸内，试样应有标签，标签内容应包括任务单号、土样编号、过筛孔径、用途、制备日期和试验人员，以备各项试验之用。对风干土，应测定风干含水率。制备一定含水率的土样，计算所需加入的水量，用喷雾器喷洒预计的加水量，静置一段时间，放入玻璃密封缸内密封，润湿一周夜备用，砂性土可酌情缩短时间。(4)测定润湿土样不同位置的含水率，取样点不应少于2个，最大允许差值应为±1%。(5)对不同土层的土样制备混合土试样时，应根据各土层厚度，按权数计算相应的质量配比。

粗粒土的试样的备样按下列规定进行：(1)对砂及砂砾土，可按四分法或分砂器细分土样。取足够实验用的代表性土试样供颗粒分析实验用，其余过5mm筛。筛上和筛下土样分别贮存，供做比重及相对密度实验用。取一部分过2mm筛的试样工作直剪、固结力学性质实验用。(2)当有部分黏土依附在砂砾石表面时，先用水浸泡，将浸泡过的土样在2mm筛上冲洗，取筛上及筛下代表性的试样供作颗粒分析试验用。(3)将冲洗下来的土浆风干至易碾散为止，按照细粒土的备样规定(2)~(4)条备样。

附录49　扰动土试样的制样

(1) 试样的数量视试样项目而定，应有备用试样1~2个。扰动土制备试样密度、含水率与制备标准之间的最大允许差值为±0.02g/cm³ ±1%。

(2) 将碾散的风干土样通过孔径2mm或5mm的筛，取筛下足够实验用的土样，充分搅拌均匀，测定风干含水率，然后平铺于不吸水的盘内，用喷雾器喷洒预计的加水量静置一段时间，装入保湿缸或塑料袋内润湿一昼夜备用。

(3) 根据实验所需的土量与含水率，制备试样所需的加水量按下式计算：

$$m_w = \frac{m_0}{1 + 0.01w_0} \times 0.01(w_1 - w_0) \tag{附49-1}$$

式中　m_w——制备试样所需要的加水量，g；

m_0——湿土或风干土质量，g；

w_0——湿土或风干土含水率，%；

w_1——制样要求的含水率，%。

(4) 称取过筛的风干土样平铺于搪瓷盘内，将水均匀喷洒于土样上，充分拌匀后装入盛土容器内盖紧，润湿一昼夜，砂土的湿润时间可酌减。

(5) 测定湿润土样不同位置处的含水率，不应少于两点，同一组试样含水率与要求的含水率之差不得大于±1%。

(6) 根据环刀容积及所需的干密度，制样所需的湿土量应按下式计算：

$$m_0 = (1 + 0.01w_0)\rho_d V \tag{附49-2}$$

式中　ρ_d——试样的干密度，g/cm³；

V——试样体积(环刀容积)，cm³。

(7) 扰动土制样可采用击样法、击实法和压样法。击样法是将规定干密度所需质量的湿土装入有模具(环刀)的击样器内并固定，击实到所需密度。击实法是将所要求的干密度、含水率的湿土土样击实到所需的密度、用推土器推出。压样法是将要求干密度所需质量的湿土倒入有环刀的压样器内，拂平土样表面以静压力通过活塞将土样压紧到所需密度。

(8) 取出带有试样的环刀，称环刀和试样总质量，对不需要饱和，且不立即进行实验的试样，应存放在保湿器内备用。

附录 50　WG 型中压单杠杆固结仪使用

附 50.1　技术参数

可分别做试样面积 $30cm^2$ 和 $50cm^2$ 两种土样面积的实验，土样高度 2cm，压力范围分别为 12.5 ~ 1600kPa 和 12.5 ~ 800kPa，有两种杠杆比，做 $30cm^2$ 时土样的杠杆比为1∶12，做 $50cm^2$ 时杠杆比为 1∶10，用砝码加荷，中压最大出力为 4.8kN，分级加荷，$30cm^2$ 试样，自 12.5 ~ 1600kPa 共九级，杠杆支点可以升降 1.5cm，仪器净重 50kg 左右，仪器外形尺寸为长 × 宽 × 高 = 720mm × 580mm × 1200mm。

附 50.2　操作步骤

(1) 将仪器放置平稳，并使杠杆位于升降架之间，使之不产生摩擦。实验前先用平衡锤将杠杆调至水平。

(2) 将制备好的土样，装入护环，然后放上透水板，小传压板及传压头，置于加压框正中，安装百分表。将手轮顺时针旋转，使升降杆上升到顶点，再逆时针方向旋转 1 ~ 2 转，然后用传压头对准小传压板，调整拉杆下端螺帽，使框架向上时容器能自由取放，即可施加 1kPa 的预压荷重，对 $30cm^2$ 试样时，挂砝码质量 25.5g，使指针读数为零。以确定施加的各级压力，压力等级宜按 12.5、25、50、100、200、400、800、1600kPa 加荷载(加荷前卸下预加载砝码)。

(3) 在加荷以后经常观察杠杆下沉情况或根据需要可逆时针方向旋转手轮，调节升降杆保持杠杆平衡(在下一级加荷前可适量调高，以缩小杠杆倾斜角度)。在加载过程中一般不要顺时针转动手轮，以防产生间隙震动土样。

(4) 在使用完毕后，将仪器全部擦拭干净，如较长时间不用，应在金属表面涂以油脂，以防锈蚀。

(5) 注意砝码盘已作为一级荷载，仪器开始调水平时，请不要挂上。

附录 51　ZJ 型应变控制式直剪仪使用

附 51.1　技术参数

最大垂直荷载 400kPa，压力级别 50kPa、100kPa、200kPa、300kPa、400kPa，对应砝码

重量 1. 275kg、2. 55kg、5. 1kg、7. 65kg、10. 2kg，杠杆比为 1∶12，土样 30cm^2，高 2cm，最大水平剪切力 1. 2kN，动力形式为电动，手轮转速为 0. 1r/min、4r/min、12r/min，对应剪切速度为 0. 02mm/min、0. 8mm/min、2. 4mm/min，电源为 220V/50Hz，仪器净重 40kg。

附 51. 2　操作步骤

（1）检查仪器。首先校准杠杆是否水平，杠杆水平时下沿应平齐立柱中间的红线。如果杠杆不水平，左右移动平衡锤使杠杆水平。同时检查剪切盒内是否干净，内有泥或砂的要先清理干净。

（2）将限位板及 ϕ10 滚珠在导轨上放好，对准剪切容器上下盒，插入固定销按照土工实验要求在下盒内放入透水板、试样、透水板、盖上传压板，放好垂直加压框架下的 ϕ12 钢珠，传压板和垂直加压板框架下的 ϕ12 钢珠接触好，使杠杆下沿抬至立柱的上红线左右。杠杆下沿处于上下红线之间，出力都在精度范围内。

（3）调整测力计，百分表对零，若需测下沉量，则安装垂直百分表，并对零。

（4）按土工实验要求施加垂直荷载，吊盘为一级荷重在重复实验或连续实验中，无需每次将砝码及吊盘取下，加荷时可左旋下部手轮，使支起的杠杆慢慢放下，卸荷时，右旋手轮下部，使传压板脱离垂直加压板框架下的钢珠，容器部件能自由取放为止。

（5）待土样达到固结要求时，设定剪切速率 0. 8mm/min 的挡位，即换挡拉轴刚好露出第 2 个凹槽的位置，此时手轮不能转动则挡位挂好，若手轮能转动则挡位未挂好需再调整。拧出上下盒的固定插销，以均匀速率转动手轮甲，进行剪切。对于电动应变直剪仪，先接通电源，选挡至所需要的速率，开关打向“进”，即可进行剪切。若量力环中的百分表指针不再前进，或有显著后退，表示试样已剪损，或测力计读数出现峰值，应继续剪切至剪切位移 4mm 时停机记下数据。当剪切过程中测力计读数无峰值时，应剪切至剪切位移 6mm 时停机。电动直剪仪若需手动剪切，必须换挡至“0”转，即换档拉轴推至尽头，再以均匀速率旋转手轮。

（6）退回时，反方向旋转手轮即可。对于电动应变直剪仪，开关打向“退”，即自动退回，或者换挡至“0”转，反方向旋转手轮，推动座上的附加插销每次实验结束后拔出，手动可快速退至原位。

（7）实验结束后卸荷，将砝码及吊盘取下以保护刀口，将电源插头拔下，并将仪器全部擦拭干净，剪切盒重新装好，插入固定销，放在滚珠座上，金属件表面涂薄油脂，以防锈蚀，定期打开面板，在齿面、回转等处加适量黄油。

（8）注意在换挡时，如啮合不上，可开一下电机或转一转手轮。

附录 52　TST－70 型常水头渗透装置使用

附 52. 1　技术参数

筒身内径 ϕ100mm＋0. 22mm，渗水筒高度 400mm，测压管间距 100mm±0. 44mm。

附 52.2 使用操作步骤

(1) 将渗水孔与橡皮管接通使水注入仪器底部直至齐铜网顶面为止。

(2) 取样。取具有代表性的风干试样 3 ~ 4kg，称量准确至 1 g，并测定试样的风干含水量。

(3) 装样。将风干试样分层装入圆筒。每层厚 2 ~ 3mm 装入筒内，根据要求的孔隙比，控制试样厚度。当试样中含黏粒时在厚金属板滤网上铺厚约 2cm 的粗砂作为过滤层，防止细粒流失。然后再将试样用木槌轻轻击实至所需之密度为止。

(4) 每层试样装好后微开管夹，使水缓缓由渗水孔向圆筒充水至试样顶面，试样逐渐饱和(水面不得高出试样顶面)注意水流不可过急，饱和后关上管夹，饱和时须注意管子弯曲部分不能存有气泡。

(5) 如此继续分层重复装试样并将试样饱和的过程，至试样高出上测压管 3 ~ 4cm 为止。再在试样顶面铺 2cm 砾石作缓冲层，防止冲动试样，当水面高出试样顶面时，应继续充水至溢水孔有水溢出。关供水瓶阀门。

(6) 称剩余试样质量，计算试样质量，量试样顶面至筒顶高度与大孔径金属圆板至筒顶高度相减，得出试样高度。

(7) 检查测压管水位是否平齐，如不平齐，表示仪器漏水或漏气现象，应即进行校正用吸耳球调整测压管水位，直至两者水位齐平。

(8) 将调节管提高至溢水孔以上，将供水管放入圆筒内，开止水夹，使水由顶部注入圆筒，降低调节管之管口至试样上部三分之一高度，使仪器产生水位差，水即渗透试样，经调节管之管口流出，调节供水管止水夹，使进入圆筒的水量多于溢出的水量，溢水孔始终有水溢出，保持圆筒中水位不变，试样处于常水头下渗透。

(9) 当测压管水位稳定后，测定水位，计算测压管 1、2 与 2、3 间水位差。

(10) 开动秒表，用量筒自调节管量取一定时间的渗出水量。接取渗出水量时，调节管管口不得浸入水中测量进水和出水处的水温，取平均值。

(11)降低调节管至试样的中部和下部 1/3 处，按步骤(8) ~ (10)重复测定渗水水量和水温，当不同水力坡度下测定的数据接近时，结束实验。实验完毕不用时，将仪器底座下的螺母旋下，排出筒内之污水，用布将仪器擦拭干净保护好测压管。

附录 53 TST－55 型变水头渗透装置使用

附 53.1 技术参数

试样尺寸为 ϕ61.8mm，高 40mm，面积 30cm^2，仪器外形尺寸直径 ϕ118mm，高度约 55mm，仪器净重约 3.5kg。

附 53.2 操作步骤

(1) 按照实验要求制备土样。

（2）把透水石、密封圈放入底座中，将套筒内壁涂一层凡士林，放入带土样环刀，刮净多余凡士林置于底座上。

（3）把挤出的多余凡士林小心刮净。装好带有透水石的上盖，旋紧螺杆，不得漏气漏水。

（4）把进水管口与供水装置连通，并通水排气放平仪器。

（5）在不大于200cm水头作用下静置一段时间，待水位稳定后切断水源，开进水管夹，使水通过试样，待出水管口有水溢出时，可以开始进行测定。

（6）将变水头管充水至需要高度后，关止水夹，开动秒表，同时测记起始水头 h_1。经过时间 t 后，再测记终了水头 h_2。如此连续测记2～3次以上，同时测记实验开始与终止时的水温。将变水头管水位变换高度，待水位稳定再进行测记水头和时间变化重复实验5～6次。当不同开始水头下测定的渗透系数在允许差值范围内时，结束实验。

（7）注意上盖出水管处橡胶管不宜套至根部，需留出6mm以上，以防与套筒受压。

（8）实验完毕后，应将仪器擦净晾干，密封圈宜抹以滑石粉保存，切土环刀应妥善保管，防止刃口碰损。

附录54　TSZ30－2.0型应变控制式三轴仪使用

附54.1　技术参数

试样尺寸 ϕ39.1mm×80mm 、ϕ61.8 mm×125mm，轴向荷载0～30kN，相对误差为±1%，升降板行程0～90mm，升降板速率0.0024～4.5mm/min，机械变速，共15挡速率，周围压力 σ_3 为0～2MPa、数显示数控相对误差为±1%F.S，反压力 σ_b 为0～0.8MPa，数显示数控相对误差为±1%F.S，孔隙水压力 μ 为0～2MPa，电测数显示，相对误差±1%F.S，体变测量0～50mL，最小分度值0.1mL，电源为220V/50Hz，整台机仪器使用功率小于300W。

附54.2　操作步骤

（1）将测控柜的电源线与外接电源接通，开启电源开关，预热30min使系统稳定。

（2）旋松压力室盖形螺母，取下有机玻璃罩，将制备好的土试样小心仔细地放入压力室底座上，使橡皮膜放在承膜筒内，两端翻转套在承膜筒外，气嘴上套入橡皮管，然后用吸耳球吸出橡皮膜与筒壁之间的空气，使橡皮膜紧贴在筒壁上，将带橡皮膜的承膜筒套在试样上，再松开吸耳球，翻开橡皮膜两端部分，用橡皮筋将两端与底座及加压帽扎紧，充入空气，取下承膜筒。再均匀旋紧盖形螺母，使活塞杆与底座保持垂直，此时主要观察罩底和底座面的间隙是否均匀，大小一致。

（3）压力室置于实验机的升降板上拧紧后，然后使压力室底座上的三通阀与储水瓶连通，再将供水瓶放在高处。此时对压力室充水，充水时将压力室上排气孔的排气螺塞打开。待水充满压力室直至水从排气孔中溢出后立即将排气螺塞拧紧，此时，将三通阀与压力表连通。

（4）仔细调节升降板高度，使活塞与量力环球头接触，将百分表调零。

(5) 仪器预热后，如果在各传感器与大气相通情况下，仪器主机显示值不为零，可以按下各自的“清零”键清零。然后设置周围压力，按“预置”键，蜂鸣一声，按“百”、“十”、“个”键设定所需要的压力值，再按一次“预置”键即进入正常工作。此时应注意设置好数字的单位为 MPa，注意数值的换算。

(6) 关测控柜上的 σ_3 注水阀，开 σ_3 阀。

(7) 旋下调压筒上的螺销，转动手轮，粗调压力，同时观察压力表和数显值，待接近实验所要求设定的压力值时，再对正旋上螺销。

(8) 按“启动/停止”键，启动指示灯亮，即进入周围压力的控制状态，此时可等待压力稳定。

(9) 需要测量孔压的情况下，可在此时打开孔压三通阀随时跟踪测量，孔压值由数字显示，孔压数显测量系统自动控制，不用进行人为操作。

(10) 调整检查手轮换挡的三挡轴和五挡轴，设置升降速率。实验机升降有手动和电动升降两种，将离合器调至粗位实验机上手轮推到底即为粗位，此时若反时针旋转手轮就可使升降板托住压力室快速上升，反之则快速下降，此时速率为 0.8mm/r。将离合器调至细位即手轮拉到中间一挡时，此时转动手轮可使升降板慢速下降，可供细调。压力室活塞上端与量力环接触下端的压力室内加压帽对正轻轻接触，此时速率为 0.1mm/r。将离合器调至电动挡即手轮轴拉到最外一挡，然后开电动机，即可电动升降，此时速率仍为 0.1mm/r。根据实验机箱上的升降速率表按实验要求选择速率，此时离合器应放在电动挡，先调节三挡轴推拉该轴变速时，为便于齿轮啮合，应左右转动手轮，可方便的使变速挡轮啮合，同时，感觉推拉三轴挡的阻力较大，即轴套上的滚珠在弹簧的作用下，滑入三档轴的凹槽中，此时变速齿轮副才完全对正啮合好，否则易损坏齿轮，然后，用调节三挡轴的方法再调节五挡轴，三挡轴和五挡轴都调整好后，周围压力稳定，即可开机实验。

(11) 实验结束后，首先关闭电动机，将离合器调至粗调位。

(12) 按周围压力测量系统“启动/停止”键，停止加围压。

(13) 立即将孔压三通阀旋至传感器与充水的量管连通，以免气泡渗入。

(14) 然后快速降下压力室。将供水瓶放置低处，旋转三通阀使压力室与供水瓶连通，旋下压力室排气螺塞对压力室排水后，卸下土试样。

(15) 实验完毕，整个压力室各个部位都应清洗干净，有机玻璃筒如有油污或其他污垢，宜用洗涤剂或肥皂水清洗漂净，不可用酒精或汽油清洗。

附 54.3 注意事项

(1) 实验机快速升降时必须注意电机的正反转，并使它不超出 0 ~ 90mm 的行程，否则将损坏机件。

(2) 注意测力计是精密量具，按实验要求选择合适大小的测力计，选小了会超载，选大了会降低实验测量的精度，特别注意测力计不可超载使用，否则将损坏测力计，如果 30kN 的测力计超载使用不仅会损坏测力计，还将损坏实验机。

(3) 注意测控柜面板上的 σ_3 阀、σ_3 注水阀、σ_b 阀、σ_b 注水阀在竖向时为关，横向时为开。

(4) 注意打开 σ_3 注水阀或 σ_b 注水阀手动调压筒手轮注水时应关闭 σ_3 和 σ_b 阀，以防负压损坏压力表，当σ_3和σ_b压力接近于0.5MPa时，切勿将注水阀接近大气，损坏压力表。

（5）活塞与接触加压帽之前，量力环中的百分表必须调零，才不影响土试样实验时所承受的轴向力的测量。土样安装时，活塞与量力环球头接触，在对土样施加围压时，在压力室内同时也使活塞杆有一向上的托力。此时活塞与加压帽离开一段距离，在实验过程中，压力室上升，活塞上端压量力环有个力，再加上活塞的磨阻力这个合力使量力环中的百分表指针移动，空程上升在活塞接触加压帽之前，将量力环中的百分表调零，即将这个合力消去，才不影响土试样实验时承受的轴向力的测量。

参 考 文 献

1 白宪臣．土木工程材料实验(第二版)[M]．北京：中国建筑工业出版社，2016
2 刘湘晖．土木工程材料实验指导[M]．湘潭：湘潭大学出版社，2016
3 陈榕主编．土力学实验教程[M]．北京：中国电力出版社，2016
4 丁九龙．土力学实验教程[M]．北京：中国水利水电工业出版社，2019
5 张浩博．建筑材料[M]．武汉：武汉理工大学出版社，2017
6 张志国，姚远，曾光廷．土木工程材料(第 2 版)[M]．武汉：武汉大学出版社，2019
7 JTG E41—2018，公路工程岩石试验规程[S].
8 GB/T 12573—2008，水泥取样方法[S]
9 GB/T 1345—2005，水泥细度检验方法筛析法[S].
10 GB/T 1346—2011，水泥标准稠度用水量、凝结时间、安定性检验方法[S].
11 GB/T 17671—1999，水泥胶砂强度检验方法(ISO)法[S].
12 GB/T 2419—2005，水泥胶砂流动度测定方法[S].
13 GB/T 6005—2008，试验筛 金属丝编织网、穿孔板和电成型薄板 筛孔的基本尺寸[S].
14 GB/T 14684—2011，建设用砂[S].
15 GB/T 14685—2011，建设用卵石、碎石[S].
16 JGJ 55—2011，普通混凝土配合比设计规程[S].
17 GB/T 50080—2016，普通混凝土拌合物性能试验方法标准[S].
18 GB 50204—2015，混凝土结构工程施工质量验收规范[S].
19 GB/T 50081—2019，混凝土物理力学性能试验方法标准[S].
20 JGJ/T 70—2009，建筑砂浆基本性能试验方法标准[S].
21 湖南大学等四校合编．土木工程材料[M]．北京：中国建筑工业出版社，2011
22 JGJ/T 98—2010，砌筑砂浆配合比设计规程[S].
23 GB 13788—2017，冷轧带肋钢筋[S].
24 GB 1499.2—2018，钢筋混凝土用钢　第 2 部分：热轧带肋钢筋[S].
25 GB/T 701—2008，低碳钢热轧圆盘条[S].
26 JGJ/T 27—2014 钢筋焊接接头试验方法标准[S].
27 GB/T 2975—2018，钢及钢产品力学性能试验取样位置及试样制备[S].
28 GB/T 232—2010，金属材料 弯曲试验方法[S].
29 GB/T 228.1—2010，金属材料 拉伸试验　第 1 部分：室温试验方法[S].
30 SH/T 0522—2011，道路石油沥青[S].
31 GB/T 494—2010，建筑石油沥青[S].
32 GB/T 4509—2010，沥青针入度测定法[S].
33 GB/T 4507—2014，沥青软化点测定法(环球法)[S].
34 GB/T 4508—2010，沥青延度测定法[S].
35 GB/T 267—1988，石油产品 闪点和燃点的测定(开口杯法)[S].
36 赵明华等．土力学与基础工程[M]．武汉：武汉理工大学出版社，2014.
37 GB/T 50123—2019，土工试验方法标准[S].